防锈剂配方与制备

（二）

李东光 主编

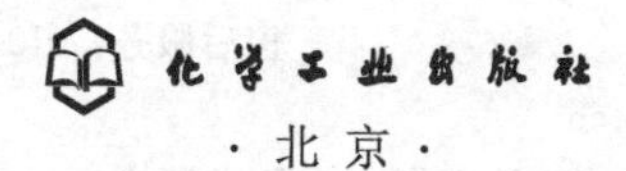

·北京·

本书从行业的实际需求出发，经过严格遴选，精心收集了近200种防锈剂制备实例，详细介绍了原料配比、制备方法、产品应用、产品特性等内容，所选配方环保、经济、可操作性强。

本书适合精细化工行业从事防锈剂产品研发和生产的相关技术人员使用，同时可供相关专业师生参考。

图书在版编目（CIP）数据

防锈剂配方与制备（二）/李东光主编．—北京：化学工业出版社，2017.7（2023.8重印）

ISBN 978-7-122-29850-8

Ⅰ.①防… Ⅱ.①李… Ⅲ.①防锈剂-配方②防锈剂-制备 Ⅳ.①TQ047.9

中国版本图书馆CIP数据核字（2017）第124599号

责任编辑：张 艳 刘 军　　文字编辑：陈 雨

责任校对：王素芹　　装帧设计：王晓宇

出版发行：化学工业出版社（北京市东城区青年湖南街13号 邮政编码100011）

印　　装：北京科印技术咨询服务有限公司数码印刷分部

850mm×1168mm 1/32 印张9½ 字数272千字

2023年8月北京第1版第2次印刷

购书咨询：010-64518888　　售后服务：010-64518899

网　　址：http://www.cip.com.cn

凡购买本书，如有缺损质量问题，本社销售中心负责调换。

定　　价：48.00元

前言 FOREWORD

据统计，世界上每年因腐蚀、锈蚀而不能使用的金属制品质量相当于金属年产量的10%～20%。金属腐蚀会造成机器设备的维修增加和提前更换，金属制品的锈蚀则降低了设备的精度和灵敏度，影响设备的使用，甚至造成设备的报废。随着经济全球化进程的日益加快，中国企业面临国内、国外两个市场的巨大商机，给我国制造装备业带来了空前的发展机遇，但金属锈蚀问题一直困扰着制造业的产品加工、运输、储存等。腐蚀带来的经济损失相当严重。据资料显示，我国的机械行业在锈蚀方面的损失金额占机械工业总产值的7.2%左右。金属锈蚀带来的直接、间接损失不可忽视。

所谓锈是指在氧和水作用下，在金属表面生成的氧化物和氢氧化物的混合物，铁锈是红色的，铜锈是绿色的，铝和锌的锈称白锈。机械在运行和贮存中要做到不与空气中的氧、湿气或其他腐蚀性介质接触很难，这些物质在金属表面将发生电化学腐蚀而生锈，要防止锈蚀就得阻止以上物质与金属接触。长期以来，人们为了避免锈蚀，减少损失，采用了各种各样的方法，其中选用防锈剂保护金属制品，便是目前最常见的方法之一。

防锈剂是一种超级高效的合成渗透剂，它能强力渗入铁锈、腐蚀物、油污内，从而轻松地清除掉锈迹和腐蚀物，具有渗透除锈、松动润滑、抵制腐蚀、保护金属等性能。并可在部件表面上形成并贮存一层润滑膜，可以抑制湿气及许多其他化学成分造成的腐蚀。目前，习惯上分水溶性防锈剂、油溶性防锈剂、乳化型防锈剂和气相防锈剂等。

为了满足市场的需求，我们在化学工业出版社的组织下编写了这套《防锈剂配方与制备》，本书为第二册，书中收集了近

200种防锈剂制备实例，详细介绍了原料配比、制备方法、产品用途、产品特性，旨在为防锈剂技术的发展做点贡献。

本书由李东光主编，参加编写的还有翟怀凤、李桂芝、吴宪民、吴慧芳、蒋永波、邢胜利、李嘉等。由于编者水平有限，疏漏和不足之处在所难免，请读者在使用过程中发现问题并及时指正。主编 E-mail：ldguang@163.com。

主 编

2017年10月

目 录 CONTENTS

防锈金属切削液

原料配比

原料	配比(质量份)		
	1#	2#	3#
三乙醇胺	18	15	20
聚氯乙烯胶乳	50	45	55
聚醚多元醇	2.5	2	3
聚苯胺水性防腐剂	29.5	25	30
去离子水	20	15	40

制备方法 聚苯胺水性防腐剂的制备：将10g本征态聚苯胺、11g硫酸银加入100g 23%的硫酸中，在90℃的温度下搅拌2h，待冷却后过滤水洗反复三次至中性，获得约50g黑色浆料；取该浆料4g，加去离子水10g，加氢氧化钠0.2g，将pH值调至8～9，然后再加入1g硼砂，用高速分散机以1700r/min搅拌1.5h，使之溶解；再加入硫酸锌0.004g，亚硝酸钠0.35g，苯甲酸钠0.4g，乙醇0.02g，继续用高速分散机以1700r/min高速分散至溶解，即得聚苯胺水性防腐剂15.9g。

本产品的制备：将三乙醇胺、聚氯乙烯胶乳、聚醚多元醇、聚苯胺水性防腐剂等原料混合后加去离子水，用高速分散机搅拌分散10min，得到黑色液状产物，即是本品。用户使用时可稀释20倍。

原料配伍 本品各组分质量份配比范围为：聚苯胺水性防腐剂25～30，三乙醇胺15～20，聚氯乙烯胶乳45～55，聚醚多元醇2～3，去离子水15～40。

产品应用 本品主要用于缓解油、气井生产、管道运输过程中的金属腐蚀。

产品特性 本品首次将聚苯胺用作防腐添加剂，与切削液相溶，提高金属切削液的防锈蚀功能。同时该防锈切削液残留在金属表面，使金属加工阶段完成后的周转存放期防腐延长至30天，省去了二次涂抹防腐油脂的工艺，降低了生产成本，解决了锈蚀难题。

防锈乳化液

原料配比

原料	配比(质量份)
聚乙烯醇	5
油酸	15.5
石油磺酸钡	6
三乙醇胺	2.5
石蜡	3
烷基酚聚氧乙烯醚	1.2
蒸馏水	加至100

制备方法

(1) 将石蜡、油酸与石油磺酸钡放入容器中，在70℃下不断搅拌使物料互溶，然后加入三乙醇胺和烷基酚聚氧乙烯醚，继续搅拌成均匀的黏稠物。

(2) 将聚乙烯醇加入水中，在90℃下不断搅拌使成均一透明溶液，冷却到40～50℃后，将此溶液在不断搅拌下加入到(1)中，得到白色乳液成品。

原料配伍 本品各组分质量份配比范围为：聚乙烯醇3～8，油酸14～20，石油磺酸钡4～8，三乙醇胺2～4，石蜡2～5，烷基酚聚氧乙烯醚1～2，蒸馏水加至100。

产品应用 本品用于化工和机械制品零件的防锈。

产品特性 本品自干快，不留油渍，不污染零件，零件浸此液后在室内存放一年以上不生锈，能源节省25%，成本下降40%。

防锈液(1)

原料配比

原料	配比(质量份)		
	1#	2#	3#
十二烯基丁二酸单乙醇胺酰胺与单乙醇胺混合物	19	18	20
有机硼酸酯	25	27.5	30
油酸二乙醇酰胺	6	4	5
水	40	50	45

制备方法 将十二烯基丁二酸与单乙醇胺混合，混合加热搅拌均匀，在72℃保温0.5～1h，其中十二烯基丁二酸和单乙醇胺的物质的量之比为（0.5～1）：1，再加入水，使十二烯基丁二酸单乙醇胺酰胺在水中的含量至少为5%。再加入水、有机硼酸酯和油酸二乙醇胺，搅拌均匀后，整个混合液的pH值为7.5～8.5。

原料配伍 本品各组分质量份配比范围为：十二烯基丁二酸单乙醇胺酰胺与单乙醇胺混合物18～20，有机硼酸酯25～30，油酸二乙醇酰胺4～6，水40～50。

产品应用 本品主要应用于金属防锈。

产品特性 十二烯基丁二酸具有油溶性，其与单乙醇胺进行反应，结果由于在二羧酸分子中引入了亲水性基团，促使化合物在水中溶解，而且还强化了分子的极性，更有利于在金属表面的吸附，起到了有效的缓蚀效果，在混合液中，加入有机硼酸酯、油酸二乙醇酰胺两种辅助添加剂进行复合，以改善润滑性及增强防锈性能，油酸二乙醇酰胺具有一定的防锈性能和减磨性能，有机硼酸酯具有较好的润滑性能和抗载荷性能，三种物质的复合使分子之间的交融更加紧密，从而进一步增加了防锈性能，同时由于分子量的增加，分子间的范德华力在增大，在金属表面的吸附更牢固，增强了防锈效果，采用防锈润滑液防锈封存，仅经水洗后就可直接用防锈润滑液防锈，这样简化了工序，大量节省煤油、防锈油等能源材料，可以降低生产成本，改善工作环境，消除安全隐患，从产品外观上与传统的防锈油相比具有产品透明度高、清洁度高等优点，克服原有的防锈油发黄、时间长易出现渍痕等缺点。

防锈液(2)

原料配比

原料	配比(质量份)
苯甲酸钠	20
亚硝酸钠	8
苯并三氮唑	6
蒸馏水	45
β-环糊精	0.9
添加剂	0.1
丙二醇	20

制备方法 把苯甲酸钠、亚硝酸钠和苯并三氮唑放在蒸馏水里，搅拌到固体全部溶解为止，将所得溶液加热到45～55℃，然后加入β-环糊精、添加剂，搅拌使固体物质充分溶解，最后在室温下投入丙二醇，搅拌，过滤出极少量的不溶性杂质，得到本防锈液。

原料配伍 防锈液由苯甲酸钠、亚硝酸钠、苯并三氮唑、β-环糊精、添加剂、丙二醇和蒸馏水组成，本品各组分质量份配比范围为：苯甲酸钠12.5～25，亚硝酸钠3.5～14，苯并三氮唑2.4～8.2，β-环糊精0.5～1.2，添加剂0.05～0.15，丙二醇18～31和蒸馏水36～58。

产品应用 本品使用时，对需要防锈的器件进行粉刷、喷涂或浸泡，然后用普通塑料进行密封包装。如不密封，只可临时防锈。

产品特性 本防锈液由一些可作为食品添加剂的物质组成，容易制备，使用方便，水溶性强，易于用水冲洗，不污染环境，对人体无毒无害，防锈效果好，根据使用环境的不同，防锈期可达1～2年。

防锈液(3)

原料配比

原料	配比(质量份)
苯甲酸钠	9.5
亚硝酸钠	9.5
尿素	6
淀粉	2.4
氢氧化钠	0.44
水	加至 100

制备方法 将各组分按配比混合。

原料配伍 本品各组分质量份配比范围为：苯甲酸钠 8～10，亚硝酸钠 8～10，尿素 4～6，淀粉 2～2.5，氢氧化钠 0.4～0.45，水加至 100。

产品应用 本品主要用于黑色金属制品、机械零部件的防锈。

产品特性 本产品配制过程不产生废气、废水和废渣，使用安全，不含易燃物质，组分简单，成本低，防锈效果好。

钢筋防锈处理液

原料配比

原料	配比		
	1#	2#	3#
磷酸	1000mL	1000mL	1000mL
氢氧化铝	50g	100g	80g
氧化锌	5g	3g	4g
氧化铬	5g	3g	—
氧化镍	—	—	2g
氧化锰	—	—	3g

制备方法 在磷酸中，依次加入氢氧化铝、氧化锌、氧化铬或

氧化镍或氧化锰，升温加热至250℃，使所加固体物料全部混溶于磷酸中，之后冷却至室温，按1∶（10～20）的体积比加水稀释，即得钢筋防锈处理液。

原料配伍 本品各组分质量份配比范围为：磷酸1000mL，氢氧化铝50～100g，氧化锌3～5g、氧化铬或/和氧化镍或/和氧化锰2～5g。

产品应用 本品主要用作钢筋防锈处理液。

使用方法：将表面温度为150℃的热轧带钢筋浸入本品中1～5s，使之完全浸润后，在250℃温度条件下，保温干燥60min以上，即在钢筋表面形成外观黝黑光亮的防锈膜。

产品特性

（1）本品由无毒无味的无机化学药品配制而成，以水为载体，属环保产品，没有失效期限，使用方便、安全环保、效果好。

（2）本品较大程度地延缓了热轧带肋钢筋在大气环境下的表面锈蚀，从根本上解决了现有技术中因穿水冷却热轧带肋钢筋锈蚀严重，从而影响钢筋混凝土构件承载力和耐久性等力学性能的问题。

（3）所提供的防锈处理方法，可在轧钢生产线上完成对热轧带肋钢筋的防锈处理，并充分利用钢筋余热实现自行干燥，从而在钢筋表面形成一层外观黝黑光亮的防锈膜，不仅使钢筋表面美观，而且在大气环境下，经两个月以上的风吹、雨淋、日晒都不会产生锈蚀。

（4）防锈处理后在钢筋表面形成的防锈膜并不会影响钢筋的力学机械性能和焊接性能。

钢铁表面防锈除锈液

原料配比

原料	配比(质量份)
磷酸	40
乙酸钠	15
硫酸镍	5

续表

原料	配比(质量份)
磷酸二氢锌	10
三氧化二铬	3
酒石酸	2
柠檬酸	2
防锈添加剂	0.2
醇聚氧乙烯醚	1.8
月桂酸环氧乙烷缩合物	1
水	20

制备方法 在总量水中先取少量水，分别溶解钠盐、锌盐、镍盐、三氧化二铬、酒石酸和柠檬酸。把剩余的水注入耐酸搅拌器中，一边搅拌，一边缓缓注入磷酸和溶解后的钠盐、锌盐、镍盐、三氧化二铬、酒石酸和柠檬酸以及防锈添加剂、醇聚氧乙烯醚、月桂酸环氧乙烷缩合物。均匀搅拌 10～30min 后，把上述混合液定量注入容器中，制成本品。

原料配伍 本品各组分质量份配比范围为：磷酸 5～50，钠盐 0.1～20，锌盐 0.1～15，镍盐 0.01～3，三氧化二铬 0.1～10，酒石酸 0.1～15，柠檬酸 0.1～10，防锈添加剂 0.05～10，醇聚氧乙烯醚 0.01～2，月桂酸环氧乙烷缩合物 0.01～2，水 5～50。上述的钠盐是乙酸钠、硝酸钠、硅酸钠、碳酸钠、甲酸钠；上述的镍盐是硫酸镍、磷酸镍；上述的锌盐是硝酸锌、磷酸锌、硫酸锌、磷酸二氢锌。

产品应用 本品用于钢铁表面防锈除锈。

产品特性 本品可以迅速除去钢铁表面的蚀锈，同时形成致密、结合力强的防锈膜，延长有效防锈期，而且在生产过程中不会对环境造成污染。

钢铁材料防锈溶液

原料配比

原料	配比(质量份)
$Fe(OH)_3$	0.5
NaOH	0.5

续表

原料	配比(质量份)
$NaNO_3$	2
Na_2SiO_3	1
$Na_2Cr_2O_4$	1
水	加至 100

制备方法 将各组分溶于水混合均匀即可。

原料配伍 本品各组分质量份配比范围为：$Fe(OH)_3$ 0.3～0.7，NaOH 0.3～0.7，$NaNO_3$ 1～4，Na_2SiO_3 0.3～1.5，$Na_2Cr_2O_4$ 0.2～1.2，水加至100。

产品应用 本品用于钢铁材料的防锈，特别适用于钢铁材料在热态下（350～700℃）的快速钝化防锈处理。

产品特性 本品具有成膜快、膜层与基体黏附性好、价廉、无公害等优点，特别适用于控冷钢筋的在线钝化防锈处理。

钢铁常温高效除油除锈磷化钝化防锈液

原料配比

原料	配比(质量份)
氧化锌	7.35
磷酸	105
硝酸	4.7
氯酸钠	2
二氧化锰	0.15
柠檬酸	1.155
水	130

制备方法 将氧化锌加入水中，将磷酸加入水中，将氧化锌和磷酸的水溶液搅拌混合均匀后依次加入硝酸、氯酸钠、二氧化锰、柠檬酸，每加入一种均须搅拌均匀后再加入下一种，最后将水加足搅拌均匀，装入塑料桶成为成品入库，存放一夜后可使用。

原料配伍 本品各组分质量份配比范围为：氧化锌 7～8，磷酸 104～106，硝酸 4～5，氯酸钠 1～3，二氧化锰 0.14～0.16，柠檬酸 1.1～1.2，水 129～131。

质量指标

检验项目	检验结果
外观	淡黄色或无色透明液体
相对密度	1.2～1.3
pH 值	1～2
稳定性	对光热稳定,储存两年不变质
工作液游离酸度/mL	0.5～2
工作液总酸度/mL	60～80
磷化时间/S	90～120,全浸 120
除锈时间/min	轻浮锈 3～5,重浮锈 10～30
磷化膜厚度/μm	1.5～2
磷化膜质量/(g/m^2)	1.5～2
磷化处理量(工作液)/(m^2/L)	25～30
涂漆后耐蚀试验/h	≥800
漆膜附着力试验结果	1～2 级,合格
漆膜冲击试验结果/kg·cm	>50
柔软性/mm	<1

产品应用 本品用作钢铁常温高效除油除锈磷化钝化防锈液。

产品特性

（1）本品成分简单易得，价格低廉。

（2）本品生产工艺简单。只要按规定组分加足水搅拌均匀就是合格产品，工艺成本低。

钢铁超低温多功能除锈磷化防锈液

原料配比

原料	配比(质量份)
磷酸	8
柠檬酸	1.5
磷酸锌	2

续表

原料	配比(质量份)
磷酸二氢锌	2
氯化镁	3
柠檬酸钠	1
烷基磺酸钠	3
聚氧乙烯烷基苯	0.2
XD-3	1.5
OP-10	1
水	加至100

制备方法 将原料按配比的顺序逐一加到少量的水中，搅拌使其溶解，每加一种搅拌均匀后再加下一种，为了搅拌方便，随着加入的组分的增加，逐渐加大水量，直到最后加入OP-10乳化液后，才将全部水加入，搅拌均匀后即得本品。

原料配伍 本品各组分质量份配比范围为：磷酸8～19，柠檬酸1.5～4，磷酸锌2～5，磷酸二氢锌2～5，氯化镁3～7，柠檬酸钠1～2，烷基磺酸钠3～6，聚氧乙烯烷基苯0.2～1，XD-3 1.5～3.5，OP-10 1～3，水加至100。

质量指标

检验项目	检验结果
工作温度	−15～40℃
处理时间	3～15min
磷化膜外观	灰色或黑灰色
膜质量	0.5～3g/m^2
附着力	一级
冲击试验结果	>50kg·cm
磷化液经检测无亚硝酸盐和重金属污染物排放,使用安全	

产品应用 本品主要用作钢铁超低温多功能除锈磷化防锈液。

产品特性

(1) 本品通过精选各种功能成分的具体的物美价廉的用料，具有组方合理、功能全面、价格低廉、工艺简化、无污染排放、性能优异等诸多的优点和特点。本品采用大缸和塑料桶类的耐酸碱容器和搅拌用的木棍进行生产，有利于推广应用。

（2）由于在低温可以工作，冬季也不必加温，蒸发损失少，既环保又节能。

钢铁低温快速除锈磷化防锈液

原料配比

原料	配比(质量份)
磷酸	2
硝酸	1
氧化锌	1
氯化镁	1
硫脲	0.1
十二烷基磺酸钠	0.05
水	加至 100

制备方法 将磷酸和硝酸先后加入水中搅拌均匀后，再将氧化锌用水调成糊状，缓缓加入上述混合酸液中，边加边搅拌，使其充分反应，生成磷酸二氢锌和硝酸锌溶液，然后依次加入氯化镁、硫脲、十二烷基磺酸钠，边加边搅拌使其溶解，混合均匀后加足水，搅拌均匀，静置数小时即可使用。

原料配伍 本品各组分质量份配比范围为：磷酸 2～3，硝酸 1～2，氧化锌 1～2.5，氯化镁 1～2，硫脲 0.1～0.2，十二烷基磺酸钠 0.05～0.15，水加至 100。

产品应用 本品主要用作钢铁低温快速除锈磷化防锈液。

产品特性

（1）本品组方和工艺均得到简化，但功能齐全，材料和工艺成本有所降低，性能价格比得到提高。

（2）本品可在 12～35℃条件下使用，只需 0.5～3min 即可快速成膜，膜为赭石色，膜厚 1～3μm，膜重 1～6g/m^2，室内存放一年不生锈，耐盐雾性优异。

（3）本品成膜速度快，防锈性能好，性价比高，使低温快速磷防锈液的性能进一步得到了提高。

高浓缩汽化性防锈液

原料配比

原料		配比(质量份)
A	纯净水	65
	硅酸钾	0.1
	偏硅酸钠	0.03
	苯甲酸钠	3
B	聚乙二醇	20
	丙二醇	120
	苯并三氮唑	0.24
三乙醇胺		2

制备方法 先在搅拌器里放入纯净水，再放入硅酸钾和添加剂偏硅酸钠、苯甲酸钠，在40℃条件下搅拌30～90min，直到悬浮液完全透明，然后冷却到室温，制得混料A；在另一个搅拌器中放入聚乙二醇、丙二醇、苯并三氮唑后在室温条件下搅拌均匀，制得混料B；然后在混料B溶液里放入等量混料A溶液，再放入三乙醇胺，常温下以3r/min速度搅拌30～50min，反应生成浓缩汽化性防锈液。

原料配伍 本品各组分质量份配比范围为：

A组分：纯净水60～70，硅酸钾0.10～0.15，偏硅酸钠0.03～0.05，苯甲酸钠3～4；

B组分：聚乙二醇14～26，丙二醇100～120，苯并三氮唑0.1～0.7；此外还含有三乙醇胺1～3。混料A和混料B的混合质量比为1∶1。

产品应用 本品用于防止铁及非金属发生腐蚀。

产品特性 本品工艺条件简单易控，产品产率高，质量好，可以取代现有防锈液并产生积极效果。

 高效工序间水基防锈液

原料配比

原料	配比(质量份)		
	1#	2#	3#
去离子水	78.05	58.8	68
甘油	15	20	18.5
聚磷酸盐类分散剂	0.5	1	0.8
苯并三氮唑	0.05	0.1	0.08
无水碳酸钠	0.3	0.6	0.5
多聚偏磷酸钠	1.5	2	1.52
硅酸钠	0.1	1	0.6
苯甲酸钠	1	1.5	1.2
三乙醇胺	0.5	10	5.6
六亚甲基四胺	3	5	3.2

制备方法 将去离子水、甘油、聚磷酸盐类分散剂、苯并三氮唑、无水碳酸钠、多聚偏磷酸钠、硅酸钠于分散罐内搅拌，按顺序投料，每次投料间隔10min，全部投料结束再搅拌30～40min后停止搅拌。目测分散罐内防锈液是否混合充分，混合充分后，再将苯甲酸钠、三乙醇胺、六亚甲基四胺于分散罐内搅拌，搅拌10min停止搅拌，目测防锈液是否混合充分，混合充分后，用240目绢布过滤。

原料配伍 本品各组分质量份配比范围为：甘油15～20，聚磷酸盐类分散剂0.5～1，苯并三氮唑0.05～0.1，无水碳酸钠0.3～0.6，多聚偏磷酸钠1.5～2，硅酸钠0.1～1，苯甲酸钠1～1.5，三乙醇胺0.5～10，六亚甲基四胺3～5，去离子水57～80。

质量指标

检验项目	检验指标	检测结果
外观	淡黄色透明液体	合格
pH值	7.5～9.5	合格

续表

检验项目	检验指标	检测结果
水不溶物/%	<0.1	合格
防锈性能(工作液,35℃±5℃,铸铁)		
挂片(48h)	无锈	合格
叠片(24h)	无锈	合格
工序间防锈期	30天无锈蚀	合格

产品应用 本品主要用作高效工序间水基防锈液。

产品特性

(1) 具有优异的防锈、缓蚀性能，防锈期长，最高可达12个月。

(2) 操作简单，可喷、可刷、可浸，对后续工序不会产生不利影响，易于用水除去。

(3) 通用性好，适用于黑色金属和有色金属材质加工过程中的工序间防锈。

(4) 本品安全性好，不含亚硝酸钠等致癌物质，无毒无害。

高性能金属切削冷却防锈液

原料配比

原料	配比(质量份)		
	1#	2#	3#
工业煤油	4	2.1	3.1
7#机油	2.2	1.8	2.1
氯化石蜡	3	2.3	2.6
OP-10	5	4.1	4.6
土耳其油	8	5.1	6.4
聚乙烯醇	5	4.2	4.4
纯水	60	56	57
过硼酸钠	1.5	0.6	1.1
亚硝酸钠	16	15	15.5
三乙醇胺	8	3.3	7

制备方法 将工业煤油、7#机油、氯化石蜡、OP-10、土耳其

油、聚乙烯醇加入反应釜中，在15～35℃内以800～1000r/min的速度搅拌均匀得乳化液，将纯水、过硼酸钠、亚硝酸钠、三乙醇胺加入反应釜中，以800～1000r/min的速度搅拌均匀得防锈液组分，然后将防锈液组分加入乳化液中，持续搅拌均匀即得本品。

原料配伍 本品各组分质量份配比范围为：工业煤油2～4，7#机油1.8～2.2，氯化石蜡2～3，OP-10 4～5，土耳其油5～8，聚乙烯醇4～5，纯水55～60，过硼酸钠0.5～1.5，亚硝酸钠15～17，三乙醇胺3～8。

产品应用 本品主要用作高性能金属切削冷却防锈液。

产品特性

（1）本品组方合理，无有害挥发物，性能稳定，无毒副作用，使用安全。

（2）本品材料和工艺成本低，性能价格比高，有利于推广使用。

（3）本品切削冷却性能好，防锈时间长。

高悬浮力水溶性防锈研磨液

原料配比

1#

（1）悬浮液的制备

原料	配比(质量份)
纯水	50
膨润土	2.5
聚丙烯酸钙	3

制备方法 称取纯水、膨润土充分搅拌，静置2天以充分凝絮除去杂质。在除去杂质之后的膨润土溶液中加入聚丙烯酸钙，于室温（20℃）条件下充分搅拌30min，然后在小于0.1MPa压力的条件下静置，3天之后，得到乳白色凝胶状悬浮液，备用。

（2）防锈剂的制备

原料	配比(质量份)
乙酰胺	104
异丙醇胺	312

制备方法 在反应器中加入乙酰胺、异丙醇胺，搅拌并通入氮气，逐步升温至140℃，回流反应4h，每0.5h取样分析一次，用酸碱滴定法测定，滴定曲线发生折变，即认为反应完毕，得到浅黄色黏稠液体，即为防锈剂。

(3) 高悬浮力水溶性防锈研磨液的制备

原料	配比(质量份)
悬浮液	55
防锈剂	3
硬脂酸钠	0.4
平平加-20	0.1

制备方法 将以上各组分均匀混合，得到高悬浮力水溶性防锈研磨液。

2＃

(1) 悬浮液的制备

原料	配比(质量份)
纯水	50
有机膨润土	2
聚丙烯酰胺	0.4
三乙醇胺	2
TX-10	0.2

制备方法 称取纯水、有机膨润土充分混合均匀，加入聚丙烯酰胺、三乙醇胺、TX-10，在室温（20℃）下充分搅拌30min，然后在小于0.1MPa压力的条件下静置，3天之后得到乳白色凝胶状悬浮液，备用。

(2) 防锈剂的制备

原料	配比(质量份)
乙酰胺	104
异丙醇胺	312

制备方法 在反应器中加入乙酰胺、异丙醇胺，搅拌并通入氮

气，逐步升温至140℃，回流反应4h，每0.5h取样分析一次，用酸碱滴定法测定，滴定曲线发生折变，即认为反应完毕，得到浅黄色黏稠液体，即为防锈剂。

（3）高悬浮力水溶性防锈研磨液的制备

原料	配比(质量份)
悬浮液	54.6
防锈剂	3
硬脂酸钠	0.5

制备方法 将以上各组分均匀混合，得到高悬浮力水溶性防锈研磨液。

3#

（1）悬浮液的制备

原料	配比(质量份)
纯水	50
膨润土	2.5
羰基异丙醇胺	5

制备方法 称取纯水、膨润土充分搅拌，静置2天以充分凝絮除去杂质。在除去杂质之后的膨润土溶液中加入羰基异丙醇胺，在室温（20℃）下充分搅拌30min，然后在小于0.1MPa压力的条件下静置，3天之后得到乳白色凝胶状悬浮液，备用。

（2）防锈剂的制备

原料	配比(质量份)
乙酰胺	94
二乙醇胺	387

制备方法 在反应器中加入乙酰胺、二乙醇胺，搅拌并通入氮气，逐步升温至140℃，回流反应4h，得到浅黄色黏稠液体，即为防锈剂。

（3）高悬浮力水溶性防锈研磨液的制备

原料	配比(质量份)
悬浮液	57.5
防锈剂	3
硬脂酸钠	0.4
平平加-20	0.1

制备方法 将以上各组分均匀混合，得到高悬浮力水溶性防锈研磨液。

原料配伍 本品各组分质量份配比范围为：悬浮液 54～58、防锈剂 1～5、润滑剂 0.3～0.6。

防锈剂是由甲酰胺、乙酰胺或三聚氰胺与二乙醇胺与异丙醇胺在氮气保护下在 100～140℃反应 4～6h 而制得。

润滑剂为平平加系列产品和硬脂酸钠。

悬浮剂可以是膨润土或者有机膨润土。凝聚剂为聚酰胺类或有机胺类有机高分子化合物。防锈剂由甲酰胺、乙酰胺或三聚氰胺与二乙醇胺或异丙醇胺在氮气保护下在 100～140℃反应 4～6h 而制得。润滑剂为平平加系列产品和硬脂酸钠。

产品应用 本品能替代各种油类研磨液用于压电晶体、压电陶瓷、各种精密阀芯、阀片、活门片的精密研磨加工，尤其可以简化晶片研磨后的清洗工艺，提高晶片的产品质量，减少环境污染。

产品特性 本品具有优秀的触变性能，能将各种粒径的金刚砂真正地浮起来，又具有很好的流动性。

化锈防锈液

原料配比

原料	配比(质量份)		
	1#	2#	3#
水	200～300	220～280	250
磷酸	80～160	110～150	136
重铬酸钾	1～5	2～4	3.2
硝酸钾	0.5～4	1～3	2
氧化锌	1～6	2～4	2.6
磷酸三钠	1～8	3～5	4
钼酸钠	0.01～1	0.05～1	0.07
羧甲基纤维素	1～8	2～5	4

制备方法 将各组分溶于水，混合均匀即可。

原料配伍 本品各组分质量份配比范围为：水 200～300，磷酸 80～160，重铬酸钾 1～5，硝酸钾 0.5～4，氧化锌 1～6，磷酸三钠 1～8，钼酸钠 0.01～1，羧甲基纤维素 1～8。

产品应用 本品用于金属表面化锈防锈处理。

产品特性 本品在使用过程中可直接刷涂或喷于锈蚀或具有薄层氧化皮的黑色金属表面，将金属的氧化层转变成磷酸盐和铬酸盐，附着在金属表面形成一种优良的磷化防腐保护层，从而达到化锈防锈的目的，工序简单，可大大减轻施工人员的劳动强度。

环保汽化性防锈液

原料配比

原料	配比(质量份)	
	1#	2#
苯甲酸钠	2	4
糊精	1	1.2
钼酸钠	5	6.5
添加剂	0.02	0.04
水	26	28
甘油	60	70
缓蚀剂	3	4
附着力促进剂	1.2	3

制备方法

(1) 制作一级混合液：在室温下将苯甲酸钠、糊精、钼酸钠、添加剂、水放入搅拌机内充分混合 15～30min，获得一级混合液；

(2) 制作二级混合液：在室温下，在甘油中加入缓蚀剂，使其充分混合，获得二级混合液；

(3) 制作三级混合液：室温下将获得的二级混合液倒入获得的一级混合液中，以 20～25r/min 的速度匀速搅拌混合 25～35min，使其充分混合，获得三级混合液；

(4) 在室温下，在获得的三级混合液中加入附着力促进剂，以

20～30r/min的速度匀速搅拌混合25～35min，使其充分均匀地混合，即制得本品。

原料配伍 本品各组分质量份配比范围为：苯甲酸钠1～5，糊精0.1～2，钼酸钠0.5～10，添加剂0.01～0.05，水25～30，甘油50～80，缓蚀剂1～5，附着力促进剂0.1～3。

所述添加剂用于调整本品的酸度，所述添加剂为次磷酸钠、偏硅酸钠、碳酸钠、硫酸钠、三聚磷酸钠、磷酸三钠中的任意一种或几种。

所述缓蚀剂用于减缓金属材料的腐蚀速度，所述缓蚀剂为膦酸、磷酸盐、膦羧酸、巯基苯并噻唑、苯并三氮唑、磺化木质素中的任意一种或几种。

所述附着力促进剂用于增加本品在金属表面的附着力，附着力促进剂为聚氨酯、环氧树脂、丙烯酸酯、硅烷偶联剂、钛酸酯偶联剂、铬类偶联剂、甲基丙烯酸酯、钛酸酯、锆铝酸盐、锆酸盐、烷基磷酸酯、有机二元酸、多元醇、二乙烯基苯、二异氰酸酯、丙二醇丁醚、一缩丙二醇甲醚乙酸酯中的任意一种或几种。

附着力促进剂广泛应用于化纤、木材、塑胶、金属、陶瓷、玻璃、ABS、PVC等基材，以大幅度提高膜层与底材的附着力。它是一种新型树脂型密着促进剂，对于涂料的防脱落性有特殊功效。具有较宽的溶解性，可改进多种涂料体系的附着力，如水性涂料、水性油墨、印花胶浆、UV光油、塑胶漆、金属烤漆、防锈液、水性漆，尤其适用于防锈液或水性漆，提高其附着力及韧性。附着力促进剂是能够提高涂层与基材粘接强度的化合物。一般此类化合物分子链的末端含有两种不同的官能团，其中一种官能团能够与基材的表面反应，另一种官能团能够与基体树脂反应。

对于被涂覆的金属表面来说，附着力促进剂尤为重要，因为金属不稳定，其表面发生氧化而生成金属氧化物。接触氧气、潮气几类物质会加速氧化过程。几乎所有的涂料涂层内部都含有微孔，这些微孔能够渗透氧气、水分子及离子类物质。如果涂层能够与金属表面粘接良好，那么由渗透引起的腐蚀就可以避免。因此，对于金属基材来说，尽可能提高涂覆材料的粘接强度显得尤为重要。

质量指标

方法：试片用本品涂抹以后用普通塑料膜密封，再把没有涂抹本品的试片也用普通膜进行密封包装，进行比较。

金属类	接触性试验		盐雾试验	
	环保汽化性防锈液	比较试片	环保汽化性防锈液	比较试片
碳钢	没有生锈	生锈	没有生锈	生锈
铝	没有生锈	部分生锈	没有生锈	生锈
铜	没有生锈	部分生锈	没有生锈	部分生锈
镀锌钢板	没有生锈	部分生锈	没有生锈	部分生锈
铁皮	没有生锈	生锈	没有生锈	生锈
镍	没有生锈	生锈	没有生锈	生锈
锡	没有生锈	部分生锈	没有生锈	部分生锈

产品应用

本品主要应用于金属防锈。

产品特性

（1）本品采用甘油为主原料，整个配方中不含有对环境有害的元素，所以本品是环保产品。

（2）配方中的附着力促进剂增强了本品在金属表面的附着力，同时在废弃时诱导微生物降解本品，所以，本品是可汽化的。

（3）配方中添加了缓蚀剂，使本品的防锈效果优异。

金属除锈防锈液(1)

原料配比

原料	配比(质量份)
磷酸(85%)	40
氢氧化铝	4
邻二甲苯硫脲	0.5
明胶	0.02
明矾	0.5
水	5
磷酸锌	2
柠檬酸	5

续表

原料	配比(质量份)
乙醇(无水)	2.5
辛基苯酚聚氧乙烯醚	0.05
水	40.43

制备方法 将磷酸与氢氧化铝混合搅拌均匀，加热至溶液完全澄清，趁热加入邻二甲苯硫脲，搅拌至完全溶解，制得A液。用明胶、明矾与5%的水混合搅拌均匀，加热使明胶和明矾完全溶于水，制得B液。把A液和B液混合，并在搅拌下依次加入磷酸锌、柠檬酸、乙醇（无水）、辛基苯酚聚氧乙烯醚、40.43%的水至完全溶解即得成品。

原料配伍 金属除锈防锈液包括脱脂剂辛基苯酚聚氧乙烯醚、乙醇；除锈剂磷酸、柠檬酸；缓蚀剂氢氧化铝、邻二甲苯硫脲；磷化剂磷酸锌、明矾、明胶；溶剂水。

本品各组分质量份配比范围为：磷酸（85%）30～45，氢氧化铝3～5，邻二甲苯硫脲0.1～1，明胶0.01～0.03，明矾0.1～1，磷酸锌1～3，柠檬酸2～8，辛基苯酚聚氧乙烯醚0.01～0.1，乙醇（无水）2～4，水40～60。

产品应用 本品用于金属表面处理。

产品特性 本产品具有除锈、去污、磷化、钝化、表调、上底漆等多种功能，可以在常温下实现上述过程，除锈时间短（大约15min），防锈时间长（约1年），对金属无腐蚀，无有毒有害物，对环境无污染。本产品制造工艺简单，成本低廉。

金属除锈防锈液(2)

原料配比

原料	配比(质量份)		
	1#	2#	3#
磷酸	36	41	38.5

续表

原料	配比(质量份)		
	1#	2#	3#
乙酸	8	10	9
$FePO_4$	9	13	11
丙三醇	0.1	0.5	0.3
碳酸锰	0.1	0.2	0.15
水	加至100	加至100	加至100

制备方法 将磷酸与适量水在反应釜内混溶，然后向其内加入乙酸。静置0.5h后，分多次向溶液内加入还原铁粉，搅匀。

静置12h以后，待还原铁粉中的杂质沉淀下去，向其中加入丙三醇和碳酸锰，(丙三醇为渗透剂，它的加入可使除锈剂快速进入锈层内部，碳酸锰的加入可提高形成的防锈层的抗蚀能力)，搅匀，静置24h后待用。

原料配伍 本金属除锈防锈漆各组分质量配比范围为：H_3PO_4 36～41，乙酸8～10，$FePO_4$ 9～13，丙三醇0.1～0.5，碳酸锰0.1～0.2，水加至100。本产品中，过量的磷酸可起到化锈作用，磷酸盐类起成膜防锈保护作用，无机乙酸、锰盐起到电化学保护作用。

还原铁粉的主要成分为Fe_2O_3，它与溶液中磷酸进行反应，反应式如下：$Fe_2O_3+2H_3PO_4 = 2FePO_4+3H_2O$

加入还原铁粉的目的是，在金属表面铁锈量不足的情况下，仍能生成足够的磷酸盐类，起成膜保护作用。

本品能将铁锈转变成稳定的化合物$Fe_3(PO_4)_2$，铁锈的主要成分为$Fe(OH)_2$，其反应式为：

$$Fe(OH)_2+2H_3PO_4 = Fe_3(PO_4)_2+3H_2O$$

$Fe_3(PO_4)_2$牢固地结合于钢铁表面，形成致密的保护性防护层，磷酸锰盐的形成，提高了防护层的抗蚀能力，从而达到防蚀目的。

产品应用 本品为用于处理金属表面锈蚀的除锈防锈液。本产品使用时可直接涂于带锈层的钢铁表面。

产品特性 本产品配方原料成本低，水和磷酸占大部分比例，均非常廉价，还原铁粉可取材于钢铁厂废弃氧化的铁皮，丙三醇和碳酸锰的用量较少，产品配方费用少；本产品使用成本低，相比现有的防锈除锈漆，本产品单位质量的涂刷面积大；本产品的制作工艺也比较简单，没有特殊要求，加工简单，加工成本低。

多功能环保金属除油除锈防锈液

原料配比

原料	配比(质量份)		
	1#	2#	3#
聚氧乙烯烷基醚	1	4	6
十二烷基磺酸钠	1	5	8
1,3-二丁基硫脲	0.5	6	10
六亚甲基四胺	0.5	3	5
磷酸二氢锌	1	6	10
磷酸	10	25	40
丁基萘磺酸钠	—	3	5
丁二酸酯磺酸钠	—	3	5
三乙醇胺	—	5	8
碳酸氢钠	—	3	5
酒石酸	—	7	10
1,3-二乙基硫脲	—	5	10
水	20	50	75

制备方法 将固体原料用水溶解成溶液，液体原料用水稀释，然后将原料分别投入反应釜中，搅拌 15～30min，经 120 目纱网过滤，即制成成品。水温 25～75℃。

原料配伍 本品各组分质量份配比范围为：聚氧乙烯烷基醚1～6，十二烷基磺酸钠 1～8，1,3-二丁基硫脲 0.5～10，六亚甲基四胺 0.5～5，磷酸二氢锌 1～10，磷酸 10～40，丁基萘磺酸钠 0～5，丁二酸酯磺酸钠 0～5，三乙醇胺 0～8，碳酸氢钠 0～5，酒石酸 0～10，1,3-二乙基硫脲 0～10，水 20～75。

产品应用 本品用于金属材料及其制品表面的除油除锈。

产品特性

(1) 本品不含强酸、强碱，不会对金属材料造成过度腐蚀及氢脆，原料无毒无害，无易燃、易爆的危险；

(2) 可循环使用，不污染环境和水源；

(3) 在常温下，金属表面处理时间为5～25min，如果加温到45～60℃，处理效果更好；

(4) 在加工过程中可替代车间底漆，经过处理的金属材料，在室内保温三个月以上不生锈；

(5) 使通常需要多个工序的工作，由一个工序即可完成，降低了劳动强度，提高了工作效率。

金属防锈液(1)

原料配比

原料	配比(质量份)
苯甲酸钠	9.5
亚硝酸钠	9.5
尿素	6
淀粉	2.4
氢氧化钠	0.44
水	加至100

制备方法 将各组分溶于水混合均匀即可。

原料配伍 本品各组分质量份配比范围为：苯甲酸钠8～10，亚硝酸钠8～10，尿素4～6，淀粉2～2.5，氢氧化钠0.4～0.45，水加至100。

上述组分中，苯甲酸钠、亚硝酸钠和尿素起防锈作用，淀粉和氢氧化钠的作用是使防锈组分附着在黑色金属上，水是溶剂。

产品应用 本品用于金属制品的防锈。黑色金属制品、机械零部件涂布此防锈液后，用塑料薄膜或防潮纸等防水材料封装，可保持4年以上不生锈。将此防锈液用2倍左右（质量）的水稀释，机械零件浸于此稀释的防锈液中，至少可保持一个星期不生锈。

产品特性 本防锈液为透明液体，配制过程不产生废气、废水和废渣，使用安全，不含易燃物质，组分简单，成本低，防锈效果好。

金属防锈液(2)

原料配比

原料	配比(质量份)		
	1#	2#	3#
磷酸三钠	20	35	15
硅酸钠	1	2	3
工业亚硝酸钠	6	4	8
乌洛托品	1	2	3
尿素	7	5	8
水	加至100	加至100	加至100

制备方法 先将各原料分别溶于水中制成水溶液半成品原料。然后按照后一项与前一项混合配制的次序，依次混合配制成防锈液。

原料配伍 本品各组分质量份配比范围为：磷酸三钠 10～40，硅酸钠 0.5～3，工业亚硝酸钠 3～9，乌洛托品 0.5～3，尿素 4～9，水加至 100。

产品应用 本品主要用作对金属材料和金属制品的表面进行预处理的金属防锈液。

产品特性 本防锈液能够提高防锈保护膜在金属方面的附着力，并在所形成的保护膜中，可将造成金属表面锈蚀的潜在隐患降低到最低限度，同时也使保护层本身更加致密，提高金属表面的抗腐能力，改善保护层隔潮和隔绝空气的性能，使其具有可靠的较长时间的防锈效果；该防锈液的使用不产生会造成环境污染的酸雾，也不会引起金属的氢脆，使用时不会灼伤皮肤，对人体无刺激、无损害，安全可靠，易于操作。

聚硅氧烷防锈液

原料配比

原料		配比(质量份)										
		1#	2#	3#	4#	5#	6#	7#	8#	9#	10#	11#
聚硅氧烷	二甲基硅油	15	—	—	—	—	—	—	—	—	—	—
	高含氢硅油	—	10	—	—	—	—	—	—	—	—	—
	氨基硅油	—	—	40	—	—	—	—	—	—	—	—
	羟基硅油	—	—	—	50	—	—	—	—	—	—	—
	水性硅油	—	—	—	—	15	—	—	—	—	—	—
	聚醚改性硅油	—	—	—	—	—	20	—	—	—	—	—
	乳化硅油	—	—	—	—	—	—	25	—	—	—	—
	含氢硅油乳液	—	—	—	—	—	—	—	18	—	—	—
	羟基硅油乳液	—	—	—	—	—	—	—	—	15	—	—
	甲基三乙酰氧基硅烷	—	—	—	—	—	—	—	—	—	28	—
	有机硅树脂	—	—	—	—	—	—	—	—	—	—	20
交联剂	正硅酸乙酯	0.1	1	—	—	2	—	—	—	2.5	—	2
	硅酸钠	—	—	—	2	—	1.5	—	2	—	5	—
催化剂	二月桂酸二丁基锡	0.1	—	5	—	—	1	—	—	2.5	—	3
	硅酸钠	—	—	—	—	4	—	—	—	—	—	—
溶剂	无味煤油	84.8	89	—	—	79	77.5	75	—	80	67	—
	石油醚	—	—	55	48	—	—	—	80	—	—	—
	乙酸乙酯	—	—	—	—	—	—	—	—	—	—	75
pH 值调节剂		6	8	6.5	9	8.5	9.5	10	7.5	9	7	6

制备方法 将聚硅氧烷置于容器中，加入交联剂、催化剂和溶剂混合搅拌均匀，用氢氧化钠调节 pH 值至 5～11，得到聚硅氧烷防锈液。

原料配伍 本品各组分质量份配比范围为：聚硅氧烷 5～60，交联剂 0.01～10，催化剂 0.01～10，溶剂 45～90，pH 值调节剂 5～11。

所述聚硅氧烷为二甲基硅油、高含氢硅油、氨基硅油、羟基硅油、水性硅油、聚醚改性硅油、乳化硅油、含氢硅油乳液、羟基硅油乳液、甲基三乙酰氧基硅烷和有机硅树脂中的一种或一种以上。聚硅氧烷的黏度为10～200000mPa·s。

所述交联剂为正硅酸乙酯或硅酸钠；所述的催化剂为二月桂酸二丁基锡或硅酸钠；所述溶剂为酒精、乙醚、丙酮、石油醚、无味煤油、乙酸乙酯和三乙醇胺中的一种或一种以上。本品优选无味煤油、乙酸乙酯或石油醚。

所述pH值调节剂采用有机碱或无机碱，所述有机碱为长链脂肪酸盐或季铵碱类。所述无机碱为氢氧化钠、氢氧化钾、氢氧化钙、氨基钠或氨水。所使用的pH值调节剂能较好地溶解于防锈液中。

其中，所述长链脂肪酸盐为硬脂酸钠、硬脂酸钾、油酸钠、油酸钾、亚油酸钠或亚油酸钾；所述季铵碱类为四丁基季铵碱。

本品的原理是：聚硅氧烷是以Si—O键为主键的聚合物，Si—O键键能高达460.5kJ/mol，大大高于有机聚合物典型的C—C主链的键能358.0kJ/mol，这意味着需要更高的活化能才能破坏聚硅氧烷聚合物，正是高键能使聚硅氧烷具有突出的化学惰性、耐热性、耐候性、疏水性、生理惰性和较小的表面张力。因此水、普通的酸、碱、盐、氧化剂无法破坏聚硅氧烷的化学惰性，也就使聚硅氧烷有优异的防腐性能。

产品应用 本品主要应用于金属防锈。

产品特性

（1）本品无色无味无毒，符合食品行业规定，且成本低，操作简单，既解决了防锈液制作、涂覆工艺复杂、含有有害物质、不环保、经济成本过高的问题，又弥补了国内金属瓶盖切边防锈的空白，适用于各种饮料的金属瓶盖。

（2）施用本品后，能在金属瓶盖切边形成疏水性吸附膜，隔绝外部环境的水分，达到防腐的效果。

抗静电气相防锈膜

原料配比

表 1　气相缓蚀剂

原料	配比(质量份)
苯甲酸单乙醇胺	52
钼酸钠	16
2-乙基咪唑啉	31
铝酸酯偶联剂	1

表 2　抗静电气相防锈膜

原料	配比(质量份)	
	1#	2#
聚烯烃树脂	80	90
气相缓蚀剂	16	4
抗氧剂 1010	1	1
光稳定剂 6911	1	1
紫外线吸收剂 UV531	—	1
抗静电剂	1.5	2.5
铝酸酯偶联剂	0.5	0.5

制备方法　气相缓蚀剂固体组分的研磨、偶联；气相缓蚀剂与聚烯烃树脂偶联、混合、共挤；混合抗静电剂与聚烯烃树脂偶联、混合、共挤；采用三层共挤吹膜设备，分别将含有气相缓蚀剂和抗静电剂的聚烯烃树脂放入进料口吹塑。

原料配伍　本品各组分质量份配比范围为：聚烯烃树脂 80～90，抗静电剂 1～4、气相缓蚀剂 4～18，抗氧剂 1～2，光稳定剂 0.5～2，紫外线吸收剂 0～1，铝酸酯偶联剂 0.3～0.6。

所述聚烯烃树脂由 95%混合聚烯烃（低密度聚乙烯：线型低密度聚乙烯=3∶7，质量比）和 5%聚乙烯蜡组成。

所述抗静电剂由 30%*N*,*N*-双(2-羟乙基)脂肪酰胺、50%乙氧基烷基胺和 20%羟乙基烷基胺经粉碎研磨混合而成。

所述气相缓蚀剂包括以下组分：苯甲酸单乙醇胺 24～52，钼酸钠 16～28，2-乙基咪唑啉 22～33，铝酸酯偶联剂 1～2。

产品应用　本品主要应用于金属防锈。

产品特性

（1）适用于钢铁、铜、铝、镀铬等多种金属的防锈，对其他非金属材料如光学器材、橡胶材料、电子元器件等不产生不良影响，相容性好。

（2）适用于各种电子设备的防锈包装，包装膜的表面电阻率可以达到 $10^{10}\Omega\cdot m$，对内装的电子设备具有优异的防静电性能。

冷拔防锈润滑液

原料配比

原料	配比(质量份)
固体油脂	29
氢氧化钠	41
明矾	6.5
水玻璃	8.5
水	8
工业用石蜡	7

制备方法 先将固体油脂和工业用石蜡加水在加热釜中加热至溶化，然后将氢氧化钠、水玻璃和明矾逐次加入，在 90℃保持 12h，然后将釜中化合物倒入容器中，自然冷却为固体即成。

原料配伍 本品各组分质量份配比范围为：固体油脂 20～50，氢氧化钠 30～60，明矾 5～15，水玻璃 5～15，水 8，工业用石蜡 7。

该润滑液在温度为 38～80℃时呈膏状，在温度为 38℃以下时呈固体状，将其按 100∶1.5 的比例用水稀释后形成乳化液体，升温到 38～60℃即可使用，长期使用其性能不会变化。

产品应用 本品用于钢材在冷拔加工过程中的防锈润滑。使用时将酸洗、冲净后的钢材投入稀释后的润滑液池中，经过 100s 左右的时间浸泡，让钢材表面吸附该液，这样，钢材出池后在其表面会均匀覆盖一层 0.3～0.5mm 厚的润滑液，10～20min 后即干，该液干后将钢材表面严密地包裹起来，和空气隔绝，存放 15～20 天不会生锈。

产品特性 钢材表面吸附的润滑液在进行冷拔加工时，因其具有极强的吸附和抗挤压力，所以能起到润滑作用，和传统工艺挂白灰浆相比，不仅拉拔后表面亮度和质量提高，而且彻底根除了拉拔作业时的粉尘环境污染，又可降低润滑成本 60%。

气化性防锈膜

原料配比

原料	配比(质量份)
苯甲酸钠	1.0
亚硝酸钠	1.0
β-环糊精	0.1
淀粉	0.025
添加剂润滑油	0.525
低密度聚乙烯	16.15
超低密度聚乙烯	19.2

制备方法 称取苯甲酸钠、亚硝酸钠、β-环糊精、淀粉或糖化素、添加剂，将它们混合、粉碎，向粉碎物加入部分低密度聚乙烯和超低密度聚乙烯，在 150～160℃下成型制成母粒，将此母粒与其余的低密度聚乙烯和超低密度聚乙烯混合，在 210℃下制膜。

原料配伍 本品由苯甲酸钠、亚硝酸钠、β-环糊精、淀粉或糖化素、添加剂、低密度聚乙烯和超低密度聚乙烯所组成。

产品应用 本品适用于金属材料的除锈防锈。

产品特性 本品优点是可以保护防锈油及其他油脂无法保护的产品，易于包装、储存及运输，处理简便，不须浸泡及清洁处理，节省费用，无毒无害，可防止污染，可重复使用，防锈期为 2～5 年。

汽化性防锈液

原料配比

原料	配比(质量份)
苯甲酸钠	20
亚硝酸钠	8
苯并三氮唑	6
β-环糊精	0.9
添加剂润滑油	0.1
丙二醇	20
蒸馏水	45

制备方法 把苯甲酸钠、亚硝酸钠、苯并三氮唑放在蒸馏水中，搅拌到固体全部溶解为止，将所得溶液加热到45～55℃，然后加入β-环糊精、添加剂，搅拌使固体物质全充分溶解，最后在室温下投入丙二醇，搅拌，过滤。

原料配伍 本品由苯甲酸钠、亚硝酸钠、苯并三氮唑、β-环糊精、添加剂、丙二醇和蒸馏水所组成，本品各组分质量份配比范围为：12.5～25、3.5～14、2.4～8.2、0.5～1.2、0.05～0.15、18～31、36～58。

产品应用 本品用于汽化防锈。

产品特性 本品由一些作为食品添加剂的物质组成，容易制备，使用方便，水溶性强，易于用水冲洗，不污染环境，对人体无害无毒，防锈效果好，根据使用环境的不同，防锈期可达1～2年。

切削冷却防锈液

原料配比

原料	配比(质量份)	
	1#	2#
油酸	10	20
三乙醇胺	25	20

续表

原料	配比(质量份)	
	1#	2#
机油	35	40
煤油	25	18
乳化剂-OP	5	2

制备方法 将各组分混合均匀即可。

原料配伍 本品各组分质量份配比范围为：油酸 10～20，三乙醇胺 20～30，机油 30～50，煤油 10～30，乳化剂-OP ～5。

产品应用 本品用作切削冷却防锈液。

产品特性 本品配方合理，防锈性能好，生产使用方便，生产成本低。

水基除油去锈防锈液

原料配比

原料	配比(质量份)
磷酸钠	10
柠檬酸	50
601 洗涤剂	10
甲醛	5
磷酸(85%)	5
水	200

制备方法 分别称取磷酸钠、柠檬酸放入一个盛有 40 份水的容器内，搅匀后加入 601 洗涤剂、甲醛，再边搅边缓缓加入磷酸（浓度为 85%），测定 pH＝6，加水 160 份混匀后即成，此溶液为无色、透明、略带水果香味的溶液。

原料配伍 本品各组分质量份配比范围为：磷酸钠 8～16，洗涤剂 9～15，柠檬酸 40～60，磷酸 1～5，甲醛 1～6，水 180～220。

本水基防油去锈防锈液主要利用磷酸钠和洗涤剂除油、柠檬酸和磷酸除锈、甲醛作缓蚀剂。

产品应用 使用时可将金属制品、工件直接浸入该溶液（溶液不一定加热），20min 后就可除尽油污和锈，取出工件晾干，也可刷浸透该溶液，直接涂刷在金属制品、工件的表面进行除油除锈。经此溶液处理的金属件，即可进行电镀或喷涂处理。

产品特性 该溶液中无过量锌、铬、锰、铅等有害离子；化学性能稳定，使用周期长，使用时溶液可不断添加，无废液排出，不影响金属材料性能，具有良好的防锈效果。

水基冷轧润滑防锈液

原料配比

原料	配比(质量份)
氢氧化钡	3～5
氢氧化钾	30～35
四硼酸钠	60～65
纯碱	13～18
乙二胺四乙酸二钠	0.3～0.7
蓖麻油酸	200～210
水	666.3～693.7

制备方法 将氢氧化钡与蓖麻油酸在110～130℃条件下反应制成防锈剂单体，氢氧化钾与蓖麻油酸在80～95℃条件下制成润滑单体，然后将四硼酸钠、乙二胺四乙酸二钠、纯碱、水投入反应釜中，在80～95℃条件下反应，制成水基冷轧润滑防锈液。

原料配伍 本品各组分质量份配比范围为：氢氧化钡3～5，氢氧化钾30～35，四硼酸钠60～65，蓖麻油酸200～210，纯碱13～18，乙二胺四乙酸二钠0.3～0.7，水666.3～693.7。

产品特性 本产品的优点在于以水代油，节约能源，无污染，无毒，生产配套设备简单，操作方便。

水基润滑防锈两用液

原料配比

原料	配比(质量份)
氢氧化钠	28～33

续表

原料	配比(质量份)
氢氧化钡	18.5～20.5
碳酸钠	19.5～21.5
四硼酸钠	51.75～55
顺式十八碳九烯基酸	275～296
乙二胺四乙酸二钠	3.75～4.25
苯并三氮唑	0.05～0.1
水	587.95～549.65

制备方法 将氢氧化钡与顺式十八碳九烯基酸在110～130℃条件下反应制成防锈剂单体，氢氧化钠与顺式十八碳九烯基酸在75～85℃条件下反应制成润滑剂单体，然后将碳酸钠、四硼酸钠、乙二胺四乙酸二钠、苯并三氮唑和水投入反应釜中，在70～90℃充分搅拌，制成水基防锈润滑两用液。

原料配伍 本品各组分质量份配比范围为：氢氧化钠28～33，氢氧化钡18.5～20.5，碳酸钠19.5～21.5，四硼酸钠51.75～55，顺式十八碳九烯基酸275～296，乙二胺四乙酸二钠3.75～4.25，苯并三氮唑0.05～0.1，水587.95～549.65。

产品应用 本品适用于金属加工中冷却润滑和工序间防锈。

产品特性 本品呈浅黄色黏稠液体。其防锈性、腐蚀性和稳定性等均达油基质量指标要求。

本品生产配套设备简单，操作方便。它以水代油，节约能源。具有性能稳定、使用周期长、造价低廉、一液双用、减少工序、无毒、无腐蚀、无污染等优点。具有良好的润滑、冷却、清洗和防锈四大作用。

高聚浮力水溶性防锈研磨液

原料配比 (原料)

原料	配比(质量份)		
	1#	2#	3#
纯水	53	50	50
膨润土	2.5	2	2.5
聚丙烯酸钙	3	—	—

续表

原料	配比(质量份)		
	1#	2#	3#
聚丙烯酰胺	—	0.4	—
羰基异丙醇胺	—	—	5
乙酰胺	1.04	—	0.94
三乙醇胺	—	2	—
二乙醇胺	—	—	3.87
异丙醇胺	3.12	—	—
TX-10	—	0.2	—
防锈剂	3	3	3
硬脂酸钠	0.4	0.5	0.4
平平加-20	0.1	—	0.1

制备方法 将上述各组分按配比混合并充分搅拌，在一定的压力下使其交联凝聚，即得到本品。

原料配伍 本品中悬浮剂可以是膨润土或者有机膨润土；凝聚剂为聚酰胺类或有机胺类有机高分子化合物。

产品应用 本品是可用于压电晶体、压电陶瓷、精密阀芯、阀片、活门片精密研磨、抛光加工的全水溶性研磨液。

产品特性 本品具有优秀的触变性能，既能将各种粒径的金刚砂真正地浮起来，又具有很好的流动性，因而能代替各种油类研磨液用于压电晶体、压电陶瓷、精密阀芯、阀片、活门片精密研磨加工，尤其可以简化晶体片研磨后的清洗工艺，提高晶体片的产品质量，减少环境污染。

水乳型除锈防锈液

原料配比

原料	配比(质量份)	
	1#	2#
磷酸	33	34
铝粉	15	13
NH_4NO_3	1	1
$ALK(SO_4)_2$	0.05	0.1
水	50	51.9

制备方法 先将磷酸和铝粉混合，充分反应制得磷酸铝溶液备用，将 NH_4NO_3、$AIK(SO_4)_2$、水混合后加入制得的磷酸铝溶液，控制该水乳型除锈防锈液的 pH 值为 0.5～1，即得到本品。

原料配伍 本品各组分质量份配比范围为：磷酸 32～38，铝粉 12～17，NH_4NO_3 1～1.4，$AIK(SO_4)_2$ 0.05～0.1，水 50～55。

产品应用 本品适用于金属材料的除锈防锈。

产品特性 本品同时具有渗透型、转化型和稳定型三种除锈防锈涂料的特点，生产极简单，使用操作方便，生产和使用时既不污染环境，又不危害人体健康，是一种环保型产品。

水乳型共混防腐防锈剂

原料配比

原料	配比(质量份)	
	1#	2#
水	65	65
乙烯-乙酸乙烯共聚乳液	80	80
CMC 增稠剂	6	6
防腐防锈助剂	12	12
有机硅消泡剂	3	3
聚乙烯醇缩醛类黏合剂	70	70
轻质填料	—	85
粉状吸氧剂	—	0.1
乌洛托品	—	6
减水剂	—	8
磷酸盐	—	10
硫酸盐	—	11
亚硝酸盐	—	20
稳定剂(防结块剂)	—	5

制备方法 预先取乙烯-乙酸乙烯共聚乳液、苯丙乳液、丙烯酸乳液、氯丁橡胶乳液中的一种聚合物乳液或其中两种或多种聚合物的共混乳液、水、聚乙烯醇缩醛类黏合剂、增稠剂、防腐防锈助剂

及消泡剂混溶成混溶液，然后将其加入反应釜中，采用匀速高剪切力搅拌装置搅拌，混合均匀后得到乳剂产品。

原料配伍 水乳型共混防腐防锈材料至少是由下列成分组成的乳剂：水 40～80，聚合物乳液 50～160，聚乙烯醇缩醛类黏合剂 20～100，增稠剂 5～16，防腐防锈助剂 1～14 及消泡剂 0.5～3。

所得到的乳剂可作为涂于混凝土表面的防腐保护剂，也可与下列组分的粉剂配合使用：轻质填料 70～100，亚硝酸盐 10～30，磷酸盐 0.5～14，硫酸盐 0.3～11，乌洛托品 0.1～6，稳定剂 1～5，减水剂 0.3～10 及粉状吸氧剂 0.01～2。

产品应用

本品可应用于以下的范围：

(1) 潮湿环境下工业厂房、墙面、屋面板、楼板、承重柱、梁等外装修抹面。

(2) 工业建（构）筑物钢筋混凝土结构腐蚀的修补及加固处理中的防腐维护。

(3) 工业民用、公共设施、市政道路桥梁等建筑物失效、损坏修复工程。

(4) 工业民用建筑暂时停建、缓建工程中裸露钢筋的防护。

(5) 轻度与中等腐蚀强度的气相、液相介质环境下钢筋混凝土的防护，有条件地替代有机涂层。

使用时将上述乳剂、粉剂、425＃以上标号的水泥及国标中砂以质量份配比：(30～50) ∶ (5～15) ∶ (40～60) ∶ (100～150) 混合，制成水乳型共混防腐防锈砂浆，需要时可加入细石，用于混凝土施工。

产品特性

(1) 防腐防锈性能全面，效果显著。

(2) 材料综合成本比同类产品下降 40%左右。

(3) 施工方便，贮存和运输的稳定性好。

(4) 制造方法先进，适合工业化生产，产品质量稳定性好。

(5) 早期强度大，可减少养护时间。

水性丙烯酸树脂防锈乳液

原料配比

原料	配比(质量份)
丙烯酸丁酯	30
甲基丙烯酸甲酯	45
甲基丙烯酸二甲基氨基乙酯	8
偏二氯乙烯	16
TON-953	3
OP-10	4
过硫酸铵	0.4
去离子水	150
三乙醇胺	适量

制备方法 在安装有搅拌器、冷凝器、温度计和加料漏斗的反应器中加入溶有配方量的 TON-953 和 OP-10 的去离子水，并用适量的去离子水溶解引发剂过硫酸铵，升温至 86℃时开始同时滴加混合单体和引发剂溶液，使两种物料在 1.5h 内同时加完，并在此温度下继续反应 2h 后降温过滤，用三乙醇胺将 pH 值调至 8 左右即得所需产品。

原料配伍 本品各组分质量份配比范围为：丙烯酸丁酯 29～31，甲基丙烯酸甲酯 44～46，甲基丙烯酸二甲基氨基乙酯 7～9，偏二氯乙烯 15～17，TON-953 2～4，OP-10 3～5，过硫酸铵 0.3～0.5、去离子水 149～151、三乙醇胺适量。

产品应用 本品主要应用于金属防锈。

产品特性 本品完全消除了溶剂的污染，节约了能源。更克服了闪锈缺陷，又因具有良好的湿附着力而大大提高了防锈效果。

防锈水

原料配比

原料	配比(质量份)		
	1#	2#	3#
尿素	4	8	6
苯甲酸钠	6	4	5
六亚甲基四胺	5	10	8
椰子油烷基二乙醇胺	0.3	0.1	0.2
亚硝酸钠	2	—	—
羟乙基纤维素	—	0.5	2
水	加至100	加至100	加至100

制备方法 将各组分溶于水，混合均匀即可。

原料配伍 本品各组分质量份配比范围为：尿素4～8，苯甲酸钠4～6，六亚甲基四胺5～10，椰子油烷基二乙醇胺0.1～0.3，亚硝酸钠或羟乙基纤维素0.5～2，水加至100。

产品应用 本品适用于对工件的清洗防锈。

产品特性 本品采用的原料价格较低，配制容易，在金属表面涂防锈层的操作简便，使用方便且安全，可节省清洗汽油，改善劳动条件；防锈效果好，不会在金属表面产生白斑，6个月以上不生锈；不含或含少量亚硝酸钠，对皮肤无刺激，也不会发生过敏，还可避免对环境造成污染。

用于银产品的气化性防锈膜

原料配比

原料	配比(质量份)
苯甲酸钠	6
糊精	2
苯并三氮唑	6
甲苯并三氮唑	8
钼酸钠	4
氧化锌	2
低密度聚乙烯	5000
羟乙基纤维素	5
硬脂酸锌	7

续表

原料	配比(质量份)
聚乙烯蜡	7
含氧生物降解添加剂	100
茂金属石蜡聚合体	500

制备方法

(1) 将苯甲酸钠、糊精、苯并三氮唑、甲苯并三氮唑、钼酸钠、氧化锌放入搅拌机内搅拌15～25min，均匀混合后备用。

(2) 将步骤(1)获得的混合物放入粉碎机粉碎成250～350目。

(3) 在步骤(2)获得的混合物中放入羟乙基纤维素、硬脂酸锌、聚乙烯蜡，然后用搅拌机匀速搅拌，搅拌的转速为20～30r/min，搅拌时间为25～35min。

(4) 在步骤(3)获得的混合物中加入熔融指数2～5的低密度聚乙烯颗粒、含氧生物降解添加剂、茂金属石蜡聚合体，用搅拌机高速搅拌，搅拌的时间为30min，搅拌时控制温度为85℃。

(5) 将步骤(4)获得的混合物放入吹膜机内，吹塑成型，吹塑成型时控制温度为170～205℃。

原料配伍 本品各组分质量份配比范围为：苯甲酸钠5～7，糊精1～3，苯并三氮唑5～7，甲苯并三氮唑7～9，钼酸钠3～5，氧化锌1～3，低密度聚乙烯4000～6000，羟乙基纤维素4～6，硬脂酸锌6～8，聚乙烯蜡6～8，含氧生物降解添加剂90～110，茂金属石蜡聚合体450～550。

质量指标

金属种类	接触性测试		烟雾试验	
	可生物降解的气化性银产品专用防锈膜	普通膜	可生物降解的气化性银产品专用防锈膜	普通膜
银	无变色	变色	无变色	变色
铝	无变色	部分变色	无变色	部分变色
铜	无变色	部分变色	无变色	部分变色

产品应用 本品主要用作银产品的气化性防锈膜。

产品特性

(1) 改进传统配方，原料中使用了新的添加剂，以增加包装产品防锈膜的生物降解性，并且强化物理性能的同时又能保持均匀的防锈性能，制造出环保的、可降解的银产品专用气化性防锈膜。

(2) 工艺先进，制作方法简单快捷高效。

(3) 解决了目前采用烧毁、填埋等方式处理废弃包装膜存在的环境问题。同时又具有防锈性能，使其无论在多么恶劣的条件下均保持防腐、防锈、防变色性能。

长效乳化型防锈液

原料配比

原料	配比(质量份)			
	1#	2#	3#	4#
环烷基基础油	73	—	73	—
氧化石油酯钡皂	10	—	—	10
分子量为650的石油磺酸钠	10	—	—	14
二乙二醇丙醚	7	—	—	—
石蜡基基础油	—	71	—	71
分子量为650的石油磺酸钡	—	10	—	—
重烷基苯磺酸钠	—	10	—	—
乙醇	—	9	—	—
二壬基萘磺酸钡	—	—	10	—
分子量为650的对氨基苯磺酸钠	—	—	12	—
乙醚	—	—	5	—
乙二醇丙醚	—	—	—	5

制备方法 将基础油、油性防锈剂混合，加热并搅拌均匀后，再加入油溶性表面活性剂、醇醚类偶合剂，充分搅拌，至上述两组分完全溶解均匀即可，得到所需的长效乳化型防锈液。

原料配伍 本品各组分质量份配比范围为：油溶性表面活性剂3～15，醇醚类偶合剂1～10，油性防锈剂1～10，基础油71～73。

所述油溶性表面活性剂为分子量介于300～800的石油磺酸钠、

重烷基苯磺酸钠、对氨基苯磺酸钠中的任意一种。

所述醇醚类偶合剂为乙醇、乙醚、丁醚、二乙二醇丁醚、二乙二醇丙醚、乙二醇丁醚、乙二醇丙醚中的任意一种。

所述油性防锈剂为石油磺酸钡、二壬基萘磺酸钡、氧化石油酯钡皂中的任意一种。

所述基础油为环烷基基础油、石蜡基基础油中的任意一种。

油溶性表面活性剂含有适当长度的分子链结构，可以使油性防锈剂较好地乳化于水中，同时还避免了亲水性太强造成的防锈时间不长；醇醚类偶合剂具有较好的油溶性和水溶性，能够在乳化液中起到很好的稳定作用，避免出现大量的析油现象；油性防锈剂含有的一些基团（如皂类基团）使其具有一定的水溶性，能够实现乳化的效果；基础油具有较好的乳化效果和更加稳定的乳化状态，避免出现大量的析油现象。

质量指标

检验项目	检验结果
原液外观	琥珀色透明油状液体
10%稀释液外观	乳白色液体,长久放置后上层表面会有少量的皂类析出
pH 值(10%水溶液)	9.2～9.5

产品应用 本品主要应用于金属防锈。

使用方法：使用时在本防锈液中加入一定比例的水进行稀释，利用油溶性表面活性剂和醇醚类偶合剂的乳化作用，使油性防锈剂和基础油乳化于水中，形成一种乳化型防锈液。

产品特性 本品既可满足金属的短期防锈需求，使用成本又较低。

转化型防锈液

原料配比

原料	配比(质量份)	
	1#	2#
丙烯酸系或/和丙烯酸酯系共聚乳液(固含量以 39%～41%计)	82～85	41～43

续表

原料	配比(质量份)	
	1#	2#
磷酸(85%)	2.1～2.5	2.1～2.5
聚乙烯醇缩醛物(固含量 8%～11%)		41～43
磷酸锌(5%乙醇溶液)	1.6～1.9	1.6～1.9
混合防锈液(五氯酚钠、苯甲酸钠、亚硝酸钠总浓度 20%的水溶液)	1.1～1.4	1.1～1.4
铬酸溶液(33%水溶液)	3～5	3～5
酒石酸(7.6%乙醇溶液)	0.5～0.7	0.5～0.7
丙酮或甲醛	4～7	—
丙酮	—	4～7

制备方法 在反应釜中加入丙烯酸系和/或丙烯酸酯系共聚乳液，开机搅拌后加入磷酸，待搅匀后加入混合防锈液，继续搅拌，加入磷酸锌溶液和酒石酸溶液，再加入铬酸水溶液和丙酮，最后加入聚乙烯醇缩甲醛，充分搅拌即得转化型防锈液。

在混合防锈液中，五氯酚钠、苯甲酸钠、亚硝酸钠的质量比例以 2∶1∶1 为宜，聚乙烯醇缩醛物以聚乙烯醇缩甲醛为宜。

原料配伍 本转化型防锈液是由丙酮、乙醇、甲醛、甲醇等水溶性有机溶剂，由磷酸、磷酸锌乙醇溶液和铬酸与水配制的磷化钝处理剂，由五氯酚钠、苯甲酸钠、亚硝酸钠与水配制的混合防锈液，以及由亲水性丙烯酸系和/或丙烯酸酯系或者由所述丙烯酸系和/或丙烯酸酯系乳液与聚乙烯醇缩甲醛、聚乙烯醇缩乙醛、聚乙烯醇缩丁醛、聚乙烯醇缩脲醛、聚乙烯醇缩糖醛中任意一种或几种聚乙烯醇缩醛物混合而成的成膜物质组成。

本产品各组分质量份配比范围如下：

配方一：丙烯酸系和/或丙烯酸酯系共聚乳液（固含量以 39%～41%计）82～85，磷酸（d=1.17）2.1～2.5，磷酸锌（浓度为 5%的乙醇溶液）1.6～1.9，混合防锈液（五氯酚钠、苯甲酸钠、亚硝酸钠总浓度 20%的水溶液）1.1～1.4，铬酸溶液（浓度为 33%的水溶液）3～5，酒石酸（浓度为 7.6%的乙醇溶液）0.5～0.7，丙酮或甲醛 4～7。在混合防锈液中，五氯酚钠、苯甲酸钠、亚硝酸钠的质量比例以 2∶1∶1 为宜。

配方二：丙烯酸系或/和丙烯酸酯系共聚乳液（固含量以39%～41%计）41～43，聚乙烯醇缩醛物（固含量以8%～11%计）41～43，磷酸（d=1.17）2.1～2.5，磷酸锌（浓度为5%的乙醇溶液）1.6～1.9，混合防锈液（五氯酚钠、苯甲酸钠、亚硝酸钠总浓度20%的水溶液）1.1～1.4，铬酸溶液（浓度为33%的水溶液）3～5，酒石酸（浓度为7.6%的乙醇溶液）0.5～0.7，丙酮4～7。在混合防锈液中，五氯酚钠、苯甲酸钠、亚硝酸钠的质量比例以2∶1∶1为佳，聚乙烯醇缩醛物以聚乙烯醇缩甲醛为宜。

产品应用 本转化型防锈可以直接喷涂或刷涂在金属工件、设备、构件上，不必经历繁琐的表面预处理。

对于锈蚀较严重或者表面污染严重的金属件，则须经除去锈蚀层和油污再涂覆本转化型防锈液。本保护膜层不影响金属工件的再加工，故特别适用于半成品防锈。

产品特性 将上述两种产品分别以喷涂方式和刷涂方式对金属工件施工，待干燥成膜（24～32h）后，形成保护层，这个保护层具有抗污染、耐化学腐蚀、机械强度较高、耐辐射等特性，有效地防止了金属锈蚀。

薄膜防锈油

原料配比

原料	配比(质量份)				
	1#	2#	3#	4#	5#
叔丁基酚甲醛树脂	23	15.5	20	12	8
743钡皂	3	10	5	12	16.5
石蜡	—	0.5	0.2	0.8	1
环烷酸铅	0.3	0.2	0.3	0.4	0.3
十二烯基丁二酸	1.3	3.9	—	5.2	—
二壬基萘磺酸钡	—	—	2.6	—	6.5
苯并三氮唑	0.1	0.1	0.2	0.1	0.1
邻苯二甲酸二丁酯	3	1.5	2	—	—
聚甲基丙烯酸十四酯	1.3	0.6	0.3	0.1	—

续表

原料	配比(质量份)				
	1#	2#	3#	4#	5#
2,6-二叔丁基对甲酚	—	—	—	—	0.2
200#溶剂汽油	加至100	加至100	加至100	加至100	加至100
十二烷基苯磺酸掺杂导电态聚苯胺粉末	2	—	—	—	2
对甲苯磺酸掺杂导电态聚苯胺粉末	—	1	2	—	—
樟脑磺酸掺杂导电态聚苯胺粉末	—	—	—	3	—

制备方法

(1) 按上述原料配方取聚甲基丙烯酸十四酯、叔丁基酚甲醛树脂、743钡皂、石蜡、环烷酸铅、二壬基萘磺酸钡或十二烯基丁二酸、苯并三氮唑、邻苯二甲酸二丁酯、2,6-二叔丁基对甲酚混合搅拌均匀，然后用胶体磨研磨3～5遍，细度达到20μm；

(2) 将上述混合物加入200#溶剂汽油，用高速搅拌机以1600～1800r/min搅拌分散均匀；

(3) 称取导电态聚苯胺，在机械搅拌下缓慢地将导电态聚苯胺粉末加入上述混合油中，以1600～1800r/min加热搅拌2h，加热至80℃，使导电态聚苯胺在油脂中达到纳米级分散，然后冷却至室温。

其中导电态聚苯胺为下列导电态聚苯胺其中一种：十二烷基苯磺酸掺杂导电态聚苯胺、对甲苯磺酸掺杂导电态聚苯胺、樟脑磺酸掺杂导电态聚苯胺。

原料配伍 本品各组分质量份配比范围为：防锈剂导电态聚苯胺1～3，成膜树脂聚甲基丙烯酸十四酯0～1.3，叔丁基酚甲醛树脂8～23，乳化剂邻苯二甲酸二丁酯0～3，催干剂环烷酸铅0.2～0.4，防老剂苯并三氮唑0.1～0.2，抗氧化剂2,6-二叔丁基对甲酚0～0.2，稠化剂石蜡0～1，743钡皂3～16.5，辅助防锈剂二壬基萘磺酸钡或十二烯基丁二酸1.3～6.5，200#溶剂汽油加至100。

产品应用 本品用于金属防腐蚀。

产品特性 本品满足了钢铁工业中在钢板连续化生产时喷涂防

锈油脂的技术要求，加入极少量的导电聚苯胺就可达到非常好的防腐效果。在钢板上涂覆此种油脂，盐雾试验超过400～500h。

 彩色硬膜防锈油

原料配比

原料	配比(质量份)							
	1#	2#	3#	4#	5#	6#	7#	8#
424树脂	2	4	6	8	15	3	5	12
743 固体钡皂	2	12	7	6	4	10	9	5
硬脂酸锌	7.1	6.1	2.2	5.5	3	4.2	15	—
环烷酸锌	2	6	10	4	3	5	8	7
石油磺酸钠	4	8	7	6	5	10	—	2
T705添加剂	2.5	3.5	5.6	7.5	9	—	10	6
松香	4	16	8	20	10	12	14	18
氧化铁红	5～25	—	—	—	—	—	—	—
炭黑	—	0.1～3	—	—	—	—	1～2	—
银粉	—	—	3～15	—	—	—	—	—
钛白粉	—	—	—	3～20	—	—	3～20	—
酞菁蓝	—	—	—	0.5～3	0.1～1.8	—	—	—
氧化铁黄	—	—	—	—	3～14	3～20	—	—
70#汽油	加至100	—	—	—	—	—	—	—
120#汽油	—	加至100	—	—	—	加至100	加至100	加至100
200#汽油	—	—	加至100	—	—	—	—	—
乙醇	—	—	—	加至100	—	—	—	—
汽油	—	—	—	—	加至100	—	—	—

制备方法 先将着色剂与部分溶剂和悬浮剂混合，搅拌、研磨，再将其他原料加入反应釜，边搅拌边升温，同时将研磨好的着色剂加入反应釜，搅拌升温，在70～85℃下搅拌4～6h，再降至常温，则制成本防锈油。

原料配伍 本品各组分质量份配比范围为：424树脂2～15，743固体钡皂2～12，硬脂酸锌0～15，环烷酸锌2～10，石油磺酸钠0～10，T705添加剂0～10，松香4～20，着色剂（酞菁蓝、氧

化铁黄）0～25，溶剂加至100。

产品应用 本品可用于室内外金属构件的封存、防锈和装饰，从而代替了防锈漆和各种色漆，并适用于浸、涂、喷等各种工序，满足不同用户的需要。

产品特性 本品防锈性能稳定、可靠。对操作工人无伤害，还具有各种鲜艳的色彩，加之防锈能力强，仅涂一遍本防锈油即可满足防锈和上色彩的要求，代替了先涂防锈再涂色漆的工序，节约了用工用料，提高了经济效益。

彩色硬膜金属防锈油

原料配比

原料	配比(质量份)							
	1#	2#	3#	4#	5#	6#	7#	8#
424树脂	2	4	6	8	15	3	5	12
743固体钡皂	2	12	7	6	4	10	9	5
硬脂酸锌	7.1	6.1	2.2	5.5	3	4.2	15	—
环烷酸锌	2	6	10	4	3	5	8	7
石油磺酸钠	4	8	7	6	5	10	—	2
T705添加剂	2.5	3.5	5.6	7.5	9	—	10	6
松香	4	16	8	20	10	12	14	18
氧化铁红	5～25	—	—	—	—	—	—	—
炭黑	—	0.1～3	—	—	—	—	1～2	—
银粉	—	—	3～15	—	—	—	—	—
钛白粉	—	—	—	3～20	3～20	—	3～20	—
酞菁蓝(或华蓝)	—	—	—	0.5～3	0.1～1.8	—	—	—
氧化铁黄	—	—	—	—	3～14	3～20	—	—
乙醇	—	—	—	加至100	—	—	—	—
70#汽油	加至100	—	—	—	—	—	—	—
120#汽油	—	加至100	加至100	—	加至100	加至100	加至100	加至100

制备方法 先将着色剂与部分溶剂和悬浮剂混合，搅拌、研磨；

再将其他原料加入反应釜，边搅拌边升温，同时将研磨好的着色剂加入反应釜，搅拌升温，在70～85℃下搅拌4～6h，再降至常温，则制成本防锈油。

1＃配方中着色剂选氧化铁红，构成红色硬膜防锈油，其中，424树脂为失水苹果酸酐，松香作为亮光剂，也可选用2404树脂作亮光剂。2＃配方中着色剂选炭黑，构成黑色防锈油；3＃配方中着色剂选银粉，构成银灰色防锈油；4＃配方中着色剂为钛白粉、酞菁蓝或华兰，构成蓝色防锈油；5＃配方中着色剂为氧化铁黄、酞菁蓝或钛白粉，构成绿色防锈油，6＃配方中着色剂为氧化铁黄，构成黄色防锈油；7＃配方中着色剂为钛白粉、炭黑，构成电机灰色防锈油；8＃配方中着色剂和硬脂酸锌的加入量为零，构成无色防锈油。

原料配伍 本品由成膜剂、防锈剂、添加剂、悬浮剂、促干剂、着色剂和溶剂组成。各组分质量份配比范围为：424树脂2～15，743固体钡皂2～12，硬脂酸锌0～15，环烷酸锌2～10，石油磺酸钠0～10，T705添加剂0～10，松香4～20，着色剂0～25，溶剂加至100。

本品以成膜剂、防锈剂和添加剂为主要成分，加入着色剂和悬浮剂，很好地解决了颜料沉淀的问题；由于使用了促干剂，使本防锈油具有速干特性，达到表干15min，实干60min，较之用漆防锈需两天干透，可节省干燥时间98%，从而减少工件的晒干工序，一边生产一边入库；本防锈油原料中加入松香，使色彩更加鲜亮，装饰效果进一步增强。

产品应用 本防锈油由于防锈性能强，可用于室内外金属构件的封存、防锈和装饰，从而代替了防锈漆和各种色漆，并适用于浸、涂、喷等各种工序，满足不同用户的需要。

产品特性 本防锈油涂于金属表面后，迅速形成一致密硬膜，隔绝空气，防止锈蚀。经湿热试验、盐雾试验和腐蚀试验，硬膜性能指标均符合检测标准，防锈性能稳定、可靠；本防锈油采用了无苯、无铅的原料，排除了苯和铅对操作生产工人的危害；本防锈油还具有各种鲜艳的色彩，加之防锈能力强，仅涂一遍本防锈油即可满足防锈和上色彩的要求，代替了先涂防锈漆再涂色漆的工序，节约了用工用料，提高了经济效益。

超微细铜丝拉制用防锈乳化油

原料配比

原料	配比(质量份)
5＃白矿油	52.5
菜油	10.5
太古油	10.5
活性物 40%～60%的石油磺酸钠	12.6
OP-10	9.6
苯并三氮唑	0.2
清水	16

制备方法 将5＃白矿油、菜油、太古油、活性物40%～60%的石油磺酸钠、OP-10、苯并三氮唑依次加入转速为1800～2000r/min的高剪切乳化机中搅拌均匀，然后加入清水，继续搅拌40min左右，直到原液由浑浊变透明即配制成本品。原液用水按1∶(15～20)稀释后即得可直接使用的超微细铜丝拉制用防锈乳化油。

原料配伍 本品各组分质量份配比范围为：5＃白矿油45～50，菜油6～10，太古油6～10，活性物40%～60%的石油磺酸钠10～14，OP-10 8～12，苯并三氮唑0.2～0.6，清水12～16。

产品应用 本品用作超微细铜丝拉制用防锈乳化油。

产品特性 本品具有良好的清洗、防锈性能，产品储存3～5个月不变色，且无毒无刺激性气味。

导电防锈润滑油

原料配比

原料	配比(质量份)
石墨粉	50
3＃防锈石墨锂基脂	15
5＃锭子油	35

制备方法 将上述配比量的石墨粉加入带搅拌器的反应釜中，

加热并保持在80～100℃，30～90min后，再加入余下所有配比料，保持在80～100℃搅拌30～90min后，停止搅拌，打开出料口，配料冷却至40～60℃时，出料包装即为成品。

原料配伍 本品各组分质量份配比范围为：粉状导电润滑材料类（石墨粉）45～80，脂类润滑油0～34，液态类润滑油0～45。具体由下列材料组分组成：石墨粉45～80、二硫化钼润滑油0～34、5#锭子油0～45、3#防锈石墨锂基脂0～34、40#机油0～45、凡士林0～34、11#气缸油0～45。

产品应用 本品用于机电自动控制中机械与电气部件（机电一体化部件）直接连接形成的电路，如工作与保护电路及接地连接、旋转、滑动、固定中的导电、防锈及润滑。

产品特性

（1）能够减少固定和运动接触电阻，提高导电性。

（2）能防锈蚀（电化学腐蚀）及电弧损坏接触面。

（3）能减少摩擦阻力和普通干油的滞性及声响。

（4）能解决导电、防锈、润滑、磨损之间的矛盾。

（5）能用于完善和简化机械与电气设计。

（6）是用于机械和电气一体化设计的一种新材料。

（7）耐温及承载（极压强度）高，在导电性不受影响时，可替代普通干油（脂类润滑油）。

道轨螺栓长效防锈脂

原料配比

原料	配比(质量份)
24#气缸油和N46#机械油	20
二元乙丙橡胶	1
双硬脂酸铝	3
2402树脂	2
石油树脂	4
羧酸类磺酸盐	6～8

续表

原料	配比(质量份)
磷化改性二氧化硅	5～8
有机膨润土	6～8
邻苯二甲酸二丁酯	0.2

制备方法 首先将24＃气缸油和N46＃机械油加入带搅拌器的反应釜中，升温至120℃左右并保持恒温，搅拌30min后加入二元乙丙橡胶，搅拌1h后再加入双硬脂酸铝，搅拌1h后再加入2402树脂和石油树脂，搅拌30min后再加入羧酸类磺酸盐，搅拌2h后将合成料倒入开口皂化釜中，此时再加入磷化改性二氧化硅和有机膨润土及邻苯二甲酸二丁酯，温度降至85℃左右后，经胶体磨研磨两遍，待冷却至常温包装即可。

原料配伍 本品各组分质量份配比范围为：羧酸类磺酸盐6～8，双硬脂酸铝2～4，磷化改性二氧化硅5～8，有机膨润土6～8，二元乙丙橡胶0.5～1.5，2402树脂1～3，石油树脂3～5，邻苯二甲酸二丁酯0.1～0.3，24＃气缸油和N46＃机械油15～25。

产品应用 本品主要用于道轨螺栓的防锈。

产品特性 本产品的防锈性、耐磨性、疏水性很强，其滴点大于180℃，黏温性好，耐高温暴晒。该防锈脂黏附力强，耐雨水和列车排水、排气的冲刷。该防锈脂在常温下黏调度变化不大，便于携带和施工。

低油雾防锈切削油

原料配比

原料	配比(质量份)			
	1＃	2＃	3＃	4＃
DB-10变压器油	393.5	—	—	—
L-AN15机械油	—	400	—	—
10＃锭子油	—	—	400	—

续表

原料	配比(质量份)			
	1#	2#	3#	4#
15#工业白油	—	—	—	400
硼化甘油酯	30	8	40	40
硫化脂肪	—	32	—	—
硫代油酸	—	—	2	—
豆油	—	60	60	—
丁基辛基二硫代磷酸锌	—	4	—	—
硫磷化烯烃钙盐	—	—	4	—
硫化棉籽油	25	—	—	32
精制菜籽油	—	—	—	12
蓖麻油	30	—	—	—
2,6-二叔丁基对甲酚	1.5	—	—	—
N,*N*′-二仲丁基对苯二胺	—	—	—	0.4

制备方法

(1) 在电热搪玻璃反应釜中加入高闪点的石油馏分油作为基础油，搅拌并加热升温至50～100℃。

(2) 向反应釜中依次加入硼化甘油酯、硫化脂肪、植物油及抗氧化剂。

(3) 停止对反应釜加热，并继续搅拌混合液至其均匀。

原料配伍 本品各组分质量份配比范围为：高闪点的石油馏分油393～400、硼脂甘油酯8～40、硫化脂肪2～32、植物油12～60，抗氧化剂0.4～4。

所述高闪点的石油馏分油选自DB-10变压器油、L-AN15机械油、10#锭子油、15#工业白油。

所述硫化脂肪也可用硫化油酸、硫化棉籽油替代。

所述植物油选自豆油、精制菜籽油、蓖麻油等。

所述抗氧化剂选自丁基辛基二硫代磷酸锌、硫磷化烯烃钙盐、2,6-二叔丁基对甲酚、*N*,*N*′-二仲丁基对苯二胺。

产品应用 本品主要应用于金属钻孔、攻丝及齿轮加工等重载切削加工。

产品特性 本品具有优良的极压润滑性和防锈性，适用于金属钻孔、攻丝及齿轮加工等重载切削加工，使用时产生的油雾极少，无刺激性气味，不影响工作环境。

多功能气相防锈油

原料配比

原料	配比(质量份)		
	1#	2#	3#
25#变压器油	91	86	81
油溶性气相缓蚀剂	5	10	15
助溶剂邻苯二甲酸二丁酯	2	2	2
消泡剂聚二甲基硅氧烷	0.5	0.5	0.5
抗氧剂二烷基二硫代磷酸锌	1	1	1
防霉剂二正辛基-4-异噻唑啉-3-酮	0.5	0.5	0.5

制备方法 取25#变压器油、油溶性气相缓蚀剂、助溶剂、消泡剂、抗氧剂、防霉剂，在低于120℃的条件下向油溶性气相缓蚀剂中，加入助溶剂和少量的25#变压器油，加热熔化，当油溶性气相缓蚀剂完全熔化后，再慢慢加到反应釜中，边加边搅拌，然后再依次加入防霉剂、消泡剂和抗氧剂，在90℃的反应釜中保温搅拌2h，制成气相防锈油。

原料配伍 本品各组分质量份配比范围为：25#变压器油80～91，油溶性气相缓蚀剂5～20，助溶剂1～5，防霉剂0.5～1，消泡剂0.5～1，抗氧剂1～5。

油溶性气相缓蚀剂由十八烷基丁二酸10～40、2-乙氨基十七烯基咪唑啉10～30、羊毛脂2～20、环烷酸锌5～20和铬酸叔丁酯15～30混合而成。

质量指标

表 1 气相防锈油的质量指标

项目	指标
闪点(开口)	>145℃
凝点	(−30±2)℃
运动黏度(40℃)	(12±1)mm²/s
酸中和性试验	合格
沉淀值	<0.05mL
盐水浸渍试验	合格
湿热试验(10d)	合格
防霉性	0 级

表 2 气相防锈油静态不接触加速试验结果

实例	金属型号	出现锈蚀时间/h	完全锈蚀时间/h	实例	金属型号	出现锈蚀时间/h	完全锈蚀时间/h
比较例 1	45#钢	1	2	2#	45#钢	16	48
	20#钢	1	2		20#钢	28	68
	A3 钢	1	2		A3 钢	14	40
	炮钢	1	2		炮钢	29	70
	黄钢	2	10		黄钢	104	158
	镀锌	2	15		镀锌	130	165
	镀铬	2	20		镀铬	148	188
1#	45#钢	5	22	3#	45#钢	36	89
	20#钢	10	31		20#钢	39	96
	A3 钢	6	28		A3 钢	22	82
	炮钢	11	37		炮钢	46	99
	黄钢	45	82		黄钢	198	330
	镀锌	61	74		镀锌	232	398
	镀铬	68	87		镀铬	246	402

表 3 盐雾箱加速腐蚀试验结果

金属试片		炮钢	A3 钢	45#钢	20#钢	黄铜	镀锌	镀铬
出现锈蚀时间/h	比较例 1	1	1	1	1	2	2	2
	1#	73	68	63	70	109	205	211
	2#	201	187	193	196	285	293	305
	3#	313	298	302	310	406	415	421

产品应用

本品主要用作防锈油。

产品特性

（1）本气相防锈剂外观为澄清、透明的淡黄色油性液体。

（2）本气相防锈油既具有接触性防锈的特性，又具有气相缓蚀剂气相防锈的优越性能。

（3）本气相防锈油对炮钢、A3 钢、45＃钢、20＃钢、黄铜、镀锌、镀铬等多种金属具有防锈作用，是一种多功能气相防锈油。

发动机零件用薄层防锈油

原料配比

原料	配比(质量份)							
	1#	2#	3#	4#	5#	6#	7#	8#
石油硫酸钡	2	2.5	2.2	3	2.8	2.3	3	2.5
二壬基萘磺酸钡	5	6	5	5.5	4	6	6.5	7
十二烯基丁二酸	0.85	0.8	0.6	0.7	0.5	0.9	0.8	0.9
苯并三氮唑	0.3	0.5	0.2	0.1	0.4	0.3	0.5	0.3
邻苯二甲酸二丁酯	3.3	5	2.2	1	4.4	3.3	5	3
聚异丁烯	5	4	3	3.5	4.5	4.2	5	4
航空润滑油	加至 100	加至 100	加至 100	加至 100	加至 100	加至 100	加至 100	加至 100

制备方法 将航空润滑油倒入带加温设备的油槽中，升温至110～120℃充分脱水，降至室温；然后将其余原料缓慢地加入油槽中，并不断搅拌使其完全溶解，待全部物料混合均匀后，即得本防锈油。

原料配伍 本品各组分质量份配比范围为：石油硫酸钡 2～3，二壬基萘磺酸钡 4～7，十二烯基丁二酸 0.5～0.9，苯并三氮唑 0.1～0.5，邻苯二甲酸二丁酯 1～5，聚异丁烯 3～5，航空润滑油加至 100。

质量指标

检验项目		测试结果
外观		黄褐色透明液体
水分		无
机械杂质		无
水溶性酸碱		无
湿热试验	温度(40±1)℃,相对湿度>95%,时间 168h	无锈蚀
腐蚀试验	温度(55±2)℃,时间 168h	无锈蚀
中和置换性	温度(40±1)℃,相对湿度>95%,时间 24h	汗印处无锈
汗液防止性	温度(25±5)℃,时间 40h	汗印处无锈
汗液洗净性	温度(40±1)℃,相对湿度>95%,时间 24h	汗印处无锈

产品应用 本品主要应用于多种金属，如钢、铁、铝、铜、镁、银及各种镀层等单一金属零件及多种金属的组合件。

产品特性

(1) 适用于多种金属，如钢、铁、铝、铜、镁、银及各种镀层等单一金属零件及多种金属的组合件。

(2) 防锈期长，对各种金属的组件，经本品处理，防锈期可达到 3～5 年，而一般防锈油的防锈期为 3 年左右。如采用本品所述最佳配比，则防锈期可达 5 年以上。

(3) 具有良好的清洁性。

(4) 可与洗涤汽油混合使用，作为易锈蚀零件的清洗液，在清洗零件的基础上，达到金属零件的短期防锈效果。

(5) 工艺简单。本品已应用于发动机各种金属零件的长期封存，如各种钢、铝合金、镁合金、铜合金等单件及组合件，以及各种表面镀层，如磷化表面、发蓝表面、镀银表面等。应用效果良好，保证了零件无锈蚀，表面质量无变化。

防锈油(1)

原料配比 (改性丙烯酸树脂)

原料	配比(质量份)	
	1#	2#
石油树脂	2	2

续表

原料	配比(质量份)	
	1#	2#
羟乙酯	20	22
甲基丙烯酸甲酯	20	22
丙烯酸丁酯	20	24
偶氮二异丁腈	0.5	0.5025
环已酮	50	35
双酚A环氧树脂	3	3

原料配比 (防锈油)

原料	配比(质量份)	
	1#	2#
改性丙烯酸	430	380
二甲基硅油	6	4
石油磺酸钡	55	50
硅酮	13	10
水杨酸甲酯	7	5
亚磷酸酯	7	5
1,1,1-三氯乙烷	240	200
甲苯	242	—
乙酸丁酯、二甲苯和正丁醇(体积比为1∶0.5∶4)	—	346

制备方法

(1) 固含量为48%～52%的改性丙烯酸树脂的制备：将反应原料石油树脂、羟乙酯、甲基丙烯酸甲酯于反应器中混合，反应体系升温至110～115℃时，滴加丙烯酸丁酯和引发剂，以生产1吨计算，滴加速度为150～250L/h，反应3～3.5h，然后将体系升温至125～135℃，再加入环已酮和双酚A环氧树脂，反应25～50min。

(2) 防锈油的制备：反应体系自然降温，在体系降温的同时或体系降至室温后，向上述制备的改性丙烯酸树脂中加入添加剂，然后过筛，既得成品防锈油。

原料配伍 所述的添加剂为消泡剂、改性剂、流平剂、稳定剂、抗氧剂、阻燃剂和消泡剂的混合物；按质量份数1000份计，改性丙烯酸树脂为330～430份，消泡剂为2～6份，改性剂为45～55份，稳定剂为7～13份，流平剂为3～7份，抗氧剂为3～7份，阻燃剂为150～250份，余量为溶剂；石油树脂、羟乙酯、甲基丙烯酸甲酯、丙烯酸丁酯、环己酮、双酚A环氧树脂、引发剂的质量比为：2∶(18～22)∶(18～22)∶(16～24)∶(15～55)∶(2.85～3.15)∶(0.4975～0.5025)；引发剂为偶氮二异丁腈或过氧苯甲酰；消泡剂为硅酮类消泡剂、二甲基硅油、十四醇或磷酸三丁酯；改性剂为石油磺酸钡、石油树脂、改性沥青、松香、变压器油或机油；流平剂为乙酸纤维素、丁酸纤维素或硅酮；稳定剂为水杨酸甲酯、光稳定剂、紫外线稳定剂或草酸苯胺；抗氧剂为亚磷酸酯或CPP；阻燃剂为三氯乙烷、氯仿或三氯甲烷；溶剂为二甲苯、正丁醇、乙酸甲酯、乙酸乙酯或/和乙酸丁酯；当采用的溶剂为乙酸丁酯、二甲苯和正丁醇时，它们的体积比为1∶0.5∶4；所述过筛网目数为120～180目。

产品应用 本品用于油管的防锈。

产品特性 本品原料易得，制备工艺简单；产品性能优良；成本低。

防锈油(2)

原料配比

原料		配比(质量份)						
		1#	2#	3#	4#	5#	6#	7#
防锈剂	石油磺酸镁	6	6	6	—	—	6	—
	石油磺酸钠	2.5	—	—	2	3	—	—
	石油磺酸钡	—	4	—	8	—	—	—
	壬基酚醚磷酸酯	—	—	2	—	—	—	—
	二壬基石油磺酸钡	—	—	—	—	4	—	8
	中碱值石油磺酸钙	6	—	—	—	—	—	3
	高碱值石油磺酸钙	—	2	3	3	—	—	—
	环烷酸锌	—	4	2	—	3	—	3
	十二烯基丁二酸单酯	1	1	1	2	—	—	—
	十二烯基丁二酸	—	—	—	—	2	0.5	1
	十七烯基咪唑啉烯基丁二酸盐	2	—	—	—	2	—	—

续表

原料		配比(质量份)						
		1#	2#	3#	4#	5#	6#	7#
抗氧剂	T501	0.5	—	—	1	0.3	—	—
	T531	—	—	1	—	—	—	—
	T502	—	—	—	—	—	—	0.8
	2,6-二叔丁基混合酚	—	—	—	—	—	0.5	—
	2,6-二叔丁基-α-二甲氨基对甲酚	—	1	—	—	—	—	—
基础油	HVⅡ2	85	—	—	—	—	80	—
	HVI75SN	—	—	77	—	—	—	—
	MVI60SN	—	—	—	—	81.2	—	78.7
	10#变压器油	—	81	—	78	—	—	—
表面活性剂	壬基酚聚氧乙烯(4)醚	—	1	—	1	0.5	—	—
	失水山梨醇单油酸酯	—	—	—	—	1	1	—
	辛醇聚氧乙烯醚(4)	—	—	—	—	—	—	0.5
减磨剂	季戊四醇油酸酯	—	—	8	—	—	12	—
	硬脂酸异辛酯	—	—	—	5	—	—	—
	菜籽油	—	—	—	—	3	—	—
	椰子油	—	—	—	—	—	—	4
	苯并三氮唑脂肪酸盐	—	—	—	—	—	—	1

续表

原料		配比(质量份)					
		8#	9#	1#0	1#1	1#2	1#3
防锈剂	石油磺酸镁	11	—	2	—	—	—
	石油磺酸钠	—	1	—	—	4	2
	石油磺酸钡	—	6	8	—	4	6
	石油磺酸钙	—	—	—	—	9	—
	壬基酚醚磷酸酯	—	2	—	—	—	—
	壬基酚醚亚磷酸酯	—	—	—	—	2	—
	二壬基石油磺酸钡	—	—	—	10	—	—
	碱性二壬基萘磺酸钡	—	—	—	—	—	3
	中碱值石油磺酸钙	—	—	3	3	—	—
	高碱值石油磺酸钙	10	—	—	—	—	—
	环烷酸锌	—	—	—	3	—	2
	苯并三氮唑	—	—	0.1	—	—	—
	十二烯基丁二酸单酯	4	1	—	—	1	—
	十二烯基丁二酸	—	—	—	—	—	1
	十七烯基咪唑啉脂肪酸盐	—	—	—	2	—	—
抗氧剂	T501	1.3	—	—	2	—	—
	T531	—	—	1	—	—	—
	2,6-二叔丁基混合酚	—	—	—	—	—	0.3
	2,6-二叔丁基-α-二甲氨基对甲酚	—	0.5	—	—	1.5	—
基础油	HVⅡ2	—	—	—	—	79.5	—
	HVI75SN	71.2	—	84.9	—	—	—
	MVI60SN	—	—	—	75.5	—	—
	10#变压器油	—	75.5	—	—	—	78.7
表面活性剂	壬基酚聚氧乙烯(4)醚	—	1	0.2	0.4	—	—
	失水山梨醇单油酸酯	1	—	—	—	1	2
	辛醇聚氧乙烯醚(4)	0.5	—	—	—	—	—
减磨剂	新戊二醇油酸酯	1	—	—	—	—	—
	硬脂酸异辛酯	—	—	—	—	—	5
	硬脂酸丁酯	—	10	—	—	—	—
	油酸异辛酯	—	—	0.5	—	—	—
	菜籽油	—	—	—	—	4	—
	油酸三羟甲基丙烷酯	—	—	—	4	—	—

制备方法 先将40%～80%的基础油加入调和釜中，加热到

50～100℃，再加入防锈剂、抗氧剂、表面活性剂、减磨剂，继续加热至95～130℃，恒温搅拌0.5～6h，再加入剩余量的基础油，搅拌均匀，用抽滤机循环过滤，至油温下降到75℃时罐装。

原料配伍 本品各组分质量份配比范围为：防锈剂5～30，抗氧剂0.5～5，基础油65～93，表面活性剂0.1～5，减磨剂0.1～15。

所述防锈剂选自磺酸盐、羧酸、羧酸盐、羧酸酯、羧酸胺、磷酸酯或亚磷酸酯中的至少两种。

其中，所述磺酸盐选自石油磺酸钡、二壬基石油磺酸钡、石油磺酸镁、石油磺酸钠、中碱值石油磺酸钙、高碱值石油磺酸钙、合成磺酸镁、合成磺酸钡、合成磺酸钙、合成磺酸钠、碱性二壬基萘磺酸钡或中性二壬基萘磺酸钡中的至少一种；所述羧酸选自烯基丁二酸或苯甲酸中的至少一种；所述羧酸盐选自十七烯基咪唑啉脂肪酸盐、环烷酸锌或硬脂酸铝中的至少一种；所述羧酸酯选自烯基丁二酸酯、山梨醇酐单油酸酯或丙三醇硼酸酯脂肪酸酯中的至少一种；所述羧酸胺选自*N*-油酰肌氨酸十八胺、苯并三氮唑或酰胺咪唑啉中的至少一种；所述磷酸酯选自烷基磷酸咪唑啉盐或壬基酚醚磷酸酯中的至少一种；所述亚磷酸酯选自烷基亚磷酸咪唑啉盐或壬基酚醚亚磷酸酯中的至少一种。

所述抗氧剂选自屏蔽酚型抗氧剂或芳胺型抗氧剂中的至少一种。

其中，所述屏蔽酚型抗氧剂选自2,6-二叔丁基对甲酚、2,6-二叔丁基混合酚、2,6-二叔丁基酚或2,6-二叔丁基-α-二甲氨基对甲酚中的至少一种；所述芳胺型抗氧剂选自*N*-氨基-α-萘胺。

所述基础油选自矿物油。

所述表面活性剂选自多元醇酯、多元醇酯聚氧乙烯醚、脂肪醇聚氧乙烯醚、脂肪醇聚氧乙烯醚脂肪酸脂、烷基酚聚氧乙烯醚或烷基酚聚氧乙烯醚脂肪酸酯中的至少一种。

其中，所述多元醇酯选自失水山梨糖醇脂肪酸酯。所述多元醇酯聚氧乙烯醚选自失水山梨糖醇脂肪酸酯聚氧乙烯醚。所述烷基酚聚氧乙烯醚选自壬基酚聚氧乙烯醚。烷基酚聚氧乙烯醚脂肪酸酯选自壬基酚聚氧乙烯醚脂肪酸酯。

所述减磨剂选自天然动植物油脂或由脂肪醇和脂肪酸合成的酯。

其中，所述脂肪醇为 $C_1 \sim C_{30}$ 的脂肪醇，优选 $C_1 \sim C_{20}$ 的脂肪醇，更优选甲醇、乙醇、丁醇、己醇、辛醇、癸醇、十二醇、十四醇、十八醇、十八醇、二十醇、乙二醇、丙二醇、丁二醇、己二醇、辛二醇、癸二醇、新戊二醇、丙三醇、三羟甲基乙烷、三羟甲基丙烷或季戊四醇中的至少一种。所述脂肪酸为 $C_1 \sim C_{54}$ 的脂肪酸，优选 $C_8 \sim C_{36}$ 的脂肪酸，更优选辛酸、癸酸、月桂酸、豆蔻酸、棕榈酸、油酸、亚油酸、硬脂酸或二聚酸中的至少一种。

质量指标

项目	1#	2#	3#	4#	5#	6#	7#
外观	透明液体	透明液体	透明液体	透明液体	透明液体	透明液体	透明液体
色泽	—	—	—	浅	浅	浅	浅
水分/(μg/g)	247	257	218	289	232	241	235
生产时间/h	6	5	6	5	5	5	5
是否需要冷却降温	不需要	不需要	不需要	不需要	不需要	不需要	不需要

项目	8#	9#	10#	11#	12#	13#
外观	透明液体	透明液体	透明液体	透明液体	透明液体	透明液体
色泽	浅	浅	浅	浅	浅	浅
水分/(μg/g)	247	254	225	215	261	258
生产时间/h	5	6	5	5	5	5
是否需要冷却降温	不需要	不需要	不需要	不需要	不需要	不需要

产品应用 本品主要应用于防锈油组合物的工业生产。

产品特性 本品适用于防锈油的生产，尤其适用于要求水分含量非常低的防锈油的生产。本品由于先将一部分基础油和全部的添加剂混合，在常温下脱水，保证了组合物的低水含量；然后再加入剩余的基础油，可迅速降低调和釜中混合物的温度，缩短生产时间。同时，由于物料承受高温的时间缩短，因而可以防止防锈油过度氧化。

防锈油(3)

原料配比

原料	配比(质量份)								
	1#	2#	3#	4#	5#	6#	7#	8#	9#
蓖麻油	75	62.7	70	75	81.5	84	71.9	72	71.9
羊毛脂镁皂	10	12	10	8	4	1	8	8	8
石油磺酸钡	14	17	—	11	—	4	11	—	11
石油磺酸钙	—	—	15	—	6	—	—	11	—
二壬基萘磺酸钡	—	8	2	3	4	1	3	3	3
N-油酰肌氨酸十八胺	—	0.1	0.5	1	2	4	1	1	1
十二烯基丁二酸	—	0.1	0.5	1	2	3	1	1	1
环烷酸锌	1	0.1	2	1	0.5	3	1	1	1
防锈可剥离膜	—	—	—	—	—	—	0.1	1.5	3
二甲基硅油	—	—	—	—	—	—	3	1.5	0.1

制备方法 向反应釜中加入蓖麻油，升温至120～180℃后加入羊毛酯镁皂，并在此温度下搅拌1～2h，在冷却至75～85℃之后加入石油磺酸钡（石油磺酸钙）、二壬基萘磺酸钡、*N*-油酰肌氨酸十八胺、十二烯基丁二酸、环烷酸锌、防锈可剥离膜和二甲基硅油，并在此温度下搅拌1～3h，然后冷却至40～50℃并用60目的不锈钢丝滤网过滤，所得滤液即为所要得到的防锈油。

原料配伍 本品各组分质量份配比范围为：蓖麻油60～84，羊毛脂镁皂1～12，石油磺酸钡4～17，石油磺酸钙4～17，二壬基萘磺酸钡1～8，*N*-油酰肌氨酸十八胺0.1～4，十二烯基丁二酸0.1～3，环烷酸锌0.1～3，防锈可剥离膜0.1～3，二甲基硅油0.1～3。

所述防锈可剥离膜为能使防锈油形成不透气的薄膜的物质，可以使防锈油在钢轨的表面形成一层透明的或半透明的膜，该膜对钢轨起密封作用，使钢轨与空气中的氧气隔离，从而起到促进防锈蚀的作用。

所述二甲基硅油可使该防锈油在耐锈蚀钢轨表面形成更柔软、

更平滑、拒水性能更好的膜层。

产品应用 本品主要应用于生产耐锈蚀钢轨。

产品特性 将本品均匀涂布在钢轨基体表面，使生产的耐锈蚀钢轨具有优异的短期耐锈蚀性。

高极压抗水防锈润滑脂

原料配比

原料	配比(质量份)		
	1#	2#	3#
150BS	50	50	30
650SN	26.5	10.8	20.5
氢化蓖麻油	4	5	6
十二羟基硬脂酸	3	3	4
氢氧化锂	0.7	0.8	1
氢氧化钙	0.3	0.4	0.5
高碱值石油磺酸钙	10	20	25
转化剂(甲醇)	1	—	—
转化剂(正丁醇)	—	2	—
转化剂(正丁醇和甲醇)	—	—	3
防锈剂(石油磺酸钡)	1	2	2
极压剂(二烷基二硫代氨基甲酸钼)	1	—	—
极压剂(二烷基二硫代氨基甲酸锑)	—	2	—
极压剂(二烷基二硫代氨基甲酸锌)	—	—	3
抗氧剂(二苯胺和2,6-二叔丁基混合酚,质量比1∶2)	0.5	—	—
抗氧剂(二苯胺和2,6-二叔丁基混合酚,质量比3∶1)	—	1	—
抗氧剂(苯基-α-萘胺)	—	—	1
增黏剂(聚丁烯)	2	3	—
增黏剂(乙丙橡胶)	—	—	4

制备方法 按规定的配比加入1/2基础油（150BS和650SN的混合油）、高碱值石油磺酸钙、甲醇（加2～4倍水），在40～80℃转化20～60min，再加入脂肪酸、氢氧化锂（加2～6倍水）、氢氧

化钙（加 2～6 倍水），在 90～105℃进行皂化反应，然后升温到 130℃脱水，再加入余下的 1/2 基础油，升温到 200℃，然后降温到 110℃加入防锈剂、极压剂、抗氧剂、增黏剂，用均质机或循环剪切机进行后处理，脱气，过滤，包装。

原料配伍 本品各组分质量份配比范围为：高黏度矿油 43.5～77.5，脂肪酸 7～10，氢氧化锂 0.7～1，氢氧化钙 0.3～0.5，高碱值石油磺酸钙 10～30，转化剂 1～3，防锈剂 1～3，极压剂 1～3，抗氧剂 0.5～1，增黏剂 1～5。

所述的高黏度矿油是指 150BS 和 650SN 的混合油，其 100℃的运动黏度为 15～25mm^2/s。

所述的脂肪酸是指十二羟基硬脂酸和氢化蓖麻油的混合物；十二羟基硬脂酸和氢化蓖麻油的质量份之比是 3∶（4～6）。

所述的高碱值石油磺酸钙总碱值为 330～450mgKOH/g。

所述的转化剂选自甲醇、正丁醇、异丙醇、冰乙酸、脂肪酸中的至少一种。

所述的防锈剂选自石油磺酸钡。

所述的极压剂选自二烷基二硫代氨基甲酸钼、二烷基二硫代氨基甲酸锑、二烷基二硫代氨基甲酸锌中的至少一种。

所述的抗氧剂选自二苯胺或苯基 α-萘胺或 2,6-二叔丁基混合酚中的至少一种。

所述的增黏剂选自聚丁烯或乙丙橡胶中的至少一种。

产品应用 本品主要用作高极压抗水防锈润滑脂。

产品特性

（1）遇水稠度稳定性好，10％水 1/4 锥入度变化值在 5 个单位（0.1mm）以下。

（2）遇水防锈性能优良，10％水轴承防腐蚀性 1 级（最好等级为 1 级）。

（3）遇水极压性能优异，特别适用于轧钢厂多水、多尘、重负荷条件下工作辊轴承的润滑。

 高铁道岔防锈油

原料配比

原料	配比(质量份)					
	1#	2#	3#	4#	5#	6#
基础油异构烷烃	54	50	52.4	54	—	30
基础油正构烷烃	—	—	—	—	47	21
防锈剂石油磺酸钡	15	17	14	15	14	10
防锈剂石油磺酸钠	—	—	—	—	3	3
防锈剂中性二壬基萘磺酸钡	6	6	6	6	6	7
防锈剂苯并三氮唑	—	—	—	—	—	0.1
成膜剂沥青	2	2	2	2	2	2
成膜剂对叔丁基苯酚甲醛树脂	17	15	15	17	17	17
增黏剂凡士林	1	1	3	1	5	5
增黏剂聚异丁烯	4	4	5	4	4	4
斯盘-80	1	1	2	1	1	0.8
抗氧剂2,6-二叔丁基对甲酚	0.1	0.1	0.6	0.1	0.1	0.1

制备方法 首先，将60%～80%基础油加入反应釜加热搅拌，至100～140℃加入防锈剂，再加入成膜剂、增黏剂和抗氧剂，继续搅拌，冷却至30～50℃；再加入斯盘-80和余量的基础油，继续搅拌1～3h，过滤后即得成品，本品的闪点为50～60℃，40℃的黏度为20～50mm^2/s。

原料配伍 本品各组分质量份配比范围为：基础油40～60，防锈剂5～25，成膜剂1～20，斯盘-80 1～5，增黏剂1～6，抗氧剂0.1～2。

所述基础油是经深度精制不含芳香烃（芳烃含量<0.5%）的正构烷烃、异构烷烃、聚α-烯烃（PAO）中的1～2种。基础油是低黏度的，40℃的黏度小于1.5mm^2/s。

所述防锈剂是石油磺酸钡、石油磺酸钠、环烷酸锌、中性二壬基萘磺酸钡、十二烯基丁二酸、苯并三氮唑中的2～4种。

所述成膜剂是沥青、石蜡、对叔丁基苯酚甲醛树脂中的1～2种。

所述增黏剂是凡士林、聚异丁烯、乙丙共聚物（OCP）中的1～2种。

所述抗氧剂是2,6-二叔丁基对甲酚、含噻二唑衍生物复合剂中的一种。

产品应用 本品主要应用于高铁道岔防锈。

使用时可采用喷涂、刷涂和浸涂的方法，在涂敷前应用工具抹去尘土和浮锈。

产品特性

(1) 本品采用多种防锈剂复合以增加其防锈性；使用合成的、低黏度的基础油辅以斯盘-80 增强其渗透性，使防锈剂能透过锈蚀层到达金属表面，使油膜全覆盖于金属表面，经过多次筛选基础油和各种添加剂的复合比例使该油品黏度控制在 20～50mm^2/s (40℃)，保证良好的渗透性又能在1～2h 内干燥，保证金属在露天存放、经受风雨、日晒的恶劣环境下有良好的防锈性能。并且，该油品属于硬膜防锈油，干燥后露天存放，减少灰尘的黏附，保证产品外表美观。

(2) 无毒、不污染环境。现有防锈油品中含有易挥发的轻油馏分，不断散发在车间空气中，操作工人长期接触轻馏分中的芳烃，可以对人体形成积累型损害，具有刺激性气味，污染大气环境。本品采用的基础油经过高压加氢脱掉芳香烃，可以最大限度保证人体健康，尽可能降低对于操作环境的污染。

(3) 如果防锈油的黏度不够，形成的膜薄，难以形成对锈层和金属表面的全覆盖，防锈效果不好；如果防锈油的黏度过大，油品在短时间内还没有浸透锈层，就已经形成硬膜，堵住了锈层中的氧气和水分，致使锈蚀继续并扩大，甚至使防锈油膜剥落，本品的黏度适当，防锈效果更好。

海洋环境防锈脂

原料配比

原料	配比(质量份)				
	1#	2#	3#	4#	5#
石油磺酸钙	10	—	—	—	—
斯盘-80	—	3	—	—	—
咪唑啉	—	—	4	—	—

续表

原料	配比(质量份)				
	1#	2#	3#	4#	5#
氧化石油脂钡皂	—	—	—	2	—
羊毛脂镁皂	—	—	—	—	8
2,6-二叔丁基对甲酚	1	1	1	1	1
二苯胺	—	—	—	—	—
膨润土	—	—	30	—	—
碳酸钙	30	—	—	20	20
滑石粉	—	25	—	—	—
钙基润滑脂	加至100	加至100	加至100	加至100	加至100

制备方法

(1) 1#～3#的制备方法：在反应釜加入全部成分，常温下搅拌均匀即可。

(2) 4#与5#的制备方法：将全部的羊毛脂镁皂或氧化石油脂钡皂加入反应釜，并加热到85～90℃，待其熔化后，加入1/3钙基润滑脂，搅拌均匀后冷却，冷却至室温后，加入其余钙基润滑脂和其他成分，搅拌均匀即可。

原料配伍

本品各组分质量份配比范围为：钙基润滑脂加至100、油溶性缓蚀剂2～10，填充剂20～40，抗氧剂0.3～1。

所述油溶性缓蚀剂为石油磺酸钙、氧化石油脂钡皂、羊毛脂镁皂、斯盘-80或咪唑啉。

所述填充剂为碳酸钙、滑石粉或膨润土。

所述抗氧剂为2,6-二叔丁基对甲酚或二苯胺。

质量指标

盐雾试验结果

配方	盐雾试验结果/天	
	未划线	划线
1#	84	24
2#	96	28
3#	52	16
4#	40	32
5#	74	34

产品应用 本品主要应用于途经海洋运输的出口机械、设备的封存防锈，也适用于沿海等盐雾潮湿地区及海洋环境等恶劣环境下的使用设备的防锈，还可以用于海洋环境中钢铁包覆防蚀的内层涂敷。

产品特性 本品是冷涂型防锈脂，制备工艺相当简单，易于操作。原料易得，成本低廉。所制备的防锈脂防锈性能优异，施工方便。

海洋环境绿色防锈脂

原料配比

原料	配比(质量份)					
	1#	2#	3#	4#	5#	6#
15#白油	10	10	5	15	8	10
石油磺酸钙	10	5	10	—	5	5
二壬基萘磺酸钙	—	5	—	10	5	5
十二烯基丁二酸	—	1.5	1.5	1.5	—	1.5
双硬脂酸铝	4	2	2	2	4	2
羊毛脂镁皂	—	—	4	8	8	8
斯盘-80	3	3	1.5	—	—	—
2,6-二叔丁基对甲酚	0.5	0.5	0.5	0.5	0.5	0.5
医用白凡士林	加至100	加至100	加至100	加至100	加至100	加至100

制备方法 在反应釜内加入基础油和羧酸类缓蚀剂，加热到95～100℃并不断搅拌，直至呈透明糊状，若加入的酯类缓蚀剂中含有羊毛脂镁皂时须不断搅拌至全溶，而后冷却至65～70℃，加入其他组分，搅拌均匀后，冷却至室温，研磨、过滤、包装；若加入的酯类缓蚀剂中无羊毛脂镁皂，将透明糊状物冷却至65～70℃，加入其他组分，搅拌均匀后，冷却至室温、研磨、过滤，包装。

原料配伍 本品各组分质量份配比范围为：石油磺酸钙5～10，二壬基萘磺酸钙5～10，十二烯基丁二酸1.5～3，双硬脂酸铝2～4，羊毛脂镁皂4～8，斯盘-80 1.5～3，15#白油5～10，2,6-二叔丁基对甲酚 0.5～0.6，医用白凡士林加至 100。

石油磺酸钙和/或二壬基萘磺酸钙为磺酸盐类缓蚀剂。

十二烯基丁二酸和/或双硬脂酸铝为羧酸类缓蚀剂。

羊毛脂镁皂和/或斯盘-80 为酯类缓蚀剂。

产品应用 本品主要用作海洋环境绿色防锈脂。

产品特性 本品制备工艺相当简单，易于操作。原料易得，成本低廉。所制备的防锈脂防锈性能优异，施工方便，不仅适用于途经海洋运输的出口机械、设备的封存防锈，也适用于沿海等盐雾潮湿地区及海洋环境等恶劣环境下的使用设备的防锈，还可以用于海洋环境中钢结构物包覆防蚀的内层涂覆。另外，制备的防锈脂基础油使用白油，芳香烃、含氮、氧、硫物质等的含量近似于零，油溶性缓蚀剂不含重金属，不会对生态环境造成破坏，不会危及人体健康。

环保触变性防锈油

原料配比

原料		配比(质量份)				
		1#	2#	3#	4#	5#
基础油	中性矿物油	86.5	87	86.5	—	—
	中性矿物油和变压器油	—	—	—	85.5	86.5
无钡防锈剂	二壬基萘磺酸钙	5	5	5	5	5
	石油磺酸钠	—	5	5	5	5
	氧化蜡钙皂	5	—	—	—	—
触变剂	氢化蓖麻油	1	—	—	—	—
	双硬脂酸铝	—	0.5	—	—	—
	蜡	—	—	1	1	1
助剂	咪唑啉	2	—	—	—	2
	烷基酚聚氧乙烯醚	—	2	2	—	—
	斯盘-80	—	—	—	3	—
抗氧剂	2,6-二叔丁基-4-甲酚	0.5	0.5	0.5	0.5	0.5

制备方法 先将基础油投入反应釜进行加热搅拌，再投入无钡

防锈剂，加热搅拌到100～120℃脱水，冷却至80℃以下时加入触变剂、助剂、抗氧剂充分搅拌，再进行过滤，即得成品。

原料配伍 本品各组分质量份配比范围为：基础油73～96，无钡防锈剂2～20，触变剂0.5～5，助剂0.5～5，抗氧剂0.1～5。

所述基础油为中性矿物油、变压器油、锭子油中的1～2种。基础油为低黏度基础油，40℃的黏度在20mm²/s以下。

所述无钡防锈剂为石油磺酸钙、石油磺酸钠、二壬基萘磺酸钙、羊毛脂、十二烯基丁二酸、羊毛脂镁皂、氧化蜡中的1～3种。

所述触变剂是氢化蓖麻油、有机膨润土、气相二氧化硅、双硬脂酸铝、蜡类中的1～2种。

所述助剂是斯盘-80、咪唑啉、油酸三乙醇胺、壬基酚聚氧乙烯醚类中的1～2种。

所述抗氧剂是酚类、胺类和硫磷酸盐类的1～2种。可选2,6-二叔丁基-4-甲酚、烷基二苯胺、二烷基二硫代磷酸锌中的1～2种。

质量指标

项目	指标
40℃外观	棕色透明液体
运动黏度(40℃)/(mm²/s)	20.3
黏度比(30℃/40℃)	3.6
水分/%	痕迹
开口闪点/℃	165
盐雾试验(10＃钢,A级)/h	72
湿热试验(10＃钢,A级)/天	20
可清洗性(2min)	100%

产品应用 本品主要应用于金属防锈。

产品特性 本品防锈性能优异，可清洗性能优良，并具有一定的润滑性，无须加润滑剂即可满足一定的压延操作。优良的触变性使其在金属表面形成稳定的油膜，减少流淌，节约用油，改善操作环境，并且环保。

环保无钡触变性防锈油

原料配比

原料	配比(质量份)			
	1#	2#	3#	4#
基础油 N15	87.3	—	90.3	—
基础油 N22	—	89.3	—	92.3
石油磺酸钙	—	4	—	4
十七烯基咪唑啉的烯基丁二酸盐	3	3.5	3	2
N-油酰肌氨酸	—	—	3	1
十二烯基丁二酸半酯	5	2	—	—
十二烯基丁二酸盐	3.5	—	3	—
苯并三氮唑	0.5	—	—	—
硫代磷烷基酚锌	—	0.2	—	0.1
2,6-二叔丁基对甲酚	0.1	—	0.1	0.1
触变剂	0.6	1	0.6	0.5

制备方法

(1) 将基础油加入反应釜中，搅拌，升温到110～120℃。

(2) 加入防锈剂，开动搅拌，连续脱水至少 1h，降温至50～60℃。

(3) 加入抗氧剂，在 50～60℃保温搅拌至少 3h。

(4) 加入触变剂，于 50～60℃搅拌至少 1h，降温至 40℃过滤出料。

原料配伍 本品各组分质量份配比范围为：防锈剂 4～25，触变剂 0.1～5，抗氧化剂 0.1～3，基础油 72～94。

所述防锈剂选自石油磺酸钠、石油磺酸钙、环烷酸锌、十二烯基丁二酸盐、十二烯基丁二酸、十二烯基丁二酸半酯、羊毛脂、磺化羊毛脂钙皂、十七烯基咪唑啉的烯基丁二酸盐、硬脂酸铝、*N*-油酰肌氨酸、*N*-油酰肌氨酸十八胺盐、山梨醇酐单油酸酯、苯并三氮唑、十二烷基苯并三氮唑中的两种或两种以上，优选石油磺酸钙、十二烯基丁二酸盐、十七烯基咪唑啉的烯基丁二酸盐、*N*-油酰肌氨酸、*N*-油酰肌氨酸十八胺盐、山梨醇酐单油酸酯、苯并三氮唑。

所述触变剂为能分散于油中的触变剂，如有机膨润土、氢化蓖麻油、改性氢化蓖麻油、气相二氧化硅、双硬脂酸铝等。

所述抗氧剂选自硫代磷烷基酚锌、有机硼化物和酚类抗氧剂中的一种或一种以上。如2,6-二叔丁基对甲酚、硫代磷烷基酚锌。

所述基础油为40℃黏度为5～30mm²/s的中性矿物油，如25#变压器油、N22基础油、N15基础油或者它们的调和物，优选N22、N15。

质量指标

检验项目	检测结果
运动黏度(40℃)/(mm²/s)	36.60
闪点(开口)/℃	180
湿热试验(10#钢,A级)/h	720
盐雾试验(10#钢,A级)/h	168
击穿电压/kV	52.0
可清洗性试验	清洗率96%

产品应用

本品主要应用于钢铁成品、半成品的仓储及运输过程的防锈，包括远洋运输，一般情况下可采用浸涂、辊涂、刷涂方式使用；本品具有触变性，较其他防锈油流淌少，防锈性好。也可用于冷轧钢板、镀锌板、铝板等各种板材防锈，最佳使用方法是采用静电喷涂机喷涂，温度不低于40℃，喷涂量可调，一般为0.5～2g/m²。

产品特性

（1）具有优异的耐湿热性能和良好的耐盐雾等防锈性能。

（2）具有触变性功能，在立面能快速形成稳定油膜，减少流淌。

（3）无钡，不含对人体及环境有害的物质，属环境友好型产品。

（4）具有较高的击穿电压，可用于静电喷涂；有预润滑性，用于钢板保护，无须额外添加润滑剂就可完成后续的挤压操作；可清洗性能好，油膜用中性或碱性水基清洗剂很容易去除。

 环保型防锈油

原料配比

原料	配比(质量份)		
	1#	2#	3#
桐油	95	97	99
活性炭	5	3	1

制备方法 按配方量称取桐油倒入反应器内搅拌，边搅拌边慢慢加入活性炭，直至活性炭分散均匀即可。

原料配伍 本品各组分质量份配比范围为：桐油 95～99，活性炭 1～5。

产品应用 本品用于金属表面的防锈。

产品特性

(1) 主要成分为天然植物油，生产、制造、使用过程中不会对环境产生污染；

(2) 油膜坚固，防锈性能好；

(3) 附着力强，与金属紧密结合，防腐防锈。

机械封存气相防锈油

原料配比

原料	配比(质量份)
二壬基萘磺酸钡	5
石油磺酸钠	5
十二烯基丁二酸	1.6
亚硝酸二环己胺	0.8
乙醇	0.5
碳氢溶剂	87.6

制备方法

（1）将碳氢溶剂投入混合缸，加温至45℃。

（2）将二壬基萘磺酸钡、石油磺酸钠、十二烯基丁二酸依次投入混合缸，搅拌1h，搅拌速度为40r/min。

（3）将亚硝酸二环己胺和乙醇混合均匀后，投入混合缸，搅拌1h，搅拌速度为40r/min，得到产品。

原料配伍 本品各组分质量份配比范围为：二壬基萘磺酸钡3～15，石油磺酸钠3～15，十二烯基丁二酸1～15，亚硝酸二环己胺0～5，乙醇0～5，碳氢溶剂5～88。

质量指标

检验项目	检验结果
沉淀值/mL	0.03
碳氢化物溶解度	不分层
温热试验(10d)	钢、铜、铝无锈
酸中和试验	钢合格
水置换试验	钢合格
气相防锈能力试验	钢合格
消耗后气相防锈能力试验	钢合格
腐蚀试验(失重,55℃,7d)/(mg/cm^2)	铜0.08、黄铜0.04、铝0.12

产品应用 本品适用于黑色及有色金属的防锈。

使用方法：

小型工件封存防锈：将工件浸入本品数分钟后取出，然后用聚乙烯或聚氯乙烯塑料薄膜密封储存。

大型设备内部封存防锈：将本品注入机械设备内部，密封储存。

产品特性

（1）本品适用于黑色及有色金属的防锈，可有效防止氯化物、硫化物的腐蚀，耐高湿性好。

（2）无毒，不含铬酸盐及磷酸盐等有害物质。

（3）热稳定性好。

（4）能与润滑油、液压油或冲压油稀释混合。

金属防锈防腐油

原料配比

原料	配比(质量份)	
	1#	2#
新鲜鸡脂肪	90	81
山梨酸	8	4
蓖麻油	—	8
工业香精	2	7
工业酒精	适量	适量

制备方法

(1) 将鸡脂肪放入酒精中浸泡处理;

(2) 将经步骤 (1) 处理的鸡脂肪放入容器中用火熬制，得鸡油，冷却，即是金属防锈防腐油。

在经步骤 (2) 得到的金属防锈防腐油中，还可加入 0～10% 的防腐剂(主要用来防止鸡油本身的腐烂，可用食品防腐剂，如山梨酸及其钾盐、对羟基苯甲酸酯类、丙酸及其盐类、脱氢乙酸等，也可用其他类型的防腐剂)、0～10%的工业香精、0～10%蓖麻油并混匀。

在步骤 (1) 中，将鸡脂肪用酒精浸泡处理时，可根据不同的酒精浓度，选用不同的处理时间，如采用 70%～100%酒精时，浸泡处理 40～90min。

原料配伍 金属防锈防腐油各组分质量份配比范围为：新鲜鸡脂肪 70～100，防腐剂 0～10，工业香精 0～10，蓖麻油 0～10，工业酒精适量。

产品应用 本品用于金属表面的防锈。

产品特性 本品以鸡脂肪为原料，来源广泛，成本低，且该产品中含较浓的脂肪酸酯，使用后能在金属表面形成一层吸附膜，该吸附膜挥发性小，所以防腐锈期长，可达 10 年以上。

金属防锈蜡

原料配比

原料		配比(质量份)				
		1#	2#	3#	4#	5#
蜡类物质	64#高熔点石蜡	5	—	—	—	—
	70#高熔点石蜡	—	4	—	—	—
	68#高熔点石蜡	—	—	5	—	—
	80#高熔点石蜡	—	—	—	—	5
	80#石油微晶蜡	6	—	—	5	—
	85#石油微晶蜡	—	8	—	—	—
	85#氧化微晶蜡	—	—	12	10	7
	卡那巴蜡	—	—	—	—	6
合成树脂	石油树脂 p-100	5	—	—	—	—
	石油树脂 p-90	—	—	3	4	—
	合成松香 J-115	—	5	4	4	4
金属缓蚀剂	苯甲酸二异丙胺	6	8	7	—	5
	苄基四氮唑	—	—	—	8	—
	羧基四氮唑	—	—	—	—	2
表面活性剂	表面活性剂十二烷基胺	4	—	—	—	—
	十八烷基胺	—	4	5	6	4
	聚氧乙烯(20)失水山梨醇单硬脂酸酯	3	2	—	2	4
防腐剂	防腐剂苯甲酸钠	1	—	1.3	—	1.8
	硼砂	—	1	—	2	—
蒸馏水		加至100	加至100	加至100	加至100	加至100

制备方法

(1) 将蜡类物质、合成树脂、金属缓释剂按配比加入不锈钢容器中缓慢加热至(130±5)℃，反应时间为(30±5) min，制成油相物料；

(2) 将表面活性剂加入蒸馏水中，加热至(90±5)℃制成水相物料；

(3) 将油相物料在高速搅拌下加入水相物料中，混合后再搅拌稳定（20±5）min；

（4）最后加入防腐剂，搅拌均匀。

原料配伍 本品各组分质量份配比范围为：蜡类物质 8～28，合成树脂 0～10，金属缓释剂 6～10，表面活性剂 4～9，防腐剂 1～2，蒸馏水加至 100。

产品应用 本品用于金属物件、车辆以及储存与运输中的机械设备防锈。

产品特性 本品既具有疏水性，又具有良好的致密性和韧性，延长防锈蜡的使用寿命；具有无毒、不污染环境的优点；选用表面活性剂可使产品具有抗静电性，也可提高产品的防锈性能。

静电喷涂防锈油(1)

原料配比

原料		配比（质量份）								
		1#	2#	3#	4#	5#	6#	7#	8#	9#
防锈剂	石油磺酸镁	—	6	—	11	—	2	—	—	—
	石油磺酸钠	3	—	—	—	1	—	—	4	2
	石油磺酸钡	—	—	—	—	6	8	—	4	6
	石油磺酸钙	—	—	—	—	—	—	—	9	—
	壬基酚醚磷酸酯	—	—	—	—	2	—	—	—	—
	壬基酚醚亚磷酸酯	—	—	—	—	—	—	—	2	—
	二壬基石油磺酸钡	4	—	8	—	—	—	10	—	—
	碱性二壬基萘磺酸钡	—	—	—	—	—	—	—	—	3
	中碱值石油磺酸钙	—	—	3	—	—	3	3	—	—
	高碱值石油磺酸钙	—	—	—	10	—	—	—	—	—
	环烷酸锌	3	—	3	—	—	—	3	—	2
	苯并三氮唑	—	—	—	—	—	0.1	0.1	—	—
	十二烯基丁二酸单酯	—	—	—	4	1	—	—	1	—
	十二烯基丁二酸	2	0.5	1	—	—	—	—	—	1
	十七烯基咪唑啉烯基丁二酸盐	2	—	—	—	—	—	—	—	—
	十七烯基咪唑啉脂肪酸盐	—	—	—	—	—	—	2	—	—

续表

原料		配比(质量份)								
		1#	2#	3#	4#	5#	6#	7#	8#	9#
表面活性剂	壬基酚聚氧乙烯(4)醚	0.5	—	—	—	1	0.2	0.4	—	—
	失水山梨醇单油酸酯	1	1	—	1	—	—	—	1	2
	辛醇聚氧乙烯醚(4)	—	—	0.5	0.5	—	—	—	—	—
减磨剂	季戊四醇油酸酯	—	12	—	—	—	—	—	—	—
	新戊二醇油酸酯	—	—	—	1	—	—	—	—	—
	硬脂酸异辛酯	—	—	—	—	—	—	—	—	5
	硬脂酸丁酯	—	—	—	—	10	—	—	—	—
	油酸异辛酯	—	—	—	—	—	0.5	—	—	—
	油酸三羟甲基丙烷酯	—	—	—	—	—	—	4	—	—
	菜籽油	3	—	—	—	—	—	—	4	—
	椰子油	—	—	4	—	—	—	—	—	—
	苯并三氮唑脂肪酸盐	—	—	1	—	—	—	—	—	—
抗氧剂	T501	0.3	—	—	1.3	—	—	2	—	—
	T531	—	—	—	—	—	1	—	—	—
	T502	—	—	0.8	—	—	—	—	—	—
	2,6-二叔丁基混合酚	—	0.5	—	—	—	—	—	—	0.3
	2,6-二叔丁基-α-二甲氨基对甲酚	—	—	—	—	0.5	—	—	1.5	—
基础油	HVⅡ2	—	80	—	—	—	—	—	79.5	—
	HVI75SN	—	—	—	71.2	—	84.9	—	—	—
	MVI60SN	81.2	—	78.7	—	—	—	75.5	—	—
	10#变压器油	—	—	—	—	75.5	—	—	—	78.7

制备方法 将基础油、防锈剂、表面活性剂、减磨剂和抗氧剂混合，加热至115℃，恒温搅拌5h，降温至75℃，检验合格后过滤罐装。

原料配伍 本品各组分质量份配比范围为：防锈剂5～30，表面活性剂0.1～5，减磨剂0.1～15，抗氧剂0.1～5，基础油50～90。

所述防锈剂选自磺酸盐、羧酸、羧酸盐、羧酸酯、羧酸胺、磷酸酯或亚磷酸酯中的至少两种。

其中，所述磺酸盐选自石油磺酸钡、二壬基石油磺酸钡、石油磺酸镁、石油磺酸钠、中碱值石油磺酸钙、高碱值石油磺酸钙、合成磺酸镁、合成磺酸钡、合成磺酸钙、合成磺酸钠、碱性二壬基萘磺酸钡或中性二壬基萘磺酸钡中的至少一种；所述羧酸选自烯基丁二酸或苯甲酸中的至少一种；所述羧酸盐选自十七烯基咪唑啉脂肪酸盐、环烷酸锌或硬脂酸铝中的至少一种；所述羧酸酯选自烯基丁二酸酯、山梨醇酐单油酸酯或丙三醇硼酸酯脂肪酸酯中的至少一种；所述羧酸胺选自 *N*-油酰肌氨酸十八胺、苯并三氮唑或酰胺咪唑啉中的至少一种；所述磷酸酯选自烷基磷酸咪唑啉盐或壬基酚醚磷酸酯中的至少一种；所述亚磷酸酯选自烷基亚磷酸咪唑啉盐或壬基酚醚亚磷酸酯中的至少一种。

所述表面活性剂选自多元醇酯、多元醇酯聚氧乙烯醚、脂肪醇聚氧乙烯醚、脂肪醇聚氧乙烯醚脂肪酸脂、烷基酚聚氧乙烯醚或烷基酚聚氧乙烯醚脂肪酸酯中的至少一种。

其中，所述多元醇酯选自失水山梨糖醇脂肪酸酯。所述多元醇酯聚氧乙烯醚选自失水山梨糖醇脂肪酸酯聚氧乙烯醚。所述烷基酚聚氧乙烯醚选自壬基酚聚氧乙烯醚。烷基酚聚氧乙烯醚脂肪酸酯选自壬基酚聚氧乙烯醚脂肪酸酯。

所述减磨剂选自天然动植物油脂或由脂肪醇和脂肪酸合成的酯。

其中，所述脂肪醇为 $C_1\sim C_{30}$ 的脂肪醇，优选 $C_1\sim C_{20}$ 的脂肪醇，更优选甲醇、乙醇、丁醇、己醇、辛醇、癸醇、十二醇、十四醇、十八醇、十八醇、二十醇、乙二醇、丙二醇、丁二醇、己二醇、辛二醇、癸二醇、新戊二醇、丙三醇、三羟甲基乙烷、三羟甲基丙烷或季戊四醇中的至少一种。所述脂肪酸为 $C_1\sim C_{54}$ 的脂肪酸，优选 $C_8\sim C_{36}$ 的脂肪酸，更优选辛酸、癸酸、月桂酸、豆蔻酸、棕榈酸、油酸、亚油酸、硬脂酸或二聚酸中的至少一种。

所述抗氧剂选自屏蔽酚型抗氧剂或芳胺型抗氧剂中的至少一种。

其中，所述屏蔽酚型抗氧剂选自 2,6-二叔丁基对甲酚、2,6-二叔丁基混合酚、2,6-二叔丁基酚或 2,6-二叔丁基-α-二甲氨基对甲酚中的至少一种；所述芳胺型抗氧剂选自 *N*-氨基-α-萘胺。

所述基础油选自矿物油。

质量指标

项目	1#	2#	3#	4#	5#
外观	透明液体	透明液体	透明液体	透明液体	透明液体
运动黏度(40℃)/(mm^2/s)	11.07	14.31	10.7	17.44	13.21
闪点(开口)/℃	164	172	162	178	176
水分/(μg/g)	254	236	235	278	281
摩擦系数	0.075	0.076	0.076	0.069	0.071
湿热试验(钢片,49℃±1℃,A级)/天	29	34	36	31	28
叠片试验(钢片,49℃±1℃,A级)/天	38	40	42	39	42
清洗性能	98.0	98.3	98.6	98.1	98.5

项目	6#	7#	8#	9#
外观	透明液体	透明液体	透明液体	透明液体
运动黏度(40℃)/(mm^2/s)	15.27	11.84	14.6	16.03
闪点(开口)/℃	182	164	172	180
水分/(μg/g)	256	268	287	213
摩擦系数	0.078	0.075	0.072	0.074
湿热试验(钢片,49℃±1℃,A级)/天	29	32	31	35
叠片试验(钢片,49℃±1℃,A级)/天	42	42	42	42
清洗性能	98.5	98.2	98.6	98.3

产品应用 本品主要应用于钢铁企业冷轧碳钢板、镀锌板、镀铝硅锌板的静电喷涂防锈。

产品特性 本品充分利用了各组分之间的协同作用，用于普碳钢板、镀锌钢板、镀铝锌硅板的静电喷涂防锈，具有良好的防锈性能，叠片性能优异；使用时雾化性能好，涂油均匀；使用后易于除去，不会影响钢板后处理效果。本品不仅能够提供良好的润滑性能，减小钢板卷取时钢板与钢板之间的摩擦，防止钢板表面划伤，保持较好的表面质量，同时还使防锈性能大大增强，湿热试验长达36天，叠片试验长达42天，涂油后的钢板按照防锈工艺包装后，在包装完好的情况下，按照正常储存和运输条件能保持10～12个月不生锈。

静电喷涂防锈油(2)

原料配比

原料	配比(质量份)						
	1#	2#	3#	4#	5#	6#	7#
75SN	85.0	—	—	75.5	82.0	47.0	81.5
60SN	—	—	—	—	—	30.0	—
100SN	—	79.5	—	—	—	—	—
150SN	—	—	72.0	—	—	—	—
壬基萘磺酸钡	—	—	—	—	—	10.0	—
石油磺酸钙	5.0	—	15.0	—	—	5.0	—
石油磺酸钡	4.0	—	—	—	—	—	3.0
石油磺酸钠	2.0	5.0	5.0	—	—	5.0	—
烯基丁二酸	—	8.0	—	—	—	—	5.0
十七烯基咪唑啉烯基丁二酸盐	—	5.0	—	—	—	—	—
羊毛脂镁皂	—	—	—	10.0	—	—	8.0
N-油酰肌氨酸	—	—	—	5.0	—	—	—
环烷酸锌	—	—	—	6.0	—	—	—
壬基酚聚氧乙烯醚	—	1.0	—	—	—	—	—
辛基酚聚氧乙烯醚	—	—	—	2.0	—	1.0	—
脂肪醇聚氧乙烯醚	—	—	—	—	—	—	1.0
烯基丁二酸酯	—	—	5.0	—	—	—	—
磺化羊毛脂钙皂	—	—	—	—	8.0	—	—
失水山梨醇单油酸酯	1.5	—	—	—	5.0	—	—
失水山梨醇单硬脂酸酯	—	—	2.0	—	—	—	—
失水山梨醇单棕榈酸酯	—	—	—	—	—	0.5	—
氧化石油钡皂	—	—	—	—	4.0	—	—
苯并三氮唑	0.5	—	—	—	0.5	0.5	—
甲基三氮唑	—	0.5	—	—	—	—	—
2,6-二叔丁基-4-甲酚	2.0	—	1.0	0.5	0.5	—	1.0
二烷基二苯胺	—	1.0	—	—	—	—	—
二烷基二硫代磷酸锌	—	—	—	—	—	1.0	—
α-巯基苯并噻唑	—	—	—	1.0	—	—	—

制备方法 先在反应釜中加入基础油，加温至110～130℃，脱水后加入防锈剂，在此温度下保温搅拌1～3h，降温至65～85℃后

再加入抗氧化剂和雾化性能改进剂，搅拌0.5～1.5h过滤，即可。

原料配伍 本品各组分质量份配比范围为：基础油7.0～90.0，防锈油5.0～29.0，雾化性能改进剂0.1～5.0，抗氧剂0.1～5.0。

所述基础油为40℃时黏度为6～32mm²/s的中性矿物油，如60SN、75SN、100SN、150SN或者它们的调和物，优选60SN、75SN。防锈油选自下述物质中的一种或一种以上：

（1）天然或合成的石油磺酸碱金属盐；

（2）羊毛脂衍生物及合成酯类；

（3）合成类的 C_{16}～C_{22} 的二元高分子羧酸或酰基取代的肌氨酸；

（4）分子量为300～750的高分子羧酸盐类；

（5）含氮的单杂环苯稠杂环类化合物，如石油磺酸钠、石油磺酸钙、石油磺酸钡；羊毛脂镁皂、磺化羊毛脂钙皂、丁三醇酯、烃基丁二酸酯、山梨醇酐单油酸酯；烷基丁二酸、烯基丁二酸、羟基脂肪酸、*N*-油酰肌氨酸；环烷酸锌、氧化石油钡皂、十七烯基咪唑啉烯基丁二酸盐；苯并三氮唑、甲基三氮唑和 *α*-巯基苯并噻唑等。优选石油磺酸钠、石油磺酸钙、石油磺酸钡；磺化羊毛脂钙皂、烃基丁二酸酯、壬基萘磺酸钡、烯基丁二酸酯、烯基丁二酸、*N*-油酰肌氨酸、氧化石油酸皂、十七烯基咪唑啉烯基丁二酸盐和苯并三氮唑。

雾化性能改进剂为油溶性的非离子表面活性剂，如烷基酚聚氧乙烯醚、脂肪醇聚氧乙烯醚或山梨醇脂肪酸酯类等，优选憎水的失水山梨醇脂肪酸酯或 C_8～C_{12} 的烷基酚聚氧乙烯醚。

抗氧剂选自酚类、胺类和硫酸盐类抗氧化剂中的一种或一种以上，如2,6-二叔丁基-4-甲酚、烷基二苯胺或二烷基二硫代磷酸锌等，优选2,6-二叔丁基-4-甲酚。

产品应用 本品用作普通钢板封存用防锈油。

产品特性 本品具有生产成本低、闪点高、可洗性良好和表面张力较低等优点。

快干型金属薄层防锈油

原料配比

原料	配比(质量份)			
	1#	2#	3#	4#
石油磺酸钙	10	7	9	8
二壬基萘磺酸钡	4	8	7	5
医用羊毛脂	3	2.5	2	4
十八胺盐	1	0.5	1.5	1
N5#机油	37	38	40	35
N32#机油	45	44	40.5	47

制备方法

(1) 将N5#机油和N32#机油加入反应釜中，搅拌加热到110～120℃充分脱水。

(2) 将石油磺酸钙加入反应釜中，加热搅拌使其溶解。

(3) 从反应釜底部放出少量热油，将添加剂二壬基萘磺酸钡、十八胺盐、医用羊毛脂加入热油，搅拌使其溶解为混合物。

(4) 将溶解后的混合物加入反应釜中加热搅拌，在110～115℃下反应3h。

(5) 待其温度降至40℃以下时过滤装桶包装。

原料配伍 本品各组分质量份配比范围为：石油磺酸钙7～10，二壬基萘磺酸钡4～8，医用羊毛脂2～4，十八胺盐0.5～1.5，N5#机油35～40，N32#机油40.5～47。

产品应用 本品主要应用于轴承、机械零件的快干型薄层防锈处理。

产品特性

(1) 本品解决了轴承（零件）包装封存问题，保证防锈油在零件上快速形成较薄的油膜，防锈时间长。

(2) 对于出口的轴承（零件），一方面满足了长时间海上运输的防锈要求，另一方面满足了国外客户对油膜厚度的要求。

链条抗磨防锈专用脂

原料配比

原料	配比(质量份)
烯基丁二酸酯	40
501 抗氧剂	8
硬脂酸丁酯	8
二丁基二硫代氨基甲酸钼	40
聚乙烯酯	50
85＃地蜡	50
基础油	800
硅油消泡剂	4

制备方法 将烯基丁二酸酯防锈剂、501 抗氧剂、硬脂酸丁酯防腐剂、二丁基二硫代氨基甲酸钼分散剂、聚乙烯酯充分混合搅拌，在高温反应釜中加热至 120℃，恒温 2～4h，冷却，制成抗磨剂备用。将 85＃地蜡、基础油加入高温反应釜中，充分混合搅拌，加热至 120℃，恒温 2～4h，冷却至 80℃，将前一步制得的抗磨剂加入，再加热至 120℃，恒温 2～4h，冷却时加入硅油消泡剂，搅拌，即得成品。

原料配伍 本品各组分质量份配比范围为：85＃地蜡 40～50，烯基丁二酸酯防锈剂 30～50、501 抗氧剂 5～10、硬脂酸丁酯防腐剂 5～10，二丁基二硫代氨基甲酸钼分散剂 30～50，硅油消泡剂 1～5，聚乙烯酯 40～50，基础油 700～900。

产品应用 本品用于链条防锈。

产品特性

（1）具有优异的防锈性、极压性和抗磨性，能满足车用链条使用过程中的防锈、润滑和抗磨要求，在链条包装出厂前一次浸涂即可，不必再换涂润滑剂。

（2）具有优良的黏附性，能牢固地吸附在摩擦面上，在车辆运行中不会被离心力甩掉，可有效延长补油时间。

（3）耐磨性能高，在持久耐磨试验中展现出较低的链条平均伸长量。

 磨削防锈两用油

原料配比

原料	配比(质量份)		
	1#	2#	3#
硼酸钠	5	—	—
硼酸钾	—	3	—
硼酸季戊四醇酯	—	10	—
硅酸钠	—	—	6
硼酸二乙醇胺	30	—	—
硼酸三乙醇胺	—	45	7
表面活性剂 A	2	—	—
表面活性剂 B	—	1	—
表面活性剂 C	—	—	1
邻硝基酚十八胺	—	0.2	—
2-巯基苯并噻唑	—	0.9	—
苯并三氮唑	0.2	—	1
硝基苯并三氮唑	—	0.4	—
邻硝基酚钠	—	—	2
二乙醇胺	5	—	—
三乙醇胺	—	—	2
苯甲酸钠	0.5	—	—
四氯酚	—	0.8	—
五氯粉	—	—	0.2
氨基硅油	0.1	—	—
羟基硅油	—	0.005	—
甲基硅油	—	—	0.05
水	加至 100	加至 100	加至 100

制备方法 将各组分溶于水混合均匀即可。

原料配伍 本品各组分质量份配比范围为：抗磨添加剂 5～15，防锈剂 10～60，润湿剂 0.1～5，消泡剂 0.0001～0.1，防腐剂 0.01～1，水加至 100。

本品中抗磨添加剂采用无机盐硼酸钠、硼酸钾、四硼酸钠、硅

酸钠、磷酸钠、焦磷酸钠中的一种或多种混合物和/或硼酸季戊四醇酯、硼酸山梨醇酯、硼酸二甘醇酯、硼酸乙二醇酯中的一种或多种混合物；

本品中防锈剂采用硼酸单乙醇胺、硼酸二乙醇胺、硼酸三乙醇胺、钼酸二乙醇胺、钼酸三乙醇胺、苯甲酸单乙醇胺、苯甲酸二乙醇胺、苯甲酸三乙醇胺、苯甲酸钠、邻硝基酚钠、邻硝基酚二环异己胺、邻硝基酚十八胺、苯并三氮唑、硝基苯并三氮唑、2-巯基苯并噻唑、环己胺、单乙醇胺、二乙醇胺、三乙醇胺中的一种或多种混合物；

本品中润湿剂（表面活性剂）采用如下方法制备：聚烃基羧酸或酸酐与羟基化合物发生酯化反应，聚烃基羧酸中的聚烃基的数均分子量为200～800，优选300～500。聚烃基可选自 C_4 或 C_5 烯烃的聚合物；羧酸或酸酐选自马来酸、马来酸酐、富马酸、戊二酸、己二酸，最好选用马来酸酐；羟基化合物选自一种或一种以上的羟基化合物，如二乙醇胺、三乙醇胺、甘油、山梨醇、季戊四醇等；其中表面活性剂A为烃基数均分子量为500的聚异丁烯马来酸三乙醇胺酯（1∶2），表面活性剂B为烃基数均分子量为300的聚异丁烯马来酸聚氧乙烯（10）醚（1∶2），表面活性剂C为烃基数均分子量为400的聚异丁烯马来酸二乙醇胺酯（1∶4）。

本品中消泡剂是聚醚、甲基硅油、羟基硅油、氨基硅油、二氧化硅中的一种或几种；

本品中防腐剂是五氯粉、四氯粉、邻苯基酚、2,4-二硝基酚、2-羟基甲基-2-硝基-1,3-丙二醇中的一种或多种混合物。

产品应用 本品用于工序间防锈。

产品特性

（1）本品所用润湿剂是以廉价 C_4、C_5 聚合的亲油基与多羟基化合物合成得到的廉价润湿剂。润湿剂可使磨削-防锈两用油均匀地涂敷在金属表面，比甘油类增稠剂与金属表面的亲和力要高得多；

（2）本品中的抗磨添加剂选用硼酸盐或硼酸酯化合物，极压性高，对环境友好；

（3）本品中的硼、氮类化合物对环境无污染；

（4）使用本品可达到一油两用的目的。

汽车钢板用防锈油

原料配比

原料		配比(质量份)		
		1#	2#	3#
防锈剂	35#石油磺酸钠	3	2	—
	二壬基萘磺酸钡	5	6	8
	石油磺酸钡	—	2	—
	山梨醇酐单油酸酯	3	—	2
	环烷酸锌	—	—	2
	十二烯基丁二酸	1	2	2
润滑剂	二烷基二硫代磷酸锌	2	3	3
	硫化脂肪酸酯 Starlub4161	—	3	—
	磷酸酯 Hordaphos774	3	—	3
辅助添加剂	壬基酚聚氧乙烯醚 OP-4	2	3	3.5
	壬基酚聚氧乙烯醚 NP-7	1	—	—
抗氧剂	叔丁基对甲酚	1	1.5	1
矿物油	L-AN5 全损耗系统用油	34	—	32.5
	L-AN32 全损耗系统用油	45	—	43
	L-AN15 全损耗系统用油	—	77.5	—

制备方法 先将矿物油加热至130～140℃，再加入防锈剂、辅助添加剂、抗氧剂，使其溶解，并充分搅拌，待其自然冷却到70℃以下时加入润滑剂，充分搅拌，待其自然冷却至室温即制成汽车钢板用防锈油。

原料配伍 本品各组分质量份配比范围为：防锈剂 10～15，润滑剂 4～7，辅助添加剂 3～5，抗氧剂 0.5～2，矿物油 72～81。

所述防锈剂选自石油磺酸钠、石油磺酸钡、二壬基萘磺酸钡、山梨醇酐单油酸酯、十二烯基丁二酸、环烷酸锌、羊毛脂或羊毛脂镁皂中的至少一种。

所述润滑剂选自二烷基二硫代磷酸锌、磷酸酯或硫化脂肪酸酯中的至少一种。

所述辅助添加剂选自壬基酚聚氧乙烯醚或辛基酚聚氧乙烯醚中

的至少一种。

所述的抗氧剂选自对苯二酚、叔丁基甲酚、二烷基对苯二酚或叔丁基对甲酚中的至少一种。

所述的矿物油选自全损耗系统用油，优选 L-AN5 全损耗系统用油、L-A15 全损耗系统用油或 L-AN32 全损耗系统用油中的任一种。

质量指标

项目		指标	测试方法
外观		棕色透明液体	目测
运动黏度(40℃)/(mm^2/s)		18±3	GB/T 265
闪点(开口)/℃		≥140	GB/T 267
水分/%		痕迹	GB/T 260
盐雾试验(48h,10＃钢)		合格	SH/T 0081
盐水浸渍(48h)	10＃钢	合格	SH/T 0025
	热镀锌板		
叠片试验(168h)	10＃钢	合格	Q/320400 GH025(4.13)
	热镀锌板		
湿热试验(≥336h)	10＃钢	0 级	GB/T 2361
	热镀锌板		
水置换性		合格	SH/T 0036
脱脂性		≥95%	Q/320400 GH 025(4.8)
P_B 值/N		≥800	GB/T 3142

产品应用 本品用作汽车钢板用防锈油。

产品特性 本品解决了防锈油中防锈性与润滑性和脱脂性的相关平衡问题，满足了汽车钢板用防锈油的性能要求。

汽车液体防锈蜡

原料配比

原料	配比(质量份)			
	1＃	2＃	3＃	4＃
微晶蜡(熔点 54℃)	10	—	—	—
微晶蜡(熔点 70℃)	—	—	30	—
微晶蜡(熔点 75℃)	—	—	—	40

续表

原料	配比(质量份)			
	1#	2#	3#	4#
微晶蜡(熔点 90℃)	—	25	—	—
氯化石蜡	5	—	—	—
液体石蜡	—	5	—	—
白油	—	—	1	—
凡士林	—	—	—	1
石油树脂	—	—	—	10
溶剂油(馏点 200℃)	85	—	—	—
溶剂油(馏点 80℃)	—	70	—	—
溶剂油(馏点 120℃)	—	—	69	—
溶剂油(馏点 160℃)	—	—	—	49

制备方法 将微晶蜡、氯化石蜡、凡士林、液体石蜡、白油、石油树脂与溶剂油混合，制成淡黄色不透明稠状液体，即可。

原料配伍 该汽车用液体防锈蜡各组分质量百分比配比范围为：微晶蜡 5～40，蜡烃类混合物 1～10，溶剂油 40～90。选用蜡烃类混合物作为添加剂，和馏点范围在 80～200℃的溶剂油。

其中蜡烃类混合物是氯化石蜡、液体石蜡、白油、精制石蜡、凡士林等。由于选用了添加剂对蜡进行了改性，使蜡膜干性好、致密、黏着力好、满足了快节奏生产的要求，并且物理机械性能、耐腐蚀性能优良，与底盘漆配套性能好。而且蜡液成膜性好，蜡膜完整、均匀、致密。

产品应用 本品为汽车专用液体防锈蜡。该液体蜡蜡膜外观平整、均匀、致密；蜡膜自干性即指干时间为 20～40min；喷涂在沥青电泳漆上耐盐雾时间≥288h；喷涂在聚丁二烯电泳漆上耐湿热≥480h，蜡膜无变化，漆膜无明显变化。

产品特性 该液体蜡蜡膜平整、均匀、致密；常温干性好，指干时间为 20～40min；黏着力好，具有优良的耐腐蚀性能及耐候性能，且成本低廉。

软膜防锈油

原料配比

(1) 复合型防锈添加剂的制备

原料	配比(质量份)
石油树脂	36
氧化石油脂钡皂	48
二聚酸	7
苯三唑十八胺	2
斯盘-80	7

制备方法 将上述成分混合，制得复合型防锈添加剂。

(2) 复合成膜材料的制备

原料	配比(质量份)
石油树脂	42
乙烯丙烯共聚物	33
HVI精制矿油	25

制备方法 将上述各组分混合均匀，得到复合成膜材料。

(3) 混合石油溶剂的制备

原料	配比(质量份)
200#溶剂汽油	80
灯用煤油	29
2,6-二叔丁基对甲酚	1

制备方法 将各组分混合制得石油溶剂。

(4) 防锈油的制备

原料	配比(质量份)
石油溶剂	60
复合型防锈添加剂	20
复合成膜材料	20

制备方法 将各组分混合，得到溶剂稀释软膜防锈油。

原料配伍 本品各组分质量份配比范围为：复合型防锈添加剂

15～20，复合成膜材料 16～22，石油溶剂 50～70。

其中复合型防锈添加剂组成是石油树脂 30～40、氧化石油脂钡皂 40～50、二聚酸 7～10、苯三唑十八胺 2～3、斯盘-80 5～10。

复合成膜材料中石油树脂 30～50、乙烯丙烯共聚物（OCP）20～40、HVI 精制矿油 20～30。

混合石油溶剂的质量配比范围为 200＃溶剂汽油 70～90、灯用煤油 25～35、2,6-二叔丁基对甲酚 1～2。

防锈油各组分质量份配比范围为复合型防锈添加剂 15～20，复合成膜材料 16～22，石油溶剂 50～70。

产品应用 本品为溶剂稀释型软膜防锈油，能满足沿海、海上运输和湿热地区有色金属和黑色金属的制品的封存防锈要求，封存防锈期为 3～5 年。

产品特性 本技术中的复合型防锈添加剂、复合成膜材料能与石油溶剂充分溶解。制成的溶剂稀释型软膜防锈油具有极好的抗盐雾性能和抗湿热性能，油膜薄，不大于 20μm，油膜透明。

水基防锈保护蜡剂

原料配比

原料	配比(质量份)				
	1＃	2＃	3＃	4＃	5＃
滴点 100℃的氧化聚乙烯蜡	6	—	—	—	—
滴点 90℃的聚乙烯蜡	—	8	—	15	—
石油微晶蜡	—	—	14	6	14
褐煤蜡	4	7	4	—	10
松香	12	—	—	—	—
石油树脂	—	—	10	—	8
乙烯-乙酸乙烯共聚物	6	6	—	5	2
氧化聚乙烯低聚物	—	—	7	—	—
松香改性树脂	—	14	—	7	—
聚乙烯醇	6	—	—	2	—
植物油酸	—	5	—	—	—
十六烷酸	4	—	—	—	—

续表

原料	配比(质量份)				
	1#	2#	3#	4#	5#
乳化剂 O-15	—	5	—	—	—
硬脂酸	—	—	6	4	—
十四烷酸	—	—	—	—	5
失水山梨醇单油酸酯	3	—	—	—	—
失水山梨醇单硬脂酸酯	—	3	—	—	—
聚氧乙烯失水山梨醇单硬脂酸酯	—	—	2	—	—
松节油	—	—	—	3	3
乳化剂 OS-20	—	—	4	—	—
平平加 A-20	5	—	—	—	—
乳化剂 OS-15	—	—	—	5	—
硼砂	1	—	1	—	1
聚乙烯脂肪胺	—	—	—	—	1
苯甲酸钠	—	2	—	1	—
壬基酚聚氧乙烯醚	—	—	—	—	4
水	加至 100	加至 100	加至 100	加至 100	加至 100

制备方法 按照配方称取蜡、树脂、助剂、乳化剂和防腐剂加入反应器中，缓慢加热至 105～115℃，搅拌混合反应 5～15min，然后在高速搅拌下加入 80～95℃的热水混合分散乳化，恒定 15～25min，再经均化器处理，即可。

原料配伍 本品各组分质量份配比范围为：蜡 10～24，树脂 10～24，助剂 4～8，乳化剂 4～8，防腐剂 1～2，水加至 100。

所述的蜡是滴点为 90～100℃的聚乙烯蜡、褐煤蜡、石油微晶蜡中的一种或几种；所述的树脂选自乙烯-乙酸乙烯共聚物、松香、松香改性树脂、石油树脂、氧化聚乙烯低聚物、聚乙烯醇中的一种或几种；所述的助剂是脂肪酸、松节油或它们的混合物；所述的乳化剂选自非离子表面活性剂脂肪醇聚氧乙烯醚、失水山梨醇单油酸酯、失水山梨醇单硬脂酸酯、失水山梨醇三硬脂酸酯、聚氧乙烯失水山梨醇单硬脂酸酯、脂肪醇聚氧乙烯酯、聚乙烯脂肪胺或烷基酚聚氧乙烯醚中的一种或几种；所述的防腐剂是硼砂、苯甲酸钠或它们的混合物。

产品应用 本品适用于汽车、拖拉机底盘、农用机械及机械配件漆面的保护处理。

产品特性 本品满足了钢铁工业中在钢板连续化生产时喷涂防锈油脂的技术要求，加入极少量的导电聚苯胺就可达到非常好的防腐效果。在钢板涂覆此种油脂，盐雾试验超过400～500h。

新型脱水防锈油

原料配比

原料	配比(质量份)		
	1#	2#	3#
脱臭煤油	56	—	—
液压油	30	—	—
高速机械油	—	89.7	—
变压器油	—	—	49.5
轻柴油	—	—	40
羊毛脂镁皂	1	—	—
二壬基萘磺酸钡	3	—	—
油酸三乙醇胺	3	—	—
石蜡	1	—	—
石油磺酸钡	—	2	—
石油磺酸钠	—	1	—
羊毛脂	—	0.5	—
邻苯二甲酸二丁酯	—	1.5	—
磺酸钡	—	—	4
硬脂酸	—	—	2
环烷酸锌	—	—	1
异丁醇	5	2	—
油酸	—	2	—
石油醚	—	—	2
对苯二酚	0.5	—	—
叔丁基甲酚	—	0.5	—
工业卵磷脂	—	0.5	—

续表

原料	配比(质量份)		
	1#	2#	3#
斯盘-80	0.5	—	—
二烷基对苯二酚	—	—	0.5
苯并三氮唑	—	0.3	—
植酸	—	—	1

制备方法 先将矿物油加热至150～180℃，再加入防锈添加剂、抗氧化剂各固体组分，再加入其他各组分，使其溶解，并充分搅拌，待其自然冷却至60℃以下时加入其他添加剂，充分搅拌，待其自然冷却至室温即制成本脱水防锈油。

原料配伍 本品由矿物油、防锈添加剂、抗氧化剂和其他添加剂复配而成，各组分质量份配比范围为：矿物油85～93，防锈添加剂4～8，脱水添加剂1～5，抗氧剂0.5～2，其他添加剂0.1～0.5。

矿物油为机械油、变压器油、锭子油、液压油、高速机械油、脱臭煤油、脱蜡煤油、灯用煤油、轻柴油等等，可选择1～3种；

防锈添加剂为石油磺酸钡、石油磺酸钠、油酸三乙醇胺、羊毛脂、石蜡、硬脂酸、硬脂酸钠、羊毛脂镁皂、邻苯二甲酸二丁酯、邻苯二甲酸二辛酯、二壬基萘磺酸钡、环烷酸锌、环烷酸镁、十二烯基丁二酸、苯乙醇胺等，可选择2～4种；

脱水添加剂为油酸、异丁醇、甲醇、乙醇、丙酮、石油醚等，可选择1～2种；

抗氧剂为对苯二酚、叔丁基甲酚、二烷基对苯二酚、工业卵磷脂、有机硒化物、叔丁基对甲酚等，可选择1～2种；

其他添加剂为苯并三氮唑、2-羟基十八酸、斯盘-80、植酸等。

产品应用 本品用于金属表面脱水防锈处理。

产品特性

（1）脱水速度快，表面附有水膜的各类金属件，在本品中浸泡2～5min即可脱净水分；

（2）防锈期长，一般钢铁件经本品处理，其表面附有一层匀质油相防锈层，其防锈期为1～2年。

 脱液型水膜置换防锈油

原料配比

原料	配比(质量份)	
	1#	2#
二壬基萘磺酸钡	7～14	10
十二烯基丁二酸十七烯基咪唑啉盐	1～3	1
氧 化石油脂钡皂	4～8	—
氧化蜡膏(酸值≥20mgKOH/g)	—	6
氢氧化钡(据氧化蜡膏酸值用量波动在0.8%～1.2%之间)	—	1
酚醛树脂	—	0.1
苯并三氮唑	—	2
2,6-二叔丁基对甲酚	—	0.2
油溶性树脂	0～4	—
N46机械油	4～8	—
30#机械油	—	5
灯用煤油	63～84	74.7

制备方法 将各组分混合均匀即可。

原料配伍 本品各组分质量份配比范围为：二壬基萘磺酸钡7～14、十二烯基丁二酸十七烯基咪唑啉盐1～3、氧化石油脂钡皂(氧化蜡膏)4～8、氢氧化钡(据氧化蜡膏酸值用量波动在0.8%～1.2%)、酚醛树脂0.1～0.2、苯并三氮唑1～2、2,6-二叔丁基对甲酚0.1～0.2、油溶性树脂0～4、机械油4～8、灯用煤油63～84。

产品应用 用于黑色金属机械产品或零配件，能直接脱除金属表面离子型和非离子型水剂清洗液，并能长期封存。

产品特性 本产品具有操作简便、价廉、节能、来源广泛、防锈效果好、对商品清洗剂广泛适用、脱液速度快等优点。

抗静电软膜防锈油

原料配比

原料	配比(质量份)
25＃变压器油	75
溶剂油	10
HYB	3
人造松香	1
T701	3
T703	1
T705	3
T746及添加剂	4

制备方法 将各组分原料混合均匀即可。

原料配伍 本品各组分质量份配比范围为：25＃变压器油65～80，溶剂油5～11，HYB 1～5，人造松香0.5～1.5，T701 2～5，T703 0～2.5，T705 1～5，T746及添加剂4。

本品由基础油、成膜剂和防锈剂三部分组成。

所述的基础油可起到载体作用，使防锈剂既能在油中均匀分散，又能起到油效应作用。它可以是溶剂油、150SN、25＃变压器油。

所述的成膜剂可以是一些具有较大分子量的物质，如机油、凡士林、石蜡或氧化石油脂等，也可以是HYB或人造松香或它们的混合物。

所述的防锈剂既是具有极性的有机化合物，也是表面活性剂，它由不对称的极性部分和非极性部分组成。它可以是T701、T703、T705或T746中的一种或者上述四种防锈剂的混合物。

所述的防锈剂可以加入少量的添加剂。一般其加入量为防锈油质量的0.5%～3%。

质量指标

检测项目	指标
外观及油基稳定性	浅黄色透明液体均匀无沉淀
运动黏度(40℃)/(mm^2/s)	10.84
水分/%	无
机械杂质/%	无

续表

检测项目	指标
开口闪点/℃	112
水溶性酸或碱	无
盐雾试验(35℃±1℃,45#钢片,168h)/级	1(120h)
湿热试验(49℃±1℃,45#钢片,336h)/级	合格
叠片试验(50℃±1℃,45#钢片,168h)/级	合格
脱脂性%	>95
人汗防蚀性试验	合格
击穿电压/kV	46

产品应用 本品是一种新型抗静电软膜防锈油。

产品特性

（1）防锈油中基础油的作用：基础油可起到载体作用，使防锈剂既能在油中均匀分散，又能起到油效应作用。即基础油在极性分子吸附少的金属表面进行物理吸附。同时基础油分子的烃基深入定向吸附的防锈剂分子之间，借助范德华引力与防锈剂分子共同堵塞孔隙，使金属表面的吸附膜更致密完整，并使吸附不够牢固的极性分子不易脱落，从而更有效地保护金属。

（2）防锈油中的防锈剂既是具有极性的有机化合物，也是表面活性剂，它由不对称的极性部分和非极性部分组成。防锈剂分子的极性部分在油-金属表面形成定向吸附，从而降低金属表面活性中心的活性，阻挡水分子和氧分子的前进，大大减缓锈蚀过程；防锈剂分子的非极性部分在金属表面形成一层疏水性保护膜，阻挡了参加腐蚀反应的有关电荷或物质的移动，使腐蚀速率降低。

（3）本产品既具有很好的耐盐雾、耐湿热等防锈性能，又具有较强的抗静电能力，外观良好，调制工艺简单，制造成本合理，完全可以满足静电喷涂工艺的需求，具有投资少、见效快、安全、环保等特点。

长效防锈油

原料配比

原料	配比(质量份)			
	1#	2#	3#	4#
10#机械油	79.6	89.8	90.0	79.6
石油磺酸钡	10.0	5.0	5.0	10.0
苯并三氮唑	0.2	0.1	0.1	0.2
十二烯基丁二酸	1.8	0.9	0.9	1.8
羊毛脂	8.0	4.0	4.0	8.0
失水山梨醇单油酸酯	0.4	0.2	—	0.4

制备方法 在容器中加入所称10#机械油的一部分，升温至60～80℃，加入石油磺酸钡、苯并三氮唑。搅拌并升温到120℃，使各物料充分混匀。然后按配比补足10#机械油，于120℃左右继续搅拌，直至机械油充分脱水。在不断搅拌下降温至80℃后，加入十二烯基丁二酸、羊毛脂。降温到60℃后加入失水山梨醇单油酸酯。不断搅拌使全部物料混匀。不断搅拌下降温至40～50℃，过滤除杂后即得本防锈油。

原料配伍 本品各组分质量份配比范围为：10#机械油70.0～90.0，石油磺酸钡5.0～10.0，苯并三氮唑0.1～0.2，十二烯基丁二酸0.7～2.0，羊毛脂4.0～8.0，失水山梨醇单油酸酯0～0.5。

产品应用 本品用于金属表面的防锈处理。

产品特性 本品防锈效果好，长效，能在恶劣环境下使用。

长效防锈脂

原料配比

原料	配比(质量份)		
	1#	2#	3#
机械油	80	85	75
硬脂酸	15	10	18
氢氧化钙	3	1	4

续表

原料	配比(质量份)		
	1#	2#	3#
石油磺酸钡	2	1	3
水	2	1	2

制备方法 首先在反应釜内加入少量机械油及全部硬脂酸、全部氢氧化钙、全部石油磺酸钡，注入一定量的水，升温至130℃充分皂化，1～2h后，再加入其余的机械油，使其在100℃左右保温约1h。

原料配伍 本品各组分质量份配比范围为：机械油75～85，硬脂酸10～18，氢氧化钙1～4，石油磺酸钡1～3，水1～2。

机械油具有防锈作用；硬脂酸具有润滑作用；氢氧化钙具有钝化作用；石油磺酸钡具有除锈作用。

质量指标

检验项目	检验指标
针入度/(1/10mm)	230～280
滴点/℃	≥1580
游离碱(NaOH)/%	≤2.0
游离有机酸(KOH)/(mg/g)	无
水分/%	无
蒸发量(120℃,3h)/%	≤0.05
耐寒性(-40℃,3h)	不开裂、不脱落
水淋流失量(65℃,1h)/%	6.0
附着力(65℃,24h)	无滑落
盐雾实验(钢片,14天)/级	0
湿热实验(钢片,14天)/级	0

产品应用 本品主要应用于钢轨接头、混凝土轨枕、道岔、桥梁等各部螺栓的防腐、润滑，具有一定的耐酸、碱、盐的作用。

产品特性 本品原料之间具有相互协同作用，可抗日晒雨淋，金属紧固件涂上本品后，防锈功能显著改善，防锈性能可达三年，另外本品原料易购，工艺操作简单，相对减少生产成本。

脂型防锈油

原料配比

原料	配比(质量份)			
	1#	2#	3#	4#
凡士林	70	74	76	75
22#机械油	15	11	8	10
石油磺酸钙	2	2	1	1
山梨醇酐单油酸酯	2	3	3	2
N-油酰肌氨酸十八胺盐	2	2.5	3	1.5
苯并三氮唑	0.4	0.6	0.8	1
苯三唑丁三胺	1	0.8	0.6	0.4
十八胺	0.7	1	1.3	1.5
硬脂酸	2	3	4	5
酚醛树脂	4.9	2.1	2.3	2.6

制备方法 将凡士林和22#机械油加入反应釜内，升温到70℃，加入硬脂酸、酚醛树脂，搅拌15min，保持70℃，依次加入石油磺酸钙、山梨醇酐单油酸酯、*N*-油酰肌氨酸十八胺盐和苯并三氮唑，搅拌30min；待冷却到60℃，加入苯三唑丁三胺和十八胺，再搅拌1h即可。

原料配伍 本品各组分质量份配比范围为：基础油脂70～90、防锈剂4～15，气相防锈剂1～5，脂膜改性剂5～10。

所述的基础油脂选自凡士林或机械油或者它们的混合物。凡士林为医用级凡士林。机械油为22#机械油。

所述的防锈剂选自石油磺酸钠、石油磺酸钙、石油磺酸钡、山梨醇酐单油酸酯、羊毛脂镁皂、环烷酸皂、*N*-油酰肌氨酸十八胺盐、苯并三氮唑、甲基苯并三氮唑等防锈剂中的一种或四种的混合物。优选石油磺酸钙、山梨醇酐单油酸酯、*N*-油酰肌氨酸十八胺盐和苯并三氮唑。其中，所述的石油磺酸钙即是防锈剂又是清净分散剂，防锈效果与石油磺酸钡相似，而且无毒，具有良好的酸中和性能和一定的增溶性能。所述的山梨醇酐单油酸酯具有良好的抗湿热性。所述*N*-油酰肌氨酸十八胺盐是具有多种基团的表面活性剂，不但具有良好的抗湿热性，并有良好的抗盐雾性和酸中和性。所述苯并三氮唑对铜等有色金属具有良好的缓蚀防锈功能。

所述气相防锈剂是十八胺或苯三唑三丁胺或者它们的混合物。其中十八胺和苯三唑三丁胺具有接触防锈和气相防锈功能，能对多种金属起到接触防锈和气相防锈功能。

所述脂膜改性剂是硬脂酸或酚醛树脂或者它们的混合物。硬脂酸使油膜具有良好的施工性。酚醛树脂既使油膜具有良好的疏水性，又使油膜具有良好的致密性。

质量指标

项目		质量指标	试验方法	试验结果
滴熔点/℃		≥55	GB/T 8026	57
闪点/℃		≥175	GB/T 3536	181
沉淀值/mL		≤0.05	SH/T 0215	0.04
磨损性		无伤痕	SH/T 0215	无伤痕
流下点/℃		≥40	SH/T 0082	43
低温附着性		合格	SH/T 0211	合格
防锈性	湿热(A级)/h	≥720	GB/T 2361	802
	盐雾(A级)/h	≥120	SH/T 0081	161
	气相防锈性	无锈蚀	SH/T 0660	无锈蚀

产品应用 本品主要应用于各种金属器具、精密仪器、机械设备、机加工行业车间金属转序等的防锈。

产品特性 本品抗日晒雨淋，高温不流失，低温不开裂，油膜透明、柔软，涂覆性好，易去除；加入了气相防锈剂，使脂型防锈油兼具一定的气相防锈性，采用独特的VCI技术，能够在常温下挥发出具有防锈作用的缓蚀粒子，由于气相缓蚀剂粒子挥发性较高，只要它的蒸气能够到达金属表面就能使金属得到保护。

⊖ 卤化润滑防锈油

原料配比

原料	配比(质量份)
稀土缓蚀液压油	20
300SN基础油	80
羟丙酯	5
木杂酚油	4
蔗糖脂肪酸酯	4

续表

原料		配比(质量份)
N-溴代琥珀酰亚胺		0.3
苄基三乙基溴化铵		2
氰尿酸锌		0.5
石油磺酸钡		5
苯并三氮唑		0.6
钛酸四丁酯		3
月桂酸二乙醇酰胺		0.5
烯丙基硫脲		0.4
纳米石墨粉		0.2
稀土缓蚀液压油	聚环氧琥珀酸	3
	正硅酸四乙酯	5
	磷酸二氢钠	1
	十二烷基硫酸钠	0.8
	氧化铝	0.7
	十二烯基丁二酸	15
	液压油	110
	去离子水	80
	氢氧化钠	5
	硝酸铈	3
	斯盘-80	0.5
	氨水	适量

制备方法

(1) 将钛酸四丁酯与纳米石墨粉混合，50～60℃下保温搅拌6～10min，得酯化石墨粉；将苄基三乙基溴化铵用其质量3～4倍的水溶解，搅拌均匀后加入上述酯化石墨粉，搅拌充分；

(2) 将石油磺酸钡、羟丙酯混合，60～70℃下搅拌混合5～10min；

(3) 将上述处理后的各原料混合，送入反应釜，加入上述300SN基础油质量的30%～40%，充分搅拌，脱水，在80～85℃下搅拌混合2～3h；

(4) 将反应釜温度降低到50～60℃，加入剩余各原料，不断搅拌至常温，过滤出料。

原料配伍 本品各组分质量份配比范围为：稀土缓蚀液压油

16～20，300SN 基础油 70～80，羟丙酯 3～5，木杂酚油 2～4，蔗糖脂肪酸酯 2～4，*N*-溴代琥珀酰亚胺 0.1～0.3，苄基三乙基溴化铵 1～2，氰尿酸锌 0.3～0.5，石油磺酸钡 3～5，苯并三氮唑 0.6～1，钛酸四丁酯 2～3，月桂酸二乙醇酰胺 0.5～2，烯丙基硫脲0.4～1，纳米石墨粉 0.2～1；

所述的稀土缓蚀液压油是由下述质量份的原料组成的：聚环氧琥珀酸 2～3，正硅酸四乙酯 3～5，磷酸二氢钠 1～2，十二烷基硫酸钠 0.8～1，氧化铝 0.7～2，十二烯基丁二酸 10～15，液压油 100～110，去离子水 70～80，氢氧化钠 3～5，硝酸铈 3～4，斯盘-80 0.5～1。

所述的稀土缓蚀液压油的制备方法：

(1) 将磷酸二氢钠与上述去离子水质量的 16%～20%混合，搅拌均匀后加入聚环氧琥珀酸，充分混合，得酸化缓蚀剂；

(2) 取剩余去离子水质量的 40%～50%与十二烷基硫酸钠混合，搅拌均匀，加入正硅酸四乙酯、氧化铝，搅拌条件下滴加氨水，调节 pH 值为 7.8～9，搅拌均匀，得硅铝溶胶；

(3) 将十二烯基丁二酸与氢氧化钠混合，搅拌均匀后加入剩余的去离子水中，充分混合，加入硝酸铈，60～65℃下保温搅拌 20～30min,得稀土分散液；

(4) 将斯盘-80 加入液压油中，搅拌均匀后加入上述稀土分散液、酸化缓蚀剂、硅铝溶胶，80～90℃下保温反应 20～30min，脱水，即得所述稀土缓蚀液压油。

质量指标

项目	质量指标
表观	无沉淀、无分层、无结晶物析出
腐蚀试验(10＃钢,100h,100℃)	0 级
盐雾试验(10＃钢,A 级)	7 天
湿热试验(10＃钢,A 级)	20 天
低温附着性	合格

产品应用 本品是一种卤化润滑防锈油。

产品特性

（1）本产品将聚环氧琥珀酸与磷酸盐混合，可以起到很好的协同作用，具有稳定的缓蚀功能；硅铝溶胶可以增加各物料间的相容性，改善成品的成膜效果；加入的稀土离子可以与在金属基材表面发生吸氧腐蚀过程中产生的 OH^- 生成不溶性络合物，减缓腐蚀的电极反应，起到很好的缓释效果。

（2）本产品各原料复配合理，特别适用于万能工具显微镜等标准仪器的涂装，具有很好的润滑性，可以保证工件的良好运行，使用时不黏稠，不影响测量精度。

露天钢轨用防锈油

原料配比

原料		配比(质量份)
100SN 基础油		50
75SN 基础油		40
中性二壬基萘磺酸钡		3
沥青		3
聚异丁烯		3
环氧大豆油		2
斯盘-80		2
2,6-二叔丁基对甲酚		1
桉树油		1
成膜助剂		6
成膜助剂	十二烯基丁二酸	14
	虫胶树脂	2
	双硬脂酸铝	7
	丙二醇甲醚乙酸酯	8
	乙二醇单乙醚	0.3
	霍霍巴油	0.4

制备方法 将上述 100SN 基础油与 75SN 基础油混合加入反应釜加热搅拌，升温至 100～140℃，脱水，加入中性二壬基萘磺酸钡、沥青、2,6-二叔丁基对甲酚，继续搅拌，冷却至 30～50℃时加入剩余各原料，

保温搅拌3～4h，过滤，即得所述露天钢轨用防锈油。

原料配伍 本品各组分质量份配比范围为：100SN基础油40～50、75SN基础油30～40，中性二壬基萘磺酸钡3～4，沥青3～4，聚异丁烯3～4，环氧大豆油2～3，斯盘－80 1～2，2,6-二叔丁基对甲酚1～2，桉树油1～2，成膜助剂4～6；

所述的成膜助剂是由下述质量份的原料组成的：十二烯基丁二酸10～14，虫胶树脂1～2，双硬脂酸铝6～7，丙二醇甲醚乙酸酯6～8，乙二醇单乙醚0.2～0.3，霍霍巴油0.3～0.4。

所述的成膜助剂的制备方法：将上述双硬脂酸铝加热到80～90℃，加入丙二醇甲醚乙酸酯，充分搅拌后降低温度至60～70℃，加入乙二醇单乙醚，300～400r/min搅拌分散4～6min，得预混料；将上述十二烯基丁二酸与虫胶树脂在80～100℃下混合，搅拌均匀后加入上述预混料中，充分搅拌后，加入霍霍巴油，冷却至常温，即得所述成膜助剂。

质量指标

项目	质量指标
湿热试验(10#钢,T3铜,20天)	合格
腐蚀试验(10#钢,T3铜,7天)	合格
盐雾试验(10#钢,T3铜,7天)	合格

产品应用 本品是一种露天钢轨用防锈油。

产品特性 本产品具有很好的保护作用，可以保证金属在露天存放、经受风雨、日晒的恶劣环境下具有良好的防锈性能，防锈油涂膜稳定，抗日晒，抗雨水冲击。

免清洗防锈油复合添加剂

原料配比

原料	配比(质量份)
稀释油	5
十七烯基咪唑啉烯基丁二酸胺盐	19
石油磺酸钡	20

续表

原料	配比(质量份)
低碱值石油磺酸钙	20
二癸基萘磺酸锌	21
苯并三氮唑	15

制备方法

(1) 首先安装调试设备，主要包括原料储存罐、成品储存罐、调和釜、加热设备及化验设备；

(2) 对原料的相关指标进行化验，合格后方可投料；

(3) 将一定量的稀释油加热至65～85℃后按配比加入十七烯基咪唑啉烯基丁二酸胺盐、石油磺酸钡，恒温搅拌不少于40min；

(4) 然后依次按配比加入低碱值石油磺酸钙、二癸基萘磺酸锌，65～85℃下恒温搅拌不少于30min；

(5) 最后按配比加入苯并三氮唑，65～85℃恒温搅拌25min后即得成品，成品检验合格后即成商品。

原料配伍 本品各组分质量份配比范围为：苯并三氮唑5～20，十七烯基咪唑啉烯基丁二酸胺盐10～45，石油磺酸钡10～45，低碱值石油磺酸钙15～55，二癸基萘磺酸锌15～55和稀释油5～15。

所述苯并三氮唑、十七烯基咪唑啉烯基丁二酸胺盐、石油磺酸钡、低碱值石油磺酸钙、二癸基萘磺酸锌和稀释油均须达到工业级以上标准。

产品应用 本品是一种免清洗防锈油复合添加剂。

产品特性

(1) 本品满足了工序间的防锈以及封存防锈要求，实现了免清洗装配；

(2) 实现了免清洗维护与保养，使设备在封存过程中能快速启动；

(3) 对各种设备无任何副作用，使用方便；

(4) 本产品以1%～20%的比例加入相应的基础油中即成为薄膜防锈油，即能满足封存防锈的要求，也能达到机械加工工序间防锈的目的，由于该防锈复合剂具有良好的相容性且为薄膜防锈，因此能实现免清洗装配。

耐腐蚀的防锈油

原料配比

原料	配比(质量份)		
	1#	2#	3#
矿物油 39#机油	300	400	450
聚甲基丙烯酸十四酯	10	7	5
聚烯烃 PAO4	15	17	20
石油磺酸钡	3	2	2
二壬基萘磺酸钙	3	2	2
氧化石油脂	20	25	30
甲基硅油	30	20	25
烷基硫代磷酸锌	2	1	1
对苯二胺	5	3	1
2,6-二叔丁基-4-(二甲氨甲基)苯酚	1	3	5
羊毛脂	2	3	4
邻苯二甲酸二丁酯	3	5	6
辛酸二环己胺	3	6	4
环氧聚苯胺	3	2	1
十二烷基苯磺酸钙	2	1	1
丁二酸二丁酯	3	2	4
氢化蓖麻油	30	40	50
氢化苯乙烯-双烯共聚物	15	17	20
硼酸镁	3	4	5

制备方法

(1) 在反应釜中加入矿物油，边搅拌边升温到120～130℃；

(2) 边搅拌边加入聚甲基丙烯酸十四酯、聚烯烃、石油磺酸钡、二壬基萘磺酸钙、氧化石油脂、甲基硅油、烷基硫代磷酸锌、对苯二胺、2,6-二叔丁基-4-（二甲氨甲基）苯酚、羊毛脂、邻苯二甲酸二丁酯、辛酸二环己胺、环氧聚苯胺、十二烷基苯磺酸钙、丁二酸二丁酯，搅拌2～3h；

(3) 降温到40～50℃，边搅拌边加入氢化蓖麻油、氢化苯乙烯-双烯共聚物、硼酸镁，继续搅拌2～3h，过滤，即得。

原料配伍 本品各组分质量份配比范围为：矿物油300～450，聚甲基丙烯酸十四酯5～10，聚烯烃15～20，石油磺酸钡2～3，二壬基萘磺酸钙2～3，氧化石油脂20～30，甲基硅油20～30，烷基硫代磷酸锌1～2，对苯二胺1～5，2,6-二叔丁基-4-（二甲氨甲基）苯酚1～5，羊毛脂2～4，邻苯二甲酸二丁酯3～6，辛酸二环己胺3～6，环氧聚苯胺1～3，十二烷基苯磺酸钙1～2，丁二酸二丁酯2～4，氢化蓖麻油30～50，氢化苯乙烯-双烯共聚物15～20，硼酸镁3～5。

所述的矿物油优选石蜡基矿物油，更优选39＃机油。

所述的聚烯烃优选PAO4。

石油磺酸钡与二壬基萘磺酸钙起防锈的作用；烷基硫代磷酸锌、对苯二胺、2,6-二叔丁基-4-（二甲氨甲基）苯酚是抗氧化剂；甲基硅油和羊毛脂的搭配起着提高性能的作用；氢化苯乙烯-双烯共聚物起着调整防锈油黏度的作用；环氧聚苯胺在防锈油中起着防腐、防盐雾的作用；丁二酸二丁酯为分散剂，使防锈油制备和存储过程中组分分散均匀，不产生结块和沉淀；硼酸镁是极压剂。

质量指标

测试项目	试验方法	1＃	2＃	3＃
运动黏度(40℃)/(mm^2/s)	GB/T 11137	21.3	21.2	20.9
盐雾试验(10＃钢,A级)/h	SH/T 0081	108	108	108
温热试验(10＃钢,A级)/天	GB/T 2361	30	30	30
低温附着性	SH/T 0211	合格	合格	合格
磨损性	SH/T 0215	无伤痕	无伤痕	无伤痕

产品应用 本品是一种耐腐蚀、耐盐雾的防锈油。

产品特性 本产品具有良好的润滑性能，防腐性能也优于同类产品。盐雾试验中的耐久性可达108天，温热试验中的耐久性可达30天。

耐腐蚀防锈油(1)

原料配比

原料		配比(质量份)
150SN基础油		130
聚4-甲基-1-戊烯		6
石油磺酸钙		3
二烷基二硫代磷酸锌		0.8
羊毛脂		5
辛酸二环已胺		10
硼酸钙		4
尼泊金丁酯		2
油酸聚氧乙烯酯		3
1-羟基苯并三唑		3
液化石蜡		15
成膜助剂		5
成膜助剂	古马隆树脂	50
	甲基丙烯酸甲酯	10
	异丙醇铝	2
	三羟甲基丙烷三丙烯酸酯	3
	斯盘-80	0.5
	脱蜡煤油	26
	棕榈酸	1

制备方法 在反应釜中加入150SN基础油，边搅拌边升温到120～130℃，在搅拌调节下加入聚烯烃、石油磺酸钙、液化石蜡、二烷基二硫代磷酸锌，搅拌1～2h，降低温度至40～45℃，加入剩余各原料，保温搅拌2～3h，过滤出料。

原料配伍 本品各组分质量份配比范围为：150SN基础油100～130，聚4-甲基-1-戊烯4～6，石油磺酸钙3～5，二烷基二硫代磷酸锌0.8～2，羊毛脂4～5，辛酸二环已胺7～10，尼泊金丁酯2～3，硼酸钙2～4，油酸聚氧乙烯酯3～4，1-羟基苯并三唑2～3，液化石蜡10～15，成膜助剂4～5；

所述的成膜助剂是由下述质量份的原料组成的：古马隆树脂40～50，甲基丙烯酸甲酯6～10，异丙醇铝1～2，三羟甲基丙烷三丙烯酸酯3～5，斯盘-80 0.5～1，脱蜡煤油20～26，棕榈酸1～2；

所述的成膜助剂的制备方法：

（1）将上述古马隆树脂加热至75～80℃，加入甲基丙烯酸甲酯，搅拌至常温，加入脱蜡煤油，在60～80℃下搅拌混合30～40min；

（2）将异丙醇铝与棕榈酸混合，球磨均匀，加入三羟甲基丙烷三丙烯酸酯，在80～85℃下搅拌混合3～5min；

（3）将上述处理后的各原料混合，加入剩余各原料，500～600r/min搅拌分散10～20min，即得所述成膜助剂。

质量指标

项目	质量指标
表观	无沉淀、无分层、无结晶物析出
盐雾试验(36℃,170h)	无腐蚀
湿热试验(50℃,700h)	无腐蚀

产品应用 本品主要用于港口机械、船舶机械上的摩擦部位，对盐雾的耐候性好，可以起到很好的润滑防锈效果。

产品特性 本产品耐腐蚀性、耐久性好。

耐腐蚀防锈油(2)

原料配比

原料		配比(质量份)
50#机械油		80
氯化十六烷基吡啶		0.8
苯甲酸钠		1
十二烯基丁二酸		5
三甲氧基丁烷		0.5
三乙醇胺油酸皂		2
松香酸聚氧乙烯酯		3
羟乙基乙撑双硬脂酰胺		1
防锈助剂		4
防锈助剂	古马隆树脂	30
	四氢糠醇	4
	乙酰丙酮锌	0.6
	十二烯基丁二酸半酯	3
	150SN基础油	19
	三羟甲基丙烷三丙烯酸酯	3

制备方法

（1）将上述50＃机械油加入反应釜内，在110～120℃下保温搅拌1～2h，加入氯化十六烷基吡啶、苯甲酸钠、十二烯基丁二酸，继续搅拌混合2～3h，脱水；

（2）加入三乙醇胺油酸皂，降低反应釜温度至70～80℃，搅拌混合1～2h。

原料配伍 本品各组分质量份配比范围为：50＃机械油72～80，氯化十六烷基吡啶0.8～2，苯甲酸钠1～2，十二烯基丁二酸3～5，三甲氧基丁烷0.2～0.5，三乙醇胺油酸皂2～3，松香酸聚氧乙烯酯2～3，羟乙基乙撑双硬脂酰胺1～2，防锈助剂4～6。

所述的防锈助剂是由下述质量份的原料组成的：古马隆树脂26～30，四氢糠醇4～5，乙酰丙酮锌0.6～1，十二烯基丁二酸半酯3～5，150SN基础油11～19，三羟甲基丙烷三丙烯酸酯2～3。

所述的防锈助剂制备方法：

（1）将上述古马隆树脂加热到75～80℃，加入乙酰丙酮锌，搅拌混合10～15min，加入四氢糠醇，搅拌至常温；

（2）将150SN基础油质量的30%～40%与十二烯基丁二酸半酯混合，在100～110℃搅拌混合1～2h；

（3）将上述处理后的各原料混合，加入剩余各原料，100～200r/min搅拌分散30～50min，即得所述防锈助剂。

质量指标

项目	质量指标
表观	无沉淀、无分层、无结晶物析出
腐蚀试验(10＃钢,100h,100℃)	0级
盐雾试验(10＃钢,A级)	7天
湿热试验(10＃钢,A级)	20天
低温附着性	合格

产品应用 本品是一种耐腐蚀防锈油。

产品特性 本产品与金属基材的结合力好，能在表面形成一层均质油相防锈层，能在潮湿环境下放置至少一年，耐腐蚀和抗湿热性能强，对金属基材的保护效果好。

耐腐蚀金属管道防锈油

原料配比

原料		配比(质量份)
烃基丁二酸		0.5
磷酸氢钙		2
聚乙烯苯磺酸		1
硼酸三丁酯		3
油酸钾皂		7
500SN 基础油		80
1-羟乙基-2-油基咪唑啉		0.5
甲壳素		1
饱和十八碳酰胺		0.6
硬脂酸钙		2
聚酰亚胺		0.4
壬二酸二辛酯		4
抗剥离机械油		6
抗剥离机械油	聚乙二醇单甲醚	2
	2,6-二叔丁基-4-甲基苯酚	0.2
	松香	6
	聚氨酯丙烯酸酯	1～2
	斯盘-80	3
	硝酸镧	3～4
	机械油	100
	磷酸二氢锌	10
	28%氨水	50
	去离子水	30
	硅烷偶联剂 KH560	0.2

制备方法

(1) 将磷酸氢钙、硬脂酸钙混合，搅拌均匀后加入硼酸三丁酯，60～70℃下保温搅拌 5～10min，加入油酸钾皂，搅拌至常温，得皂化料；

(2) 将饱和十八碳酰胺用 3～5 倍水溶解，搅拌均匀后加入甲壳素、皂化料、上述 500SN 基础油质量的 10%～20%，搅拌均匀后脱水，在90～100℃下搅拌混合10～20min；

（3）将上述处理后的原料加入反应釜中，加入剩余的500SN基础油，在100～120℃下搅拌混合20～30min，加入壬二酸二辛酯，降低温度到80～90℃，脱水，搅拌混合2～3h；

（4）将反应釜温度降低到50～60℃，加入剩余各原料，不断搅拌至常温，过滤出料。

原料配伍 本品各组分质量份配比范围为：烃基丁二酸0.5～1，磷酸氢钙1～2，聚乙烯苯磺酸1～2，硼酸三丁酯2～3，油酸钾皂5～7，500SN基础油70～80，1-羟乙基-2-油基咪唑啉0.5～1，甲壳素1～2，饱和十八碳酰胺0.3～0.6，硬脂酸钙2～3，聚酰亚胺0.4～1，壬二酸二辛酯3～4，抗剥离机械油4～6。

所述的抗剥离机械油是由下述质量份的原料组成的：聚乙二醇单甲醚2～3，2,6-二叔丁基-4-甲基苯酚0.1～0.2，松香4～6，聚氨酯丙烯酸酯1～2，斯盘-80 2～3，硝酸镧3～4，机械油90～100，磷酸二氢锌6～10，28%氨水40～50，去离子水20～30，硅烷偶联剂KH560 0.1～0.2。

（1）将聚乙二醇单甲醚与2,6-二叔丁基-4-甲基苯酚混合加入去离子水中，搅拌均匀，得聚醚分散液；

（2）将松香与聚氨酯丙烯酸酯混合，在75～80℃下搅拌10～15min，得酯化松香；

（3）将磷酸二氢锌加入28%氨水中，搅拌混合6～10min，将硝酸镧与硅烷偶联剂KH560混合均匀后加入，搅拌均匀，得稀土氨液；

（4）将斯盘-80加入机械油中，搅拌均匀后依次加入上述酯化松香、稀土氨液、聚醚分散液，100～120℃下保温反应20～30min，脱水，即得所述抗剥离机械油。

质量指标

项目	质量指标
表观	无沉淀、无分层、无结晶物析出
腐蚀试验(10#钢,100h,100℃)	0级
盐雾实验(10#钢,A级)	7天
湿热实验(10#钢,A级)	20天
低温附着性	合格

产品应用 本品主要用于金属管道的防锈处理，具有很好的耐腐蚀性。

产品特性

(1) 本产品将2,6-二叔丁基-4-甲基苯酚与聚乙二醇单甲醚混合分散，提高了聚乙二醇单甲醚的热稳定性，使聚醚不容易断链，保持了其稳定性，聚氨酯丙烯酸酯与松香都具有很好的黏结性，与上述抗氧化处理后的聚乙二醇单甲醚共混改性后，即使在高温下依然具有很好的附着力，可以有效地提高成品油的抗剥离性，加入的稀土镧离子可以与在金属基材表面发生吸氧腐蚀过程中产生的OH^-生成不溶性络合物，减缓腐蚀的电极反应，起到很好的缓释效果。

(2) 本产品能保护金属管道表面不受水分、化学品、空气及其他腐蚀品侵害，防锈性好，不含亚硝酸盐等致癌物质，废液处理容易，特别适用于金属管道的防锈处理，具有很好的耐腐蚀性。

耐腐蚀耐盐雾的脂型防锈油

原料配比

原料	配比(质量份)
鲸蜡硬脂醇硫酸酯钠	13
硬脂酸钡	4
固体石蜡	39
矿物油	11
煤油	9
氧化石油脂	2
二壬基萘磺酸钙	6
丁二酸二丁酯	2
山梨糖醇酯	1
耐盐雾剂 ZT-719	1
OBPA	0.1
保护剂	2.5

续表

原料		配比(质量份)
保护剂	乙烯-乙酸乙烯共聚物	9
	甲基丙烯酸酯	7
	聚酯乳液	12
	交联剂 TAIC	1
	醇酯十二	2
	松油醇	1.5
	亚麻油	2
	甘油	5
	沉淀碳酸钙	3
	硅石粉	1.6
	超细氢氧化镁	2
	顺丁烯二酸酐	3

制备方法

(1) 将鲸蜡硬脂醇硫酸酯钠加入矿物油中，搅拌均匀，继续加入固体石蜡，充分研磨1.5～2h；

(2) 将硬脂酸钡、氧化石油脂、二壬基萘磺酸钙混合均匀，加热至100～120℃，保温60～90min，然后降温至50～60℃，加入丁二酸二丁酯、山梨糖醇酯，保温反应30～40min；

(3) 将步骤 (1) 与步骤 (2) 中物质混合，加入保护剂，以350～400r/min的速度搅拌30～40min，然后加入剩余成分，加热至60～70℃，继续搅拌1.5～2h，然后冷却至室温即得本产品。

原料配伍 本品各组分质量份配比范围为：鲸蜡硬脂醇硫酸酯钠13～18，硬脂酸钡4～7，固体石蜡39～45，矿物油11～14，煤油9～12，氧化石油脂2～4，二壬基萘磺酸钙6～8，丁二酸二丁酯2～3，山梨糖醇酯1～2，耐盐雾剂ZT-719 1～1.5、OBPA 0.1～0.2、保护剂2.5～4；

所述的保护剂由以下质量份的原料制备而成：乙烯-乙酸乙烯共聚物9～12，甲基丙烯酸酯7～10，聚酯乳液12～14，交联剂TAIC 1～2，醇酯十二2～3，松油醇1.5～2.5，亚麻油2～3，甘油5～7，沉淀碳酸钙3～5，硅石粉1.6～2，超细氢氧化镁2～3，顺丁烯二酸酐3～5.5。

所述的保护剂的制备方法：首先将沉淀碳酸钙、硅石粉、超细氢氧化镁混合，然后加入亚麻油、甘油，搅拌研磨60～80min，形成分散体；然后将乙烯-乙酸乙烯共聚物、甲基丙烯酸酯、交联剂TAIC混合，加热至90～105℃搅拌反应2～3h，再降温至50～60℃，加入剩余成分，以400～500r/min的速度搅拌30～40min；最后冷却至室温，加入分散体，充分搅拌即得保护剂。

质量指标

项目	质量指标
盐雾实验(45＃钢,35℃,150h)	无腐蚀
湿热实验(45＃钢,50℃,700h)	无腐蚀

产品应用 本品是一种耐腐蚀耐盐雾的脂型防锈油。

产品特性 本产品配方科学合理，添加OBPA防霉剂以及耐盐雾剂ZT-719，提高了防锈油的综合性能，再加上保护剂的添加，能够在金属表面形成牢固的吸附膜，防止水和氧的侵蚀导致生锈，而且耐高温防火；本产品油膜厚度适中，不易流失，不易开裂，有效地保护金属器械，延长使用寿命。

耐腐蚀脂型防锈油

原料配比

原料	配比(质量份)
N32机械油	16
灯用煤油	12
十二烯基丁二酸	4
二壬基萘磺酸钡	3
聚甲基丙烯酸十四酯	1
聚乙烯粉末	2.5
凡士林	48
二甲基硅油	12

续表

原料		配比(质量份)
橄榄油		2
尼泊金丁酯		1
对氨基苯磺酸钠		1
乙二醇脂肪酸酯		1
保护剂		5
保护剂	聚羟乙基硅氧烷乳液	8
	聚乙烯醇缩丁醛	3
	天然胶乳	5
	石墨乳	3
	有机膨润土	2
	氢化蓖麻油	4
	十二烷基聚氧乙烯醚	2
	E-12 环氧树脂	19
	苯甲醇	4
	尿素	2
	棕榈酸异丙酯	3
	亚油酸钠	1

制备方法

(1) 将 N32 机械油、灯用煤油放在研钵中，加入二甲基硅油、橄榄油，分次加入凡士林，研磨均匀形成糊状物；

(2) 将聚甲基丙烯酸十四酯、聚乙烯粉末混合，加热至 90～110℃，保温 20～30min，然后降温至 65～75℃，加入十二烯基丁二酸、二壬基萘磺酸钡，继续搅拌 15～25min；

(3) 将步骤 (1) 中糊状物与步骤 (2) 中物质混合，加入保护剂，以 200～300r/min 的速度搅拌 30～40min，然后加入剩余成分，加热至 60～80℃，继续搅拌 1.5～2h，然后冷却至室温即得本产品。

原料配伍 本品各组分质量份配比范围为：N32 机械油 16～20，灯用煤油 12～15，十二烯基丁二酸 4～6，二壬基萘磺酸钡3～5.5，聚甲基丙烯酸十四酯 1～3，聚乙烯粉末 2.5～3.5，凡士林 48～55，二甲基硅油 12～14，橄榄油 2～4，尼泊金丁酯 1～1.5，对氨基苯磺酸钠 1～2，乙二醇脂肪酸酯 1～2，保护剂 5～7。

所述的保护剂由以下质量份的原料制备而成：聚羟乙基硅氧烷乳液 8～11，聚乙烯醇缩丁醛 3～5，天然胶乳 5～7，石墨乳 3～5，有机膨润土 2～4，氢化蓖麻油 4～6，十二烷基聚氧乙烯醚 2～3，E-12 环氧树脂 19～22，苯甲醇 4～6，尿素 2～3，棕榈酸异丙酯 3～4，亚油酸钠 1～2。

所述的保护剂的制备方法：首先将石墨乳与有机膨润土混合，然后加入氢化蓖麻油，搅拌研磨 60～80min，形成分散体；然后将 E-12 环氧树脂、苯甲醇、尿素、天然胶乳混合，加热至 85～110℃ 搅拌反应 2～3h，再降温至 60～70℃，加入剩余成分，以 300～500r/min 的速度搅拌 20～30min；最后冷却至室温，加入分散体，充分搅拌即得保护剂。

产品应用 本品是一种耐腐蚀脂型防锈油。

产品特性 本产品采用特殊工艺将多种防锈成分制成脂型，防锈效果显著，而且添加尼泊金丁酯，耐腐蚀，品质稳定，耐久性好；添加保护剂，具有良好的防水润滑效果，能够在金属表面形成牢固的疏水膜，防止水和氧的侵蚀导致生锈；可用于金属的长期封存或者金属紧固件防锈，使用方便。本产品外观为光滑均匀的油膏，可以室温涂覆或加热涂覆，耐盐雾试验：温度为 35℃，经过 150h，45＃钢无腐蚀；耐湿热试验：温度为 50℃，经过 700h，45＃钢无腐蚀。

耐高温润滑脂型防锈油

原料配比

原料	配比(质量份)
二甲基硅油	13
豚脂	19
凡士林	36
十六酸甲酯	1
7＃机械油	12
桐油	7

续表

原料		配比(质量份)
聚四氟乙烯超细粉		3
硅石粉		3
多聚磷酸铵		0.6
α-羟基十八酸		1
氧化石油脂钡皂		5
保护剂		2.5
保护剂	乙烯-乙酸乙烯共聚物	9
	甲基丙烯酸酯	7
	聚酯乳液	12
	交联剂 TAIC	1
	醇酯十二	2
	松油醇	1.5
	亚麻油	2
	甘油	5
	沉淀碳酸钙	3
	硅石粉	1.6
	超细氢氧化镁	2
	顺丁烯二酸酐	3

制备方法

(1) 将桐油与二甲基硅油混合，然后加入硅石粉、豚脂，再分次加入凡士林，充分研磨 2～2.5h；

(2) 将 α-羟基十八酸、氧化石油脂钡皂混合均匀，加热至 60～80℃，保温 40～60min，然后降温至 50～60℃，加入十六酸甲酯、多聚磷酸铵，保温反应 30～40min；

(3) 将步骤 (1) 与步骤 (2) 中物质混合，加入保护剂，以 200～300r/min 的速度搅拌 30～40min，然后加入剩余成分，加热至 60～80℃，继续搅拌 1.5～2h，然后冷却至室温即得本产品。

原料配伍 本品各组分质量份配比范围为：二甲基硅油 13～15，豚脂 19～22、凡士林 36～42，十六酸甲酯 1～2，7＃机械油 12～14，桐油 7～10，聚四氟乙烯超细粉 3～5，硅石粉 3～5，多聚磷酸铵 0.6～1，α-羟基十八酸 1～2，氧化石油脂钡皂 5～7，保护剂 2.5～4。

所述的保护剂由以下质量份的原料制备而成：乙烯-乙酸乙烯共聚物 9～12，甲基丙烯酸酯 7～10，聚酯乳液 12～14，交联剂 TAIC 1～2，醇酯十二 2～3，松油醇 1.5～2.5，亚麻油 2～3，甘油 5～7，沉淀碳酸钙 3～5，硅石粉 1.6～2，超细氢氧化镁 2～3，顺丁烯二酸酐 3～5.5。

所述的保护剂的制备方法：首先将沉淀碳酸钙、硅石粉、超细氢氧化镁混合，然后加入亚麻油、甘油，搅拌研磨 60～80min，形成分散体；然后将乙烯-乙酸乙烯共聚物、甲基丙烯酸酯、交联剂 TAIC 混合，加热至 90～105℃搅拌反应 2～3h，再降温至 50～60℃，加入剩余成分，以 400～500r/min 的速度搅拌 30～40min；最后冷却至室温，加入分散体，充分搅拌即得保护剂。

产品应用 本品主要用于电梯绳索、起重机等的防锈润滑。

产品特性 本产品添加硅石粉、多聚磷酸铵等耐高温的成分，防止油脂变质；添加聚四氟乙烯超细粉，配合保护剂的添加，能够在金属表面形成牢固的吸附膜，防止水和氧的侵蚀导致生锈，而且增加润滑性以及高温稳定性；防锈润滑效果优异，油膜稳定，不易流失，适合电梯绳索、起重机等使用。本产品外观为光滑均匀的油膏，可以室温涂覆或加热涂覆，耐盐雾试验：温度为 35℃，经过 150h，45＃钢无腐蚀；耐湿热试验：温度为 50℃，经过 700h，45＃钢无腐蚀。

耐盐雾防锈油(1)

原料配比

原料	配比(质量份)
75SN 基础油	65
32＃机械油	20
石油磺酸钠	2
环烷酸锌	5
十二烯基丁二酸半酯	4
山梨醇酐单硬脂酸酯	2
脂肪醇聚氧乙烯醚	2

续表

原料		配比(质量份)
叔丁基对二苯酚		3
二聚酸		2～5
成膜助剂		4
二烷基二苯胺		1～2
N-苯基-2-萘胺		2
气相二氧化硅		3
成膜助剂	氯丁橡胶 CR121	60
	EVA 树脂(VA 含量 28%)	30
	二甲苯	40
	聚乙烯醇	10
	羟乙基亚乙基双硬脂酰胺	1
	2-正辛基-4-异噻唑啉-3-酮	4
	甲基苯并三氮唑	3
	甲基三乙氧基硅烷	2
	十二烷基聚氧乙烯醚	3
	过氧化二异丙苯	2
	2,5-二甲基-2,5-二(叔丁基过氧化)己烷	0.8

制备方法

(1) 将上述 75SN 基础油、32＃机械油加入反应釜中，搅拌，加热到 110～120℃；

(2) 加入上述石油磺酸钠，加热搅拌使其溶解；

(3) 加入上述环烷酸锌、十二烯基丁二酸半酯、二聚酸、*N*-苯基-2-萘胺，连续脱水 1～1.5h，降温至 55～60℃；

(4) 加入上述叔丁基对二苯酚、山梨醇酐单硬脂酸酯，在55～60℃下保温搅拌 3～4h；

(5) 加入剩余各原料，充分搅拌，降低温度至 35～38℃，过滤出料。

原料配伍 本品各组分质量份配比范围为：75SN 基础油 60～65，32＃机械油 15～20，石油磺酸钠 1～2，环烷酸锌 4～5，十二烯基丁二酸半酯 3～4，山梨醇酐单硬脂酸酯 1～2，脂肪醇聚氧乙烯醚 1～2，叔丁基对二苯酚 2～3，二聚酸 2～5，成膜助剂 2～4，二烷基二苯胺 1～2，N-苯基-2-萘胺 1～2，气相二氧化硅 2～3。

所述的成膜助剂是由下述质量份的原料组成的：氯丁橡胶 CR121 50～60，EVA 树脂 20～30，二甲苯 30～40，聚乙烯醇 8～10，羟乙基亚乙基双硬脂酰胺 1～2，2-正辛基-4-异噻唑啉-3-酮3～4，甲基苯并三氮唑 2～3，甲基三乙氧基硅烷 1～2，十二烷基聚氧乙烯醚 2～3，过氧化二异丙苯 1～2，2,5-二甲基-2,5-二（叔丁基过氧化）己烷 0.8～1。

所述的成膜助剂的制备包括以下步骤：

（1）将上述氯丁橡胶 CR121 加入密炼机内，在温度为 70～80℃时单独塑炼 10～20min，然后出料冷却至常温；

（2）将上述 EVA 树脂、羟乙基亚乙基双硬脂酰胺、2-正辛基-4-异噻唑啉-3-酮、甲基苯并三氮唑、十二烷基聚氧乙烯醚混合，在 90～100℃下反应 1～2h，加入上述塑炼后的氯丁橡胶，降低温度至 80～90℃，继续反应 40～50min，再加入剩余各原料，在温度为 60～70℃时反应 4～5h，即得所述的成膜助剂。

质量指标

项目	质量指标
表观	无沉淀、无分层、无结晶物析出
盐雾试验（36℃,170h）	无腐蚀
湿热试验（50℃,700h）	无腐蚀
耐候性试验	实验工件为 100 块 45＃钢,大小均为 200mm×200mm×10mm。表面无锈蚀，其中 50 块工件施用传统的防锈油,50 块工件施用本防锈油,置于同一室内,试验时间 2 年,经测试,施用本防锈油的工件腐蚀程度最高的为 1.2%,腐蚀程度最低的为 0.7%,平均腐蚀率为 0.84%;施用传统防锈油的工件腐蚀程度最高的为 4.1%,腐蚀程度最低的为 3.3%,平均腐蚀率为 3.66%

产品应用 本品是一种耐盐雾的防锈油。

产品特性 本产品不易变色，不易氧化，不影响工件的外观，综合性能优异，具有高的耐盐雾性、耐湿热性、耐老化性等，可清洗性能好，通过加入成膜助剂，改善了油膜的表面张力，使喷涂均匀，在金属工件表面铺展性能好，形成的油膜均匀稳定，提高了对金属的保护作用。

 耐盐雾防锈油(2)

原料配比

原料		配比(质量份)
500SN 基础油		65
苯甲醚		3.0
成膜剂		5.0
3-氨丙基三甲氧基硅烷		4.5
二烷基二硫代磷酸锌		0.4
亚乙基双硬脂酰胺		1.5
纳米陶瓷粉体		2.5
E-42 环氧树脂		6.0
聚二甲基硅氧烷		3.8
烯基丁二酸酯		20
二甲基硅油		12
成膜剂	苯乙烯	20
	二甲苯	4
	乙二醇二缩水甘油醚	2.5
	E-12 环氧树脂	10
	甲乙酮	17
	乌洛托品	1.4
	乙烯基三甲氧基硅烷	1.5
	交联剂 TAIC	1.6

制备方法

（1）按组成原料的质量份量取 500SN 基础油，加入反应釜中加热搅拌，至 120～150℃时加入烯基丁二酸酯，反应 10～20min；

（2）向步骤（1）物质中加入成膜剂、二烷基二硫代磷酸锌和 E-42 环氧树脂，继续搅拌，冷却至 30～40℃；

（3）向步骤（2）物质中按组成原料的质量份加入其他组成原料，继续搅拌 2～4h 过滤后，即得成品。

原料配伍 本品各组分质量份配比范围为：500SN 基础油 60～70，苯甲醚 2.5～3.5，成膜剂 4.5～5.5，3-氨丙基三甲氧基硅烷

3.5～5.5，二烷基二硫代磷酸锌 0.3～0.5，亚乙基双硬脂酰胺 1.3～1.8，纳米陶瓷粉体 2.0～3.0，E-42 环氧树脂 5.0～7.0，聚二甲基硅氧烷 3.0～4.5，烯基丁二酸酯 18～22 和二甲基硅油 10～15。

所述的成膜剂的制备方法如下：

(1) 首先将 18～22 份苯乙烯、3.5～4.5 份二甲苯、2.0～3.0 份乙二醇二缩水甘油醚、8～12 份 E-12 环氧树脂混合加入反应釜中，70～110℃下反应 2～3h；

(2) 向步骤 (1) 的反应釜中加入 15～18 份甲乙酮、1.3～1.5 份乌洛托品、1～2 份乙烯基三甲氧基硅烷、1.5～1.8 份交联剂 TAIC，搅拌混合，50～80℃下反应 3～5h，即得。

质量指标

项目	质量指标
附着力/级	≤1
中性盐雾腐蚀试验/h	≥99
湿热试验/h	>1050
油膜干燥时间/min	18～22
涂膜厚度/μm	<3～4
紫外线老化试验/h	>380

产品应用 本品是一种耐盐雾防锈油。

产品特性 本产品在金属表面附着力好、干燥快、耐盐雾性能好、环保无污染，采用 500SN 基础油为主料，并添加了成膜剂，成膜速度快，防锈油表面不易氧化，不易影响工件的外观，综合性能好，而且本产品制备方法简单，成本低，适合大规模生产。

尿素气相缓释防锈油

原料配比

原料	配比(质量份)
120#溶剂油	150
二茂铁	2
聚异丁烯	2

续表

原料		配比(质量份)
六亚甲基四胺		1
2-甲基咪唑啉		2
尿素		2.5
1-羟基苯并三氮唑		2.5
苯并三氮唑		2.5
2-氨乙基十七烯基咪唑啉		2.5
α-羟基苯并三氮唑		2
二烷基二硫代磷酸锌		3.5
二甲基硅油		6
十二烷基苯磺酸钠		2.5
双(2-乙基己基)衣康酸酯		13
成膜树脂		6
改性凹凸棒土		1
成膜树脂	松香	5～8
	锌粉	2～5
	十二烷基醚硫酸钠	3～5
	液化石蜡	15～18
	3-氨丙基三甲氧基硅烷	3～5
	三乙烯二胺	10～15
	环氧大豆油	10～13
	二甲苯	10～15
	交联剂 TAIC	5～8

制备方法 首先制备成膜树脂和改性凹凸棒土，然后按配方要求将各种成分在 80～90℃下混合搅拌 30～40min，冷却后过滤即可。

原料配伍 本品各组分质量份配比范围为：120＃溶剂油 150，二茂铁 1～2，聚异丁烯 1～2，六亚甲基四胺 1～2，2-甲基咪唑啉 2～3，尿素 2～3，1-羟基苯并三氮唑 2～3，苯并三氮唑 2～3，2-氨乙基十七烯基咪唑啉 2～3，α-羟基苯并三氮唑 1～3，二烷基二硫代磷酸锌 3～

4，二甲基硅油 5～7，十二烷基苯磺酸钠 2～3，双（2-乙基己基）衣康酸酯 12～14，成膜树脂 5～6，改性凹凸棒土 1～2。

所述的成膜树脂由以下质量份的原料制备而成：松香 5～8，锌粉 2～5，十二烷基醚硫酸钠 3～5，液化石蜡 15～18，3-氨丙基三甲氧基硅烷 3～5，三乙烯二胺 10～15，环氧大豆油 10～13，二甲苯 10～15，交联剂 TAIC 5～8。

所述的成膜树脂按以下步骤制成：

（1）将十二烷基醚硫酸钠、液化石蜡、3-氨丙基三甲氧基硅烷、三乙烯二胺、环氧大豆油、二甲苯、交联剂 TAIC 加入不锈钢反应釜，升温至（110±5）℃，开动搅拌加入松香、锌粉；

（2）然后以 30～40℃/h 的速率升温到（205±2）℃；

（3）当酸值达到 15mgKOH/g 以下时停止加热，放至稀释釜；

（4）冷却到（70±5）℃搅匀得到成膜树脂。

所述的改性凹凸棒土按以下步骤制成：

（1）凹凸棒土用 15%～20%双氧水泡 2～3h 后，再用去离子水洗涤至中性，烘干；

（2）在凹凸棒土中，加入相当于其质量 1%～2%的氢氧化铝粉、2%～3%的钼酸钠、1%～2%的交联剂 TAC，4500～4800r/min 高速搅拌 20～30min，烘干粉碎成 500～600 目粉末。

产品应用 本品是一种气相防锈油，用于武器装备和民用金属材料的长期防锈，主要用于密闭内腔系统。对多种金属有防锈功能。

产品特性

（1）本产品既具有防锈油接触性的防锈特性，又具有气相缓蚀剂气相防锈的优越性能，因而可以广泛应用于机械设备等内腔或其他接触或非接触的金属部位的防锈。

（2）本气相防锈油对炮钢、A3 钢、45＃钢、20＃钢、黄铜、镀锌、镀铬等多种金属具有防锈作用。

牛脂胺气相缓释防锈油

原料配比

原料		配比(质量份)
120#溶剂油		150
二茂铁		2.5
聚异丁烯		2
苯甲酸环己胺		3
苯并三氮唑		1.5
2-氨乙基十七烯基咪唑啉		1.5
牛脂胺		1.5
二烷基二硫代磷酸锌		6
十二烷基苯磺酸钠		2.5
二甲基硅油		5
顺丁烯二酸二丁酯		12
成膜树脂		5.5
改性凹凸棒土		1.5
成膜树脂	十二烷基醚硫酸钠	4
	液化石蜡	16
	3-氨丙基三甲氧基硅烷	4
	三乙烯二胺	13
	环氧大豆油	12
	二甲苯	14
	交联剂 TAIC	7
	松香	4
	锌粉	3

制备方法 首先制备成膜树脂和改性凹凸棒土，然后按配方要求将各种成分在80～90℃下混合搅拌30～40min，冷却后过滤即可。

原料配伍 本品各组分质量份配比范围为：120#溶剂油150，二茂铁2～3，聚异丁烯1～3，苯甲酸环己胺2～4，苯并三氮唑1～2，2-氨乙基十七烯基咪唑啉1～2，牛脂胺1～2，二烷基二硫代磷酸锌5～7，十二烷基苯磺酸钠2～3，二甲基硅油4～6，顺丁烯二酸二丁酯11～13，成膜树脂5～6，改性凹凸棒土1～2。

所述的成膜树脂按以下步骤制成：

(1) 将十二烷基醚硫酸钠、液化石蜡、3-氨丙基三甲氧基硅烷、三乙烯二胺、环氧大豆油、二甲苯、交联剂 TAIC 加入不锈钢反应釜，升温至（110±5)℃，开动搅拌加入松香、锌粉。

（2）然后以 30～40℃/h 的速率升温到（205±2)℃；

（3）当酸值达到 15mgKOH/g 以下时停止加热，放至稀释釜；

（4）冷却到（70±5)℃搅匀得到成膜树脂。

所述的改性凹凸棒土按以下步骤制成：

（1）凹凸棒土用 15%～20%双氧水泡 2～3h 后，再用去离子水洗涤至中性，烘干；

（2）在凹凸棒土中，加入相当于其质量 1%～2%的氢氧化铝粉、2%～3%的钼酸钠、1%～2%的交联剂 TAC，4500～4800r/min 高速搅拌，20～30min，烘干粉碎成 500～600 目粉末。

产品应用 本品是一种气相防锈油，用于武器装备和民用金属材料的长期防锈，主要用于密闭内腔系统。对多种金属有防锈功能。

产品特性 本品既具有接触性防锈的特性，又具有气相缓蚀剂气相防锈的优越性能，因而可以广泛应用于机械设备等内腔或其他接触或非接触的金属部位的防锈。本气相防锈油对炮钢、A3 钢、45＃钢、20＃钢、黄铜、镀锌、镀铬等多种金属具有防锈作用。

普碳钢冷轧板防锈油(1)

原料配比

原料	配比(质量份)				
	1＃	2＃	3＃	4＃	5＃
石油磺酸镁	15	17	15.5	16.5	16
环烷酸锌	10	8	9.5	8.5	9
N-油酰肌氨酸十八胺	12	14	12.5	13.5	13
壬基酚聚氧乙烯醚	7	6	6.7	6.3	6.5
天然动植物油脂	16	18	16.5	17.5	17
2,6-二叔丁基对甲酚	6	4	5.5	4.5	5
2,6-二叔丁基酚	3	5	3.5	4.5	4
矿物油(运动黏度为 33～35mm^2/s)	加至100	加至100	加至100	加至100	加至100

制备方法

(1) 将石油磺酸镁、环烷酸锌、*N*-油酰肌氨酸十八胺常温混合搅拌均匀待用；

(2) 在恒温浴中将矿物油加热至70～80℃，加入天然动植物油脂搅拌3～5min，然后加入步骤(1)中的混合物，保持温度为70～80℃，搅拌20～30min；

(3) 在恒定温度70～80℃下向步骤(2)获得的混合物中加入壬基酚聚氧乙烯醚、2,6-二叔丁基对甲酚、2,6-二叔丁基酚，然后搅拌30～40min，得防锈油组合物。

原料配伍 本品各组分质量份配比范围为：石油磺酸镁15～17，环烷酸锌8～10，*N*-油酰肌氨酸十八胺12～14，壬基酚聚氧乙烯醚6～7，天然动植物油脂16～18，2,6-二叔丁基对甲酚4～6，2,6-二叔丁基酚3～5，矿物油加至100（矿物油在45℃下运动黏度为33～35mm^2/s）。

产品应用 本品是一种普碳钢冷轧板防锈油。

产品特性 本产品不仅具有良好的润滑性能，减小钢板卷取时钢板与钢板之间的摩擦，防止钢板表面划伤，保持较好的表面质量，同时还使防锈性能大大增强。本产品的湿热试验长达60天，叠片试验长达90天，涂油后的钢板按照防锈工艺包装后，在包装完好的情况下，按照正常储存和运输条件能保持18个月不生锈。

普碳钢冷轧板防锈油(2)

原料配比

原料	配比(质量份)
46#机械油	90
肉豆蔻酸异丙酯	1
N-油酰肌氨酸十八胺盐	13
羊毛脂	7
脂肪醇聚氧乙烯醚	0.6
2-氨乙基十七烯基咪唑啉	2
硬脂酸	5

续表

原料		配比(质量份)
油酸三乙醇胺		1
石油磺酸钙		7
天然动植物油脂		10
成膜助剂		3
成膜助剂	古马隆树脂	50
	甲基丙烯酸甲酯	10
	异丙醇铝	2
	三羟甲基丙烷三丙烯酸酯	3
	斯盘-80	0.5
	脱蜡煤油	26
	棕榈酸	2

制备方法

(1) 将N-油酰肌氨酸十八胺盐、硬脂酸、羊毛脂常温混合搅拌均匀；

(2) 在反应釜中加入46＃机械油，边搅拌边升温到90～100℃，在搅拌条件下加入天然动植物油脂，保温搅拌1～2h，加入步骤（1）中的混合料，在80～90℃下搅拌混合40～50min，加入剩余各原料，保温搅拌2～3h，过滤出料。

原料配伍 本品各组分质量份配比范围为：46＃机械油80～90，肉豆蔻酸异丙酯1～2，N-油酰肌氨酸十八胺盐10～13，羊毛脂4～7，脂肪醇聚氧乙烯醚0.6～1，2-氨乙基十七烯基咪唑啉2～3，硬脂酸4～5，油酸三乙醇胺1～2，石油磺酸钙4～7，天然动植物油脂7～10，成膜助剂3～5。

所述的成膜助剂是由下述质量份的原料制成的：古马隆树脂40～50，甲基丙烯酸甲酯6～10，异丙醇铝1～2，三羟甲基丙烷三丙烯酸酯3～5，斯盘-80 0.5～1，脱蜡煤油20～26，棕榈酸1～2。

所述的成膜助剂的制备方法：

(1) 将上述古马隆树脂加热至75～80℃，加入甲基丙烯酸甲酯，搅拌至常温，加入脱蜡煤油，在60～80℃下搅拌混合30～40min；

(2) 将异丙醇铝与棕榈酸混合，球磨均匀，加入三羟甲基丙烷三丙烯酸酯，在80～85℃下搅拌混合3～5min；

（3）将上述处理后的各原料混合，加入剩余各原料，500～600r/min 搅拌分散 10～20min，即得所述成膜助剂。

质量指标

项目	质量指标
表观	无沉淀、无分层、无结晶物析出
盐雾试验(36℃,170h)	无腐蚀
湿热试验(50℃,700h)	无腐蚀

产品应用 本品是一种普碳钢冷轧板防锈油。

产品特性 本产品不仅具有良好的润滑性能，减小钢板卷取时钢板与钢板之间的摩擦，防止钢板表面划伤，保持较好的表面质量，同时还使防锈性能大大增强，涂覆本产品的工件，在包装完好的情况下，按照正常储存和运输条件能保持 16 个月不生锈。

气相防锈油(1)

原料配比

原料		配比(质量份)
50#机械油		60
25#变压油		15
松香酸聚氧乙烯酯		5
烯基丁二酸		3
烷基酚聚氧乙烯醚		1
邻苯二甲酸二丁酯		3
环氧酸镁		2
2-氨乙基十七烯基咪唑啉		1
成膜助剂		2
聚氧丙烯甘油醚		0.4
成膜助剂	干性油醇酸树脂	40
	六甲氧甲基三聚氰胺树脂	3
	桂皮油	2
	聚乙烯吡咯烷酮	1
	N-苯基-2-萘胺	0.3
	甲基三乙氧基硅烷	0.2

制备方法 将上述 50 # 机械油与 25 # 变压油混合，在 100～110℃下搅拌反应 15～20min，加入松香酸聚氧乙烯酯、烯基丁二酸、烷基酚聚氧乙烯醚、环氧酸镁，充分搅拌后加入剩余各原料，在 85～90℃下保温搅拌 2～3h，过滤出料，即得所述气相防锈油。

原料配伍 本品各组分质量份配比范围为：50 # 机械油 50～60，25 # 变压油 10～15，松香酸聚氧乙烯酯 4～5，烯基丁二酸2～3，烷基酚聚氧乙烯醚 1～2，邻苯二甲酸二丁酯 2～3，环氧酸镁 2～3，2-氨乙基十七烯基咪唑啉 1～2，成膜助剂 2～3，聚氧丙烯甘油醚 0.2～0.4。

所述的成膜助剂是由下述质量份的原料制成的：干性油醇酸树脂 30～40，六甲氧甲基三聚氰胺树脂 2～3，桂皮油 1～2，聚乙烯吡咯烷酮 1～2，*N*-苯基-2-萘胺 0.1～0.3，甲基三乙氧基硅烷 0.1～0.2。

所述的成膜助剂的制备方法：

将上述干性油醇酸树脂与桂皮油混合，在 90～100℃下保温搅拌 6～8min，降低温度至 55～65℃，加入六甲氧甲基三聚氰胺树脂，充分搅拌后加入甲基三乙氧基硅烷，200～300r/min 搅拌分散 10～15min，升高温度为 130～135℃，加入剩余各原料，保温反应 1～3h，冷却至常温，即得所述成膜助剂。

质量指标

项目	质量指标
湿热试验(45 # 钢,T3 铜,10 天)	合格
腐蚀试验(45 # 钢,T3 铜,7 天)	合格
盐雾试验(45 # 钢,T3 铜,7 天)	合格

产品应用 本品主要用作气相防锈油。

产品特性 本产品既具有防锈油接触性的防锈特性，又具有气相缓蚀剂气相防锈的优越性能，可以广泛应用于多种金属材料。

气相防锈油(2)

原料配比

原料		配比(质量份)		
		1#	2#	3#
酸皂复剂	乙二酸	5	4	3.5
	叔癸酸	3	2.5	1.5
	C_9 酸	7	6.5	5
	三乙醇胺	3	2	4
防锈剂 1	35#石油磺酸钠	4	6	7
防锈剂 2	T701 石油磺酸钡	6	8	10
改良剂	十二烯丁二酸	5	5	7
助溶剂	白油	27	25	20
	柴油	40	41	42

制备方法

(1) 在反应釜中加入酸皂复剂，常温搅拌；

(2) 加入防锈剂 1、防锈剂 2，加热至 80℃搅拌 10～20min；

(3) 加入改良剂，加热至 80℃搅拌 20～30min；

(4) 加入助溶剂，搅拌 10～20min 后，常温搅拌，得到所述气相防锈油；

(5) 将所述气相防锈油进行过滤。

原料配伍

本品各组分质量份配比范围为：酸皂复剂 12～19，防锈剂 1 4～8，防锈剂 2 6～10，改良剂 5～7，助溶剂 60～70。

所述酸皂复剂由下列质量份的原料制成：乙二酸 3.5～5，叔癸酸 1.5～3，C_9 酸 5～7，三乙醇胺 2～4。

所述防锈剂 1 为 35#石油磺酸钠。

所述防锈剂 2 为 T 701 石油磺酸钡。

所述改良剂为十二烯基丁二酸。

所述助溶剂为白油和柴油，其中白油与柴油的质量份之比为(20～27) ：(40～42)。

质量指标

项目	指标
外观	棕色透明流体
物理稳定性	无沉淀、无分层、无结晶物析出
密度(20℃)/(g/m^3)	0.82～0.85

续表

项目	指标
闪点(闭口)/℃	≥85
膜厚/μm	≤10～15
运动黏度(40℃)/(mm^2/s)	6～7
相容性试验	对黑色金属、有色金属、玻璃无影响
湿热试验(钢片,49℃±1℃)/d	≥30
盐雾试验(钢片,35℃±1℃)/d	≥2
封存防锈试验(钢片)	1～3年无锈

产品应用 本品是一种气相防锈油。

产品特性

(1) 本品不仅能在金属表面形成良好的防锈保护层，而且能同时散发VCI气相防锈气体，对于未喷涂到的区域亦能凭借防锈气体的散发达到全面防锈效果。

(2) 本品不含对人体有害的化学成分，对于持续长期使用本品的使用者来说相对减缓化学成分对身体的危害。

(3) 本品与油基作业油品有优异相容性，可以添加于润滑油、油基切削油等，不但简化作业上繁杂的多道工序，实现作业与防锈一次到位，更能节省作业工艺流程。

气相防锈油(3)

原料配比

原料	配比(质量份)
50#机械油	70
苯甲酸钠	1
硫磷丁辛基锌盐T202	3
聚醚	4
氧化烷基胺聚氧乙烯醚	2
氨基硅油	2
聚乙二醇1000	0.2
三硼酸钾	0.1
中性二壬基萘磺酸钡	5

续表

原料		配比(质量份)
1-羟基苯并三唑		2
成膜助剂		13
成膜助剂	古马隆树脂	40
	植酸	3
	乙醇	4
	三乙醇胺油酸皂	0.8
	N,*N*-二甲基甲酰胺	3
	三羟甲基丙烷三丙烯酸酯	7
	120#溶剂油	16

制备方法 将上述成膜助剂与聚乙二醇1000混合，在60～80℃下搅拌混合20～30min，加入苯甲酸钠、1-羟基苯并三唑，连续脱水30～40min，加入50#机械油、中性二壬基萘磺酸钡，在110～120℃下搅拌混合2～3h，降低温度至50～60℃，然后加入其余原料，搅拌均匀后过滤出料，即得所述气相防锈油。

原料配伍 本品各组分质量份配比范围为：50#机械油62～70，苯甲酸钠1～2，硫磷丁辛基锌盐T202 3～4，聚醚3～4，氧化烷基胺聚氧乙烯醚1～2，氨基硅油2～3，聚乙二醇1000 0.2～1，中性二壬基萘磺酸钡5～7，1-羟基苯并三唑2～3，三硼酸钾0.1～0.2，成膜助剂10～13。

所述的成膜助剂是由下述质量份的原料制成的：古马隆树脂30～40，植酸2～3，乙醇3～4，三乙醇胺油酸皂0.8～1，*N*,*N*-二甲基甲酰胺1～3，三羟甲基丙烷三丙烯酸酯5～7，120#溶剂油10～16。

所述的成膜助剂的制备方法：

(1) 将上述植酸与*N*,*N*-二甲基甲酰胺混合，在50～70℃下搅拌混合3～5min，加入乙醇，混合均匀；

(2) 将三羟甲基丙烷三丙烯酸酯与120#溶剂油混合，在90～100℃下搅拌混合40～50min，加入古马隆树脂，降低温度至80～

85℃，搅拌混合 15～20min；

（3）将上述处理后的各原料混合，加入剩余各原料，700～800r/min搅拌分散 10～20min，即得所述成膜助剂。

质量指标

项目	质量指标
表观	无沉淀、无分层、无结晶物析出
腐蚀试验(10＃钢,100h,100℃)	0 级
盐雾试验(10＃钢,A 级)	7 天
湿热试验(10＃钢,A 级)	20 天

产品应用 本品是一种气相防锈油。

产品特性 本产品各原料使用安全，环保性好，特别适用于一些结构复杂的工件，对具有细小孔隙的零件或组合件的细缝处具有很好的缓释效果。

气相防锈油(4)

原料配比

原料		配比(质量份)					
		1＃	2＃	3＃	4＃	5＃	6＃
基础油	500SN 基础油	91	—	—	—	—	—
	46＃机械油	—	85	—	—	—	—
	32＃机械油	—	—	82	—	—	—
	150＃机械油	—	—	—	73	—	—
	600SN 基础油	—	—	—	—	75	—
	100＃机械油	—	—	—	—	—	71

续表

原料		配比(质量份)					
		1#	2#	3#	4#	5#	6#
油溶性气相缓蚀剂	苯并三氮唑、十八胺、三唑三丁胺和石油磺酸钠混合物(2:1:2:1)	5	—	—	—	—	—
	2-乙氨基十七烯基咪唑啉、十八胺、三唑三丁胺和碳酸二环己胺混合物(1:3:2:1)	—	7	—	—	—	—
	己胺亚硝酸二环、苯并三氮唑、山梨醇酐单油酸酯和硬脂酸混合物(3:1:1:2)	—	—	10	—	—	—
	苯并三氮唑	—	—	—	11	—	—
	苯并三氮唑、铬酸叔丁酯、环烷酸皂和石油磺酸钠混合物(1:2:2:1)	—	—	—	—	20	—
	苯并三氮唑、铬酸叔丁酯、山梨醇酐单油酸酯和硬脂酸混合物(1:1:1:1)	—	—	—	—	—	25
防锈剂	石油磺酸钙	1	—	2	—	1	1
	石油磺酸钡	—	2	—	—	—	—
	碱性二壬基萘磺酸钡	—	—	—	5	—	—
助溶剂	苯甲酸钠	1	—	—	—	1	—
	乙酰胺	—	1	—	—	—	—
	水杨酸钠	—	—	3	—	—	—
	对氨基苯甲酸	—	—	—	6	—	—
	水杨酸钠和乙醇混合物(1:1)	—	—	—	—	—	1
防霉剂	苯酚	0.5	—	0.7	—	1	—
	五氯酚	—	0.9	—	—	—	—
	8-羟基喹啉铜	—	—	—	0.8	—	—
	氟化钠	—	—	—	—	—	0.5

续表

原料		配比(质量份)					
		1#	2#	3#	4#	5#	6#
消泡剂	有机硅消泡剂	0.5	—	—	—	1	—
	聚醚改性硅	—	0.6	—	—	—	—
	有机硅消泡剂和聚醚混合物(1∶1)	—	—	0.8	—	—	—
	聚醚	—	—	—	0.7	—	—
	有机硅消泡剂和聚醚改性硅混合物(1∶1)	—	—	—		—	0.5
抗氧剂	硫磷丁辛基锌	1	3.5	1.5	3.5	1	1

制备方法 首先在反应釜中将基础油加热到80℃，保温，然后在低于120℃的条件下将助溶剂加入油溶性气相缓蚀剂，加热溶化，当油溶性气相缓蚀剂完全溶化后，再慢慢地加到反应釜中，边加边搅拌，然后再依次加入防锈剂、防霉剂、消泡剂和抗氧剂，在90℃的反应釜中保温搅拌2h，制成气相防锈油。

原料配伍 本品各组分质量份配比范围为：基础油71～91，油溶性气相缓蚀剂5～25，防锈剂1～5，助溶剂1～6，防霉剂0.5～1，消泡剂0.5～1，抗氧剂1～6。

所述的基础油是500SN、46#机械油、32#机械油、600SN、150#机械油、100#机械油中的一种；

所述的油溶性气相缓蚀剂是2-乙氨基十七烯基咪唑啉、十八胺、三唑三丁胺、碳酸二环已胺、己胺亚硝酸二环、苯并三氮唑、铬酸叔丁酯、环烷酸皂、石油磺酸钠、山梨醇酐单油酸酯、硬脂酸中任四种的混合物。

所述的防锈剂是石油磺酸钙、石油磺酸钡、碱性二壬基萘磺酸钡中的一种；

所述的助溶剂为苯甲酸钠、水杨酸钠、对氨基苯甲酸、尿素、乙酰胺、乙醇中的一种或多种；

所述的防霉剂为8-羟基喹啉铜、苯酚、硫酸铜、五氯酚、氟化钠中的一种或多种；

所述的消泡剂为有机硅消泡剂、聚醚及聚醚改性硅中的一种或多种；

所述的抗氧剂为硫磷丁辛基锌。

质量指标

项目	1#	2#	3#	4#	5#	6#	JB/T 4050指标
闪点(开口)/℃	125	138	143	146	149	147	＞120
凝点/℃	—10	—8	—15	—20	—36	—30	＜—5
运动黏度(40℃)/(mm^2/s)	90	95	50	35	135	114	95～125
沉淀值/mL	0.03	0.02	0.02	0.02	0.04	0.08	＜0.05
碳氢化物溶解度	不分层	不分层	不分层	不分层	不分层	分层	不分层
防锈性能(湿热试验,10d)	钢材质钢，铜，铝无锈	钢材质钢，铜，铝无锈	钢材质钢，铜，铝无锈	钢材质钢，铜，铝无锈	钢材质钢，铜，铝无锈	钢材质钢，铜，铝无锈	钢材质钢，铜，铝合格
酸中和试验	钢合格	钢合格	钢合格	钢合格	钢合格	钢合格	钢合格
水置换性试验	钢合格	钢合格	钢合格	钢合格	钢合格	钢合格	钢合格
气相防锈能力试验	钢合格	钢合格	钢合格	钢合格	钢合格	钢合格	钢合格
消耗后气相防锈能力试验	钢合格	钢合格	钢合格	钢合格	钢合格	钢合格	钢合格
腐蚀试验(失重,55℃,7d)/(mg/cm^2)	钢 0.1，黄铜 0.18，铝 0.18	钢 0.08，黄铜 0.12，铝 0.16	钢 0.07，黄铜 0.08，铝 0.14	钢 0.06，黄铜 0.06，铝 0.1	钢 0.05，黄铜 0.03，铝 0.08	钢 0.07，铜 0.04，铝 0.1	钢 0.1，黄铜 0.2，铝 0.2

产品应用 本品是一种气相防锈油。

产品特性 本产品利用气相缓蚀剂在常温下自动挥发出气体在

金属表面形成保护膜，起到抑制金属腐蚀生锈的作用。在防锈封存时，油粘不到的部位也由于气相防锈剂的作用而受到保护。本品组分中不含亚硝酸钠等有毒成分和有机溶剂、羊脂等易形成灰的成分。使用时安全环保，工作环境清洁，省去了脱脂工序，节省了劳动力和材料，提高了劳动效率，降低了成本。

气相防锈油(5)

原料配比

原料		配比(质量份)
32＃机械油		90
气相缓蚀剂		16
氟化钠		2
N-苯基-2-萘胺		0.8
二异丙基乙醇胺		1
对氨基苯甲酸		4
乙酸异丁酸蔗糖酯		2
羟乙基油酸咪唑啉甜菜碱		0.3
硫代二丙酸二月桂酯		2～4
甲基三甲氧基硅烷		0.3
成膜助剂		5
成膜助剂	古马隆树脂	50
	甲基丙烯酸甲酯	10
	异丙醇铝	1
	三羟甲基丙烷三丙烯酸酯	5
	斯盘-80	0.5
	脱蜡煤油	26
	棕榈酸	1
气相缓蚀剂	苯甲酸单乙醇胺	2
	甘油	5
	钼酸钠	0.5

制备方法

（1）将上述32＃机械油加热到80～90℃，加入气相缓蚀剂，升高温度至110～118℃，搅拌均匀后加甲基三甲氧基硅烷、氟化钠，搅拌混合1～2h；

（2）将成膜助剂与硫代二丙酸二月桂酯混合，在90～100℃下搅拌加热30～40min；

（3）将上述处理后的各原料混合，连续脱水1～2h，降温至70～80℃，加入剩余各原料，保温搅拌2～3h，过滤出料。

原料配伍 本品各组分质量份配比范围为：32＃机械油73～90，气相缓蚀剂10～16，氟化钠1～2，*N*-苯基-2-萘胺0.8～2，二异丙基乙醇胺1～3，对氨基苯甲酸2～4，硫代二丙酸二月桂酯2～4，甲基三甲氧基硅烷0.3～1，乙酸异丁酸蔗糖酯2～3，羟乙基油酸咪唑啉甜菜碱0.3～0.5，成膜助剂3～5。

所述的气相缓蚀剂是由下述质量份的原料混合制成的：苯甲酸单乙醇胺2～4，甘油4～5，钼酸钠0.5～1。

所述的成膜助剂是由下述质量份的原料制成的：古马隆树脂40～50，甲基丙烯酸甲酯6～10，异丙醇铝1～2，三羟甲基丙烷三丙烯酸酯3～5，斯盘-80 0.5～1，脱蜡煤油20～26，棕榈酸1～2。

所述的成膜助剂的制备方法：

（1）将上述古马隆树脂加热至75～80℃，加入甲基丙烯酸甲酯，搅拌至常温，加入脱蜡煤油，在60～80℃下搅拌混合30～40min；

（2）将异丙醇铝与棕榈酸混合，球磨均匀，加入三羟甲基丙烷三丙烯酸酯，在80～85℃下搅拌混合3～5min；

（3）将上述处理后的各原料混合，加入剩余各原料，500～600r/min搅拌分散10～20min，即得所述成膜助剂。

质量指标

项目	质量指标
表观	无沉淀、无分层、无结晶物析出
盐雾试验(36℃,170h)	无腐蚀
湿热试验(50℃,700h)	无腐蚀

产品应用 本品主要应用于发动机、压缩机等的专用齿轮箱防锈。

产品特性 本产品能在金属表面形成稳定的保护膜，起到抑制金属腐蚀生锈的作用，可以广泛应用于发动机、压缩机等的专用齿轮箱防锈，耐候性强，稳定性好。

 气相防锈油(6)

原料配比

原料	配比(质量份)		
	1#	2#	3#
32#机油	50	65	80
十八胺	5	8	10
石油磺酸钠	3	4	5
石油磺酸钡	1	3	4
苯甲酸钠	2	3	5
聚乙烯醇	3	5	6
硫磷丁辛基锌	1	2	3
聚醚	2	4	6
山梨醇酐单油酸酯	1	3	5
辛酸三丁胺	2	3	4
月桂醇	1	4	6
氨基硅油	2	3	5

制备方法 将32#机油加到反应釜中，加热至80～90℃保温，然后将十八胺、石油磺酸钠、石油磺酸钡、苯甲酸钠、聚乙烯醇、硫磷丁辛基锌、聚醚、山梨醇酐单油酸酯、辛酸三丁胺、月桂醇、氨基硅油缓慢加入反应釜中，边加边搅拌，加完后80～90℃保温搅拌，制成气相防锈油。

原料配伍 本品各组分质量份配比范围为：32#机油50～80，十八胺5～10，石油磺酸钠3～5，石油磺酸钡1～4，苯甲酸钠2～5，聚乙烯醇3～6，硫磷丁辛基锌1～3，聚醚2～6，山梨醇酐单油酸酯1～5，辛酸三丁胺2～4，月桂醇1～6，氨基硅油2～5。

质量指标

测试项目	1#	2#	3#
闪点(开口)/℃	125	138	243
凝点/℃	—10	—8	—15
运动黏度/(mm^2/s)	95	50	35
沉淀值/mL	0.03	0.02	0.02
湿热试验(10d)	钢、铜、铝无锈	钢、铜、铝无锈	钢、铜、铝无锈
酸中和试验	钢合格	钢合格	钢合格
水置换试验	钢合格	钢合格	钢合格
气相防锈能力试验	钢合格	钢合格	钢合格
消耗后气相防锈能力试验	钢合格	钢合格	钢合格
腐蚀试验(55℃,7d)/(mg/cm^2)	钢0.1,黄铜0.18,铝0.18	钢0.08,黄铜0.12,铝0.16	钢0.07,黄铜0.08,铝0.14

产品应用 本品是一种气相防锈油。

产品特性 本产品中含有气相防锈剂，在防锈过程中，油粘不到的部位由于气相防锈剂的作用而受到保护，不含有亚硝酸钠等有毒成分，使用时安全环保。

气相缓释防锈油(1)

原料配比

原料	配比(质量份)
亚硝酸二环己胺	4
羟肟酸	0.2
羊毛脂	5
氢化蓖麻油	5
乌洛托品	1
椰油酸二乙醇酰胺	2
蓖麻酸钙	2
苯二甲酸二丁酯	2
烯丙基硫脲	0.5
二烷基二硫代磷酸锌	0.4
250SN 基础油	70

续表

原料		配比(质量份)
甘露醇		2
防锈剂 T706		4
成膜机械油		5
成膜机械油	去离子水	60
	十二碳醇酯	7
	季戊四醇油酸酯	2
	交联剂 TAIC	0.2
	三乙醇胺油酸皂	3
	硝酸镧	4
	机械油	100
	磷酸二氢锌	10
	28%氨水	50
	硅烷偶联剂 KH560	0.2

制备方法

(1) 将亚硝酸二环已胺加入羊毛脂中，搅拌均匀后加入氢化蓖麻油、椰油酸二乙醇酰胺，搅拌均匀，得乳化缓蚀剂；

(2) 将防锈剂 T706 与苯二甲酸二丁酯混合，50～60℃下保温搅拌 10～20min，加入乳化缓蚀剂，升高温度至 100～110℃，加入上述 250SN 基础油质量的 10%～20%，保温搅拌 20～30min；

(3) 将上述处理后的原料加入反应釜中，加入剩余的 250SN 基础油，在 100～120℃下搅拌混合 20～30min，加入乌洛托品，降低温度至 80～90℃，脱水，搅拌混合 2～3h；

(4) 将反应釜温度降低至 50～60℃，加入剩余各原料，不断搅拌至常温，过滤出料。

原料配伍 本品各组分质量份配比范围为：亚硝酸二环已胺2～4，羟肟酸 0.1～0.2，羊毛脂 3～5，氢化蓖麻油 3～5，乌洛托品 1～3，椰油酸二乙醇酰胺 1～2，蓖麻酸钙 1～2，苯二甲酸二丁酯 1～2，烯丙基硫脲 0.2～0.5，二烷基二硫代磷酸锌 0.4～1，250SN 基础油 60～70，甘露醇 1～2，防锈剂 T706 4～6，成膜机械油3～5。

所述的成膜机械油是由下述质量份的原料成的：去离子水50～

60，十二碳醇酯 5～7，季戊四醇油酸酯 2～3，交联剂 TAIC 0.1～0.2，三乙醇胺油酸皂 2～3，硝酸镧 3～4，机械油 90～100，磷酸二氢锌 6～10，28%氨水 40～50，硅烷偶联剂 KH560 0.1～0.2。

所述的成膜机械油的制备方法：

(1) 取上述三乙醇胺油酸皂质量的 20%～30%，加入季戊四醇油酸酯中，60～70℃下搅拌混合 30～40min，得乳化油酸酯；

(2) 将十二碳醇酯加入去离子水中，搅拌条件下依次加入乳化油酸酯、交联剂 TAIC，在 73～80℃下搅拌混合 1～2h，得成膜助剂；

(3) 将磷酸二氢锌加入 28%氨水中，搅拌混合 6～10min；将硝酸镧与硅烷偶联剂 KH560 混合均匀后加入，搅拌均匀，得稀土氨液；

(4) 将剩余的三乙醇胺油酸皂加入机械油中，搅拌均匀后加入上述成膜助剂、稀土氨液，120～125℃下保温反应 20～30min，脱水，即得所述成膜机械油。

质量指标

项目	质量指标
表观	无沉淀、无分层、无结晶物析出
腐蚀试验(10＃钢,100h,100℃)	0 级
盐雾试验(10＃钢,A 级)	7 天
湿热试验(10＃钢,A 级)	20 天
低温附着性	合格

产品应用

本品是一种气相缓释防锈油。

产品特性

(1) 本产品中加入的季戊四醇油酸酯具有优异的润滑性、良好的表面成膜性，与十二碳醇酯共混改性，可以明显提高成品的成膜效果，降低成膜温度，加入的稀土镧离子可以与在金属基材表面发生吸氧腐蚀过程中产生的 OH^- 生成不溶性络合物，减缓腐蚀的电极反应，起到很好的缓释效果。

(2) 本产品具有很好的防锈效果，防锈时间长，其中加入了亚硝酸二环己胺作为气相缓释剂，与椰油酸二乙醇酰胺混合乳化，可以增强各物料间的相容性，提高成品成膜的稳定性。

气相缓释防锈油(2)

原料配比

原料	配比(质量份)		
	1#	2#	3#
120#溶剂油	25	50	70
二茂铁	3	6	9
聚异丁烯	4	6	8
六亚甲基四胺	2	4	5
2-甲基咪唑啉	3	5	6
尿素	4	5	6
苯并三氮唑	6	8	10
2-氨乙基十七烯基咪唑啉	1	6	8
α-羟基苯并三氮唑	3	6	9
二烷基二硫代磷酸锌	7	8	11
石油磺酸钠	8	10	12
十二烯基丁二酸	4	10	16
亚硝酸二环已胺	5	7	8
乙醇	6	9	12
碳氢溶液	3	8	11
铬酸叔丁酯	2	4	5
二甲基硅氧烷	1	7	10
环烷酸锌	4	7	10

制备方法 将各组分原料混合均匀即可。

原料配伍 本品各组分质量份配比范围为：120#溶剂油25～70，二茂铁3～9，聚异丁烯4～8，六亚甲基四胺2～5，2-甲基咪唑啉3～6，尿素4～6，苯并三氮唑6～10，2-氨乙基十七烯基咪唑啉1～8，α-羟基苯并三氮唑3～9，二烷基二硫代磷酸锌7～11，石油磺酸钠8～12，十二烯基丁二酸4～16，亚硝酸二环已胺5～8，乙醇6～12，碳氢溶液3～11，铬酸叔丁酯2～5，二甲基硅氧烷1～10，环烷酸锌4～10。

产品应用 本品是一种气相缓释防锈油组合物。

产品特性

(1) 本产品既具有良好的气相防锈效果，又具有优异的接触防锈效果，因而可以广泛应用于机械设备等内腔或其他接触或非接触的金属部位的防锈。

(2) 本产品使用时安全环保，工作环境清洁，省去了脱脂工序，节省了劳动力和材料，提高了劳动效率，降低了成本。

汽车钢板润滑防锈油添加剂

原料配比

原料	配比(质量份)
二聚油酸单酯	3～15
防锈添加剂烷基苯磺酸钙	5～20
成膜剂	2～10
抗氧添加剂 BHT	0.5～3
金属钝化剂苯并三氮唑	0.10～2
防锈添加剂环烷酸锌	0～8
防锈添加剂十二烯基丁二酸或十二烯基丁二酸单酯	0～5
基础油	加至 100

制备方法 将各组分原料混合均匀即可。

原料配伍 本品各组分质量份配比范围为：二聚油酸单酯 3～15，防锈添加剂烷基苯磺酸钙 5～20，成膜剂 2～10，抗氧添加剂 BHT0.5～3，金属钝化剂苯并三氮唑 0.10～2，防锈添加剂环烷酸锌 0～8，防锈添加剂十二烯基丁二酸或十二烯基丁二酸单酯 0～5，基础油加至 100。

如果是调配非环保型防锈油，防锈添加剂烷基苯磺酸钙可以用烷基苯磺酸钡、石油磺酸钡和二壬基萘磺酸钡或上述三种含钡型防锈添加剂混合物来代替。

所述的二聚油酸单酯的合成：由二元脂肪酸和合适聚合度的聚乙二醇单烷基醚在催化剂的作用下反应生成二聚油酸单酯。

所述的二元脂肪酸可以是丁二酸、己二酸、癸二酸、十二碳二元酸、十四碳二元酸、二聚油酸、三聚油酸及上述任何二元脂肪酸的混合物。

所述的合适聚合度的聚乙二醇单烷基醚中的烷基可以是 C_1～C_{22}烷基基团，最好选择 C_2～C_{18}烷基，C_2～C_{18}的聚乙二醇单烷基醚具体可为二乙二醇单丁醚、三乙二醇单丁醚，二乙二醇单异丁醚、二乙二醇单己醚、三乙二醇单-2-乙基己醚、平均分子量为 200 的聚乙二醇单十八烷基醚或单十二～十八混合烷基醚，平均分子量为 400 的聚乙二醇单十八烷基醚或单十二～十八混合烷基醚和平均分子量为 600 的聚乙二醇单十八烷基醚或单十二～十八混合烷基醚。

所述的催化剂为甲基苯磺酸、钛酸四丁酯、二氯化锡、阳离子交换树脂。

所述的二聚油酸单酯的合成包括以下步骤：在带有回流冷凝油水分离管的三口烧瓶中，按摩尔比 1∶1 加入二元脂肪酸和聚乙二醇单烷基醚，并加入反应物总量 10％的二甲苯为溶剂和 0.5％的催化剂，搅拌下升温至 140～220℃，去除反应生成水，直到反应物酸值不进一步降低为止，反应时间为 8～12h，然后将体系减压，蒸出溶剂二甲苯，反应物冷却后便是二聚油酸单酯。

质量指标

项目	试验结果
外观	棕褐色透明
盐雾试验(10＃钢片,A 级/无锈)/h	＞24
湿热试验(10＃钢片,A 级/无锈)/h	＞336
水置换性试验	无锈蚀、斑迹
脱脂性(水润湿面积)/％	100
润滑性能(P_B 值)/N	＞600

产品应用 本品是一种具有优异的润滑、防锈和脱脂性能的汽车钢板润滑防锈油添加剂。

产品特性 本产品具有优异的润滑、防锈和脱脂性能，以3％～10％的加入量和其他防锈油添加剂复配加入汽车钢板的润滑防锈油中，无须添加任何水置换剂和乳化剂，容易被中性以及碱性清洗剂除去，脱脂性能达到 100％。

汽车钢板用防锈油(1)

原料配比

原料		配比(质量份)
烯基琥珀酸酐		0.6
100SN 基础油		70
茶皂素		1
钛酸酯偶联剂 201		2
乙酰柠檬酸三乙酯		4
天然胶乳		3
硬脂酸钙		1
二异氰酸酯		3
防锈剂 T705		5
二丙二醇甲醚乙酸酯		1
1,4-环己烷二甲醇		0.6
苯扎溴铵		0.5
抗磨机械油		4
抗磨机械油	棕榈酸	0.5
	萜烯树脂	2
	T321 硫化异丁烯	7
	蓖麻油酸	6
	丙三醇	30
	磷酸二氢锌	10
	28%氨水	50
	单硬脂酸甘油酯	1
	机械油	80
	硝酸镧	3
	硅烷偶联剂 KH560	0.2

制备方法

(1) 将茶皂素与二异氰酸酯混合，搅拌均匀后加入天然胶乳，50～60℃下搅拌混合 4～6min；

(2) 将 1,4-环己烷二甲醇与烯基琥珀酸酐混合，搅拌均匀；

(3) 将上述处理后的原料混合，搅拌均匀后加入硬脂酸钙，

70～100℃下搅拌混合6～10min，趁热加入反应釜中，加入100SN基础油，在100～120℃下搅拌混合20～30min，加入防锈剂T705，降低温度至80～90℃，搅拌混合2～3h；

（4）将反应釜温度降低至50～60℃，加入剩余各原料，不断搅拌至常温，过滤出料。

原料配伍 本品各组分质量份配比范围为：烯基琥珀酸酐0.6～1，100SN基础油50～70，茶皂素1～2，钛酸酯偶联剂201 1～2，乙酰柠檬酸三乙酯2～4，天然胶乳3～4，硬脂酸钙1～2，二异氰酸酯2～3，防锈剂T705 2～5，二丙二醇甲醚乙酸酯1～3，1,4-环己烷二甲醇0.6～1，苯扎溴铵0.5～1，抗磨机械油4～5。

所述的抗磨机械油是由下述质量份的原料制成的：棕榈酸0.3～0.5，萜烯树脂2～3，T321硫化异丁烯5～7，蓖麻油酸4～6，丙三醇20～30，磷酸二氢锌6～10，28%氨水40～50，单硬脂酸甘油酯1～2，机械油70～80，硝酸镧2～3，硅烷偶联剂KH560 0.1～0.2。

所述的抗磨机械油的制备方法：

（1）将蓖麻油酸加入丙三醇中，搅拌条件下滴加体系物料质量1.5%～2%的浓硫酸，滴加完毕后加热到160～170℃，保温反应3～5h，得酯化料；

（2）取上述硅烷偶联剂KH560质量的30%～40%，加入棕榈酸中，搅拌均匀，加入酯化料，150～160℃下保温反应1～2h，降低温度至85～90℃，加入萜烯树脂，保温搅拌30～40min，得改性萜烯树脂；

（3）将磷酸二氢锌加入28%氨水中，搅拌混合6～10min；将硝酸镧与剩余的硅烷偶联剂KH560混合均匀后加入，搅拌均匀，得稀土氨液；

（4）将单硬脂酸甘油酯加入机械油中，搅拌均匀后加入上述改性萜烯树脂、稀土氨液，120～125℃下保温反应20～30min，脱水，即得所述抗磨机械油；

所述的萜烯树脂为萜烯树脂T-80，浓硫酸浓度为98%。

质量指标

项目	质量指标
表观	无沉淀、无分层、无结晶物析出
腐蚀试验(10＃钢,100h,100℃)	0级
盐雾试验(10＃钢A级)	7天
湿热试验(10＃钢A级)	20天
低温附着性	合格

产品应用 本品主要用作汽车钢板用防锈油。

产品特性

(1) 本产品将蓖麻油酸与丙三醇进行酯化反应，将硅烷化的棕榈酸与剩余的醇继续进行酯化反应，之后与萜烯树脂进行改性，棕榈酸作为高级脂肪酸，能在金属表面形成分子定向吸附膜，减少摩擦，得到的改性萜烯树脂粘接性好、热稳定性强，可以促进物料间的相容性，并且可以增强涂膜的附着力，磷酸二氢锌作为一种常用的金属表面处理剂，具有很好的除锈防腐效果，加入的稀土镧离子可以与在金属基材表面发生吸氧腐蚀过程中产生的 OH^- 生成不溶性络合物，减缓腐蚀的电极反应，起到很好的缓释效果。

(2) 本产品可以满足钢厂的工艺涂油要求和钢板的贮存运输中的防锈要求，且具有良好的润滑性和涂装时的脱脂性，特别适用于汽车钢板的防锈处理，成本低，保护性强。

汽车钢板用防锈油(2)

原料配比

原料	配比(质量份)
N68＃机械油	70
烯唑醇	2～3
香樟油	1
棕榈酸钙	3
壬基酚聚氧乙烯醚 NP-4	0.5
防锈剂 T706	7
甲基三乙氧基硅烷	1
4,4′-二辛基二苯胺	1
三盐基硫酸铅	0.2

续表

原料		配比(质量份)
聚乙烯蜡		2
环氧化甘油三酸酯		4
四甲基氢氧化铵		0.4
稀土成膜液压油		20
稀土成膜液压油	丙二醇苯醚	15
	明胶	4
	甘油	2.1
	磷酸三甲酚酯	0.4
	硫酸铝铵	0.4
	液压油	110
	去离子水	105
	氢氧化钠	3
	硝酸铈	4
	十二烯基丁二酸	15
	斯盘-80	0.5

制备方法

(1) 将聚乙烯蜡加热软化，加入环氧化甘油三酸酯，搅拌均匀，得酯化蜡；

(2) 将四甲基氢氧化铵与棕榈酸钙混合，搅拌均匀后加入香樟油、甲基三乙氧基硅烷，升高温度至50～60℃，40～50r/min搅拌混合6～10min，加入上述酯化蜡、烯唑醇，搅拌混合均匀；

(3) 将上述处理后的各原料混合，送入反应釜，加入N68＃机械油，110～120℃下搅拌混合20～30min，加入防锈剂T706，充分搅拌，脱水，在80～85℃下搅拌混合2～3h；

(4) 将反应釜温度降低到50～60℃，加入剩余各原料，不断搅拌至常温，过滤出料。

原料配伍 本品各组分质量份配比范围为：N68＃机械油60～70，烯唑醇2～3，香樟油1～2，棕榈酸钙2～3，壬基酚聚氧乙烯醚NP-4 0.5～1，防锈剂T706 4～7，甲基三乙氧基硅烷1～2，4,4′-二辛基二苯胺1～2，三盐基硫酸铅0.1～0.2，聚乙烯蜡2～4，环氧化甘油三酸酯2～4，四甲基氢氧化铵0.4～1，稀土成膜液压油15～20。

所述的稀土成膜液压油是由下述质量份的原料制成的：丙二醇苯醚 10～15，明胶 3～4，甘油 2.1～3，磷酸三甲酚酯 0.4～1，硫酸铝铵 0.2～0.4，液压油 100～110，去离子水 100～105，氢氧化钠 3～5，硝酸铈 3～4，十二烯基丁二酸 10～15，斯盘-80 0.5～1。

所述的稀土成膜液压油的制备方法：

(1) 将磷酸三甲酚酯加入甘油中，搅拌均匀，得醇酯溶液；

(2) 将明胶与上述去离子水质量的 40%～55%混合，搅拌均匀后加入硫酸铝铵，放入 60～70℃的水浴中，加热 10～20min，加入上述醇酯溶液，继续加热 5～7min，取出冷却至常温，加入丙二醇苯醚，40～60r/min 搅拌混合 10～20min，得成膜助剂；

(3) 将十二烯基丁二酸与氢氧化钠混合，搅拌均匀后加入剩余的去离子水中，充分混合，加入硝酸铈，60～65℃下保温搅拌20～30min，得稀土分散液；

(4) 将斯盘-80 加入液压油中，搅拌均匀后加入上述成膜助剂、稀土分散液，在 60～70℃下保温反应 30～40min，脱水，即得所述稀土成膜液压油。

质量指标

项目	质量指标
表观	无沉淀、无分层、无结晶物析出
腐蚀试验(10＃钢,100h,100℃)	0 级
盐雾试验(10＃钢,A 级)	7 天
湿热试验(10＃钢,A 级)	20 天
低温附着性	合格

产品应用

本品主要用作汽车钢板用防锈油。

产品特性

(1) 本产品中加入稀土成膜液压油，将丙二醇苯醚加入本产品中的改性明胶体系中，使其被明胶体系微粒完全吸收，从而提高体系的聚结性能和稳定性，自身的成膜性也在系统中得到加强；加入的稀土离子可以与在金属基材表面发生吸氧腐蚀过程中产生的 OH^- 生成不溶性络合物，减缓腐蚀的电极反应，起到很好的缓释效果。

(2) 本产品不仅具有很好的防锈性，还可以满足汽车厂冲压成型时的润滑要求和涂装时的脱脂要求，特别适用于汽车钢板防锈，防护效果好。

 汽车连杆用清洁薄膜防锈油

原料配比

原料		配比(质量份)			
		1#	2#	3#	4#
功能性复合置换防锈剂	油酸	30	30	30	30
	邻苯二甲酸二丁酯	30	30	30	30
	苯并三氮唑 T706	3	3	3	3
	正丁醇	7	7	7	7
	二环己胺	15	15	15	15
	十八胺	15	15	15	15
150SN 中性基础矿物油		28	27.1	25	21.5
碱性二壬基萘磺酸钡 T705		3.5	3.5	4	3.2
石油磺酸钡 T701		3.5	3	2.5	3.8
石油磺酸钠 T702		3	2.5	2	2.5
高碱值合成磺酸钙 T106		0.5	0.5	0.6	1
精制工业羊毛脂		0.5	0.5	0.8	1
乳化剂 S-80		2	1.5	1.8	2
十二烯基丁二酸 T746		1.5	1.2	1.5	2
脱臭煤油		16.5	17	19.4	18.8
磷酸三甲酚酯 T306		0.5	0.5	0.3	1
2,6-二叔丁基对甲酚 T501		0.2	0.2	0.1	0.2
200#溶剂油		35.3	37.5	37	38

制备方法

(1) 将 150SN 中性基础矿物油加热至 110～120℃，不断搅拌下分别加入碱性二壬基萘磺酸钡、石油磺酸钡、石油磺酸钠、高碱值合成磺酸钙、精制工业羊毛脂、乳化剂和十二烯基丁二酸，混合搅拌至物料完全溶解；

(2) 待混合物料温度降至 60～70℃再加入功能性复合置换防

锈剂，搅拌均匀；

(3) 待上述混合物料冷却至40～50℃后，不断搅拌下分别加入2,6-二叔丁基对甲酚、磷酸三甲酚酯，并缓慢加入脱臭煤油、200＃溶剂油，搅拌30～60min；然后在15～35℃下静置24h，使油中的金属粉末、泥砂、纤维和水分沉底，然后排出沉底的部分，将其余物料过滤，即得到汽车连杆用清洁薄膜防锈油。所述的过滤是用150目不锈钢滤网经油泵常压过滤，过滤后防锈油中杂质含量不大于0.02%。

原料配伍 本品各组分质量份配比范围为：150SN中性基础矿物油21～28，200＃溶剂油35～38，脱臭煤油15～20，碱性二壬基萘磺酸钡2.5～4，石油磺酸钡2.5～4，石油磺酸钠2～3，高碱值合成磺酸钙0.5～1，精制工业羊毛脂0.5～1，乳化剂1.5～2，十二烯基丁二酸1～2，功能性复合置换防锈剂5～6，2,6-二叔丁基对甲酚0.1～0.2，磷酸三甲酚酯0.3～1。

所述功能性复合置换防锈剂的制备方法如下：将30%油酸、30%邻苯二甲酸二丁酯、3%苯并三氮唑、7%正丁醇、15%二环己胺和15%十八胺混合，搅拌至物料完全溶解均匀，即得到功能性复合置换防锈剂；

所述的混合矿物油包括150SN中性基础矿物油、200＃溶剂油和脱臭煤油；

所述的防锈添加剂包括碱性二壬基萘磺酸钡、石油磺酸钡、石油磺酸钠、高碱值合成磺酸钙、精制工业羊毛脂、乳化剂S-80和十二烯基丁二酸；

所采用的抗氧剂是2,6-二叔丁基对甲酚；所用的阻燃剂为磷酸三甲酚酯。

产品应用 本品是一种汽车连杆用清洁薄膜防锈油。用于内燃机关键配件汽车连杆总成产品做外部油封防锈，也适用于制作其他精密机械零部件、五金制品的钢、铸铁等黑色金属及铜合金、铝合金等有色金属制品的外部封存防锈保护。

产品特性

(1) 本产品配方组分合理，对黑色金属和有色金属有良好的适应性，耐大气侵蚀、耐潮湿环境、抗腐蚀能力强，油品运动黏度低，油膜薄（不大于1.5μm），油膜透明快干呈半软薄膜状，无油感、不粘手，使用时无难闻气味、无污染，防锈期可达一年以上。能满足汽车连杆总成产品的封存防锈技术要求。该防锈油采用渗透性强、挥发速度适中的混合溶剂油、脱臭煤油和中性基础矿物油为载体，能有效地将多种防锈缓蚀剂以及功能性复合置换防锈剂融为一体且均匀分布于金属表面和孔隙之间，形成一层附着力良好、致密的保护油膜，有效地抑制、置换或减缓了外界各种工业粉尘、人工汗液、水分和氧等腐蚀性介质对金属制品的直接渗透影响而引起的化学或电化学腐蚀过程的产生，起到了隔离、置换、防锈协同的良好效果。

（2）内燃机配件的连杆总成产品经过浸渍或浸涂本产品，表面形成一层附着力好、致密、快干的半软薄膜，可耐大气中腐蚀介质的侵蚀，具有优异的抗潮湿能力和良好的防锈效果，防锈期可达1年以上。

（3）经过浸渍或喷涂本产品的连杆总成产品，启封时不须清洗就可直接装机使用，简化了操作工序，节省材料，符合节能环保要求，防锈效果良好，完全能满足用户对产品的防锈质量技术要求。

㊀ 汽车零部件防锈油

原料配比

原料	配比(质量份)
液体石蜡	58
石油磺酸钡	3
苯基三乙氧基硅烷	5
三乙醇胺	7
环烷酸锌	4
十二烯基丁二酸	2
十二烷基硅酸钠	3
羟基亚乙基二膦酸	6
棕榈酸	9
纳米二氧化硅	38

续表

原料	配比(质量份)
2,6-二叔丁基对甲酚	2.5
聚甲基丙烯酸酯	2
磷酸三丁酯	3
草酸铵	3.5
磺基丁二酸钠二辛酯	3

制备方法

(1) 按组成原料的质量份量取液体石蜡，加入反应釜中加热搅拌，至120～140℃时加入棕榈酸、草酸铵、环烷酸锌和十二烷基硅酸钠，搅拌反应15～20min；

(2) 向步骤(1)物质中加入石油磺酸钡、苯基三乙氧基硅烷、纳米二氧化硅、2,6-二叔丁基对甲酚、聚甲基丙烯酸酯和磷酸三丁酯，升温至180～200℃，继续搅拌，反应40～50min后，冷却至30～35℃；

(3) 向步骤(2)物质中按组成原料的质量份加入其他组成原料，继续搅拌2.5～3.5h过滤后，即得成品。

原料配伍 本品各组分质量份配比范围为：液体石蜡55～60，石油磺酸钡2～4，苯基三乙氧基硅烷4～6，三乙醇胺6～8，环烷酸锌3～5，十二烯基丁二酸1～3，十二烷基硅酸钠2～4，羟基亚乙基二膦酸5～7，棕榈酸8～10，纳米二氧化硅35～40，2,6-二叔丁基对甲酚2～3，聚甲基丙烯酸酯1～3，磷酸三丁酯2～4，草酸铵3～4和磺基丁二酸钠二辛酯2～4。

质量指标

项目	质量指标
附着力/级	≤2
中性盐雾腐蚀试验/h	≥98
湿热试验/h	>1030
油膜干燥时间/min	19～22
涂膜厚度/μm	<3.6

产品应用 本品是一种汽车零部件防锈油。用于汽车零部件的表面防锈及保护装饰作业。

产品特性 本产品以液体石蜡为主料，耐腐蚀性好、耐水性好、阻燃性能好，对汽车零部件的附着力强，同时节能环保，不污染环境。

汽车铸铁发动机工件用速干型喷淋防锈油(1)

原料配比

原料		配比(质量份)
120＃汽油		67
0＃轻柴油		24
2402树脂		14
石油磺酸钡		3
工业蓖麻油		3
脱蜡煤油		10
羟乙基亚乙基双硬脂酰胺		2
2,6-二叔丁基对甲酚		3
亚硫酸氢钠		0.8
二烷基二硫代磷酸锌		0.8
太古油		2
成膜助剂		10
成膜助剂	古马隆树脂	50
	甲基丙烯酸甲酯	10
	异丙醇铝	1
	三羟甲基丙烷三丙烯酸酯	5
	斯盘-80	0.5
	脱蜡煤油	26
	棕榈酸	1

制备方法

(1) 将0＃轻柴油与脱蜡煤油混合放入不锈钢容器内，加入2402树脂，搅拌至完全溶解，得预混料；

(2) 将上述120＃汽油加入反应釜内，启动搅拌器，控制转速为30r/min，升高反应釜温度至110～120℃，加入工业蓖麻油、石油磺酸钡，搅拌混合1～2h，加入预混料和成膜助剂，调节反应釜温度为90～100℃，搅拌混合2～3h，加入剩余各原料，搅拌混合至温度为30～35℃，过滤出料，即得所述汽车铸铁发动机工件用速干型喷淋防锈油。

原料配伍 本品各组分质量份配比范围为：120#汽油60～67，0#轻柴油20～24，2402树脂10～14，石油磺酸钡3～5，工业蓖麻油3～5，脱蜡煤油4～10，羟乙基亚乙基双硬脂酰胺1～2，2,6-二叔丁基对甲酚2～3，二烷基二硫代磷酸锌0.8～3，亚硫酸氢钠0.8～2，太古油2～3，成膜助剂6～10。

所述的成膜助剂是由下述质量份的原料制成的：古马隆树脂40～50，甲基丙烯酸甲酯6～10，异丙醇铝1～2，三羟甲基丙烷三丙烯酸酯3～5，斯盘-80 0.5～1，脱蜡煤油20～26，棕榈酸1～2。

所述的成膜助剂的制备方法：

(1) 将上述古马隆树脂加热至75～80℃，加入甲基丙烯酸甲酯，搅拌至常温，加入脱蜡煤油，在60～80℃下搅拌混合30～40min；

(2) 将异丙醇铝与棕榈酸混合，球磨均匀，加入三羟甲基丙烷三丙烯酸酯，在80～85℃下搅拌混合3～5min；

(3) 将上述处理后的各原料混合，加入剩余各原料，500～600r/min搅拌分散10～20min，即得所述成膜助剂。

质量指标

项目	质量指标
表观	无沉淀、无分层、无结晶物析出
盐雾试验(36℃,170h)	无腐蚀
湿热试验(50℃,700h)	无腐蚀

产品应用 本品是一种汽车铸铁发动机工件用速干型喷淋防锈油。

产品特性 本产品成膜速度快，喷淋后3min内即可在工件表面干透成膜，防锈期达到两年以上，特别适用于汽车铸铁发动机工件，可以对发动机起到很好的防锈保护效果，延长发动机的使用寿命。

汽车铸铁发动机工件用速干型喷淋防锈油(2)

原料配比

原料	配比(质量份)		
	1#	2#	3#
二壬基萘磺酸钡	1	5	3
叔丁酚甲醛树脂	8	1	5
环烷酸锌	1	4	2
工业蓖麻油	2	1	1.5
邻苯二甲酸二丁酯	0.1	1	0.5
二甲苯	10	1	5
航空煤油	1	10	5
120#溶剂汽油	加至100	加至100	加至100

制备方法

(1) 先将计算称量的二甲苯和航空煤油装入不锈钢容器内，然后再加入计算称量的二壬基萘磺酸钡和叔丁酚甲醛树脂，搅拌至全部溶解，备用；

(2) 将计算称量的120#溶剂汽油加入反应釜中，启动搅拌器，控制转速为30r/min，再将步骤(1)所得备用料徐徐加入反应釜中，充分搅拌至均匀溶解；然后把计算称量的环烷酸锌、工业蓖麻油、邻苯二甲酸二丁酯依次徐徐加入反应釜中，每加入一种原料均须搅拌至充分溶解，最后搅拌至溶液呈棕色透明状。

原料配伍 本品各组分质量份配比范围为：二壬基萘磺酸钡1～5，叔丁酚甲醛树脂1～8，环烷酸锌1～4，工业蓖麻油1～2，邻苯二甲酸二丁酯0.1～1.0，二甲苯1～10，航空煤油1～10，120#溶剂汽油加至100。

产品应用 本品是一种成膜速度快、可延长汽车铸铁发动机工件封存防锈期的汽车铸铁发动机工件用速干型喷淋防锈油。

使用时，用本产品原液常温喷淋，喷淋压力为0.08～0.12MPa，喷淋时间为90s，再经90s冷风（压缩空气）吹干即可。

产品特性 本产品针对铸铁发动机工件设计，成膜速度快，喷淋后 3min 内即可在工件表面干透成膜，防锈期达到两年以上，继而延长了发动机的使用寿命。

溶剂稀释性防锈油

原料配比

原料	配比(质量份)				
	1#	2#	3#	4#	5#
石油溶剂	80	95	87	83	91
金属皂	7	1	4	6	2
缩水山梨醇单油酸酯	5	1	2	4	3
抗氧剂 246	5	1	3	4	2
磺酸盐	2	1	1.8	1.5	1.1
基础油	加至 100	加至 100	加至 100	加至 100	加至 100

制备方法

(1) 在容器中加入石油溶剂、金属皂和防锈添加剂，搅拌至均匀透明；搅拌时间为 25～35min，整个步骤过程中的温度控制在 35～45℃。

(2) 加入抗氧剂 246 和磺酸盐，搅拌至均匀透明；搅拌时间为 25～35min，整个步骤过程中的温度控制在 35～45℃。

(3) 加入基础油，搅拌至均匀透明，制得所述溶剂稀释性防锈油。搅拌时间为 25～35min，整个步骤过程中的温度控制在 35～45℃。

原料配伍 本品各组分质量份配比范围为：石油溶剂 80～95，金属皂 1～7，防锈添加剂 1～5，抗氧剂 246 1～5，磺酸盐 1～2，基础油加至 100。

石油溶剂是一种较易挥发的溶剂，因此能使本产品的大部分油膜挥发，使用该溶剂稀释性防锈油的金属件不油腻、不粘手、不粘灰，对金属件无污染；金属皂是一种催干剂、成膜剂，而且其特殊的稳定性能使该溶剂稀释性防锈油的防锈期限较长，防锈期限在半年到一年；防锈添加剂是起防锈作用的主功能原料；磺酸盐主要起稳定作用，能够使该溶剂稀释性防锈油保持稳定的性能；基础油既是一种黏度调节剂，也是一种载体。

所述防锈添加剂为缩水山梨醇单油酸酯。

产品应用 本品是一种防锈时间较长且对金属件无污染的防锈油。

产品特性

本产品采用优质的原料和先进的配方，并由简单方法制得，不但能够满足客户需要的一般防锈性能要求，而且对金属件无污染，防锈期限长。

乳状防锈油

原料配比

原料	配比(质量份)
α-溴代肉桂醛	0.6
辛酸亚锡	0.2
蓖麻油酸	0.6
硅酸钾钠	2
异氰尿酸三缩水甘油酯	1
沙棘油	2
丙烯醇	2
戊二酸二甲酯	3
8-羟基喹啉	2
斯盘-80	0.4
防锈剂 T706	5
30＃机械油	80
聚乙烯醇	1
油酸三乙醇胺	2
乳化剂 OP-10	0.8
抗剥离机械油	5

续表

原料		配比(质量份)
抗剥离机械油	聚乙二醇单甲醚	2
	2,6-二叔丁基-4-甲基苯酚	0.2
	松香	6
	聚氨酯丙烯酸酯	1
	斯盘-80	3
	硝酸镧	4
	机械油	100
	磷酸二氢锌	10
	28%氨水	50
	去离子水	30
	硅烷偶联剂 KH560	0.2

制备方法

（1）将异氰尿酸三缩水甘油酯与丙烯醇混合，在 50～60℃下搅拌混合 4～7min，加入沙棘油，搅拌至常温；

（2）将斯盘-80 与油酸三乙醇胺混合，搅拌均匀后加入 30＃机械油中，搅拌均匀后加入聚乙烯醇，搅拌均匀；

（3）将上述处理后的原料混合，搅拌均匀后加入硅酸钾钠、防锈剂 T706，搅拌混合 20～30min，加入反应釜中，在 100～120℃下搅拌混合 20～30min，降低温度到 80～90℃，脱水，搅拌混合 2～3h；

（4）将反应釜温度降低到 50～60℃，加入剩余各原料，不断搅拌至常温，过滤出料。

原料配伍 本品各组分质量份配比范围为：α-溴代肉桂醛 0.6～1，辛酸亚锡 0.1～0.2，蓖麻油酸 0.6～1，硅酸钾钠 1～2，异氰尿酸三缩水甘油酯 1～2，沙棘油 1～2，丙烯醇 1～2，戊二酸二甲酯 2～3，8-羟基喹啉 1～2，斯盘-80 0.4～1，防锈剂 T706 5～7，30＃机械油 70～80，聚乙烯醇 1～2，油酸三乙醇胺 1～2，乳化剂 OP-10 0.8～1，抗剥离机械油 5～6。

所述的抗剥离机械油是由下述质量份的原料制成的：聚乙二醇单甲醚 2～3，2,6-二叔丁基-4-甲基苯酚 0.1～0.2，松香 4～6，聚氨酯丙烯酸酯 1～2，斯盘-80 2～3，硝酸镧 3～4，机械油 90～

100，磷酸二氢锌 6～10、28%氨水 40～50，去离子水 20～30，硅烷偶联剂 KH560 0.1～0.2。

所述的抗剥离机械油的制备方法：

(1) 将聚乙二醇单甲醚与 2,6-二叔丁基-4-甲基苯酚混合加入去离子水中，搅拌均匀，得聚醚分散液。

(2) 将松香与聚氨酯丙烯酸酯混合，在 75～80℃下搅拌 10～15min，得酯化松香。

(3) 将磷酸二氢锌加入 28%氨水中，搅拌混合 6～10min；将硝酸镧与硅烷偶联剂 KH560 混合均匀后加入，搅拌均匀，得稀土氨液。

(4) 将斯盘-80 加入机械油中，搅拌均匀后依次加入上述酯化松香、稀土氨液、聚醚分散液，100～120℃下保温反应 20～30min，脱水，即得所述抗剥离机械油。

质量指标

项目	质量指标
表观	无沉淀、无分层、无结晶物析出
腐蚀试验(10#钢,100h,100℃)	0 级
盐雾试验(10#钢,A 级)	7 天
湿热试验(10#钢,A 级)	20 天
低温附着性	合格

产品应用

本品是一种乳状防锈油，适用于铸铁的防锈处理。

产品特性

(1) 本产品将 2,6-二叔丁基-4-甲基苯酚与聚乙二醇单甲醚混合分散，提高了聚乙二醇单甲醚的热稳定性，使聚醚不容易断链，保持了其稳定性，聚氨酯丙烯酸酯与松香都具有很好的粘接性，与上述抗氧化处理后的聚乙二醇单甲醚共混改性后，即使在高温下依然具有很好的附着力，可以有效地提高成品油的抗剥离性，加入的稀土镧离子可以与在金属基材表面发生吸氧腐蚀过程中产生的 OH^- 生成不溶性络合物，减缓腐蚀的电极反应，起到很好的缓释效果。

(2) 本产品防锈期长、稳定性好、无毒无异味，特别适用于铸铁的防锈处理，表面易成膜，成膜稳定性好，保护时间长。

 软膜防锈油

原料配比

原料		配比(质量份)
100SN基础油		70
46#机械油		20
松香酸聚氧乙烯酯		3
癸酸		2
二壬基萘磺酸钡		4
钼酸铵		1
异十三醇聚氧乙烯醚		0.3
2-正辛基-4-异噻唑啉-3-酮		0.2
成膜助剂		2
成膜助剂	十二烯基丁二酸	14
	虫胶树脂	2
	双硬脂酸铝	7
	丙二醇甲醚乙酸酯	8
	乙二醇单乙醚	0.3
	霍霍巴油	0.4

制备方法 将上述松香酸聚氧乙烯酯、二壬基萘磺酸钡与异十三醇聚氧乙烯醚混合，在100℃下混合40min，加入100SN基础油、46#机械油，加热升温至120℃，充分搅拌保温反应20min，然后将温度降至70℃，加入剩余各原料，脱水，保温3h，降温到40℃，充分搅拌后过滤，即得所述软膜防锈油。

原料配伍 本品各组分质量份配比范围为：100SN基础油70～80、46#机械油10～20、松香酸聚氧乙烯酯3～5、癸酸2～4、二壬基萘磺酸钡3～5、钼酸铵1～3、异十三醇聚氧乙烯醚0.1～0.4、2-正辛基-4-异噻唑啉-3-酮0.1～0.4、成膜助剂2～3。

所述的成膜助剂是由下述质量份的原料组成的：十二烯基丁二酸10～14，虫胶树脂1～2，双硬脂酸铝6～7，丙二醇甲醚乙酸酯6～8，乙二醇单乙醚0.2～0.3，霍霍巴油0.3～0.4。

所述的成膜助剂的制备方法：将上述双硬脂酸铝加热到80～90℃，加入丙二醇甲醚乙酸酯，充分搅拌后降低温度至60～70℃，加入乙二醇单乙醚，300～400r/min搅拌分散4～6min，得预混料；将上述十二烯基丁二酸与虫胶树脂在80～100℃下混合，搅拌均匀后加入上述预混料中，充分搅拌后，加入霍霍巴油，冷却至常温，即得所述成膜助剂。

质量指标

项目	质量指标
湿热试验(10＃铜,T3铜,20天)	合格
腐蚀试验(10＃铜,T3铜,7天)	合格
盐雾试验(10＃铜,T3铜,7天)	合格
紫外线老化试验	≥400h

产品应用 本品是一种软膜防锈油。

产品特性 本产品具有很好的耐候性，抗紫外线老化性强，涂膜稳定，不易变色，不易氧化，对各种金属工件都有很好的保护作用，通用性强。

润滑防锈油(1)

原料配比

原料	配比(质量份)
航空润滑油	10
聚氧化丙烯二醇	2
铬酸二苯胍	0.6
香樟油	3
微晶蜡	3
三盐基硫酸铅	0.2
N68＃机械油	80
丙烯酸十三氟辛酯	2
丙烯酸	2
双乙酸钠	0.5
8-羟基喹啉	0.3
油酸钾皂	8
成膜机械油	3

续表

原料		配比(质量份)
成膜机械油	去离子水	60
	十二碳醇酯	5
	季戊四醇油酸酯	2
	交联剂 TAIC	0.2
	三乙醇胺油酸皂	2
	硝酸镧	3
	机械油	100
	磷酸二氢锌	10
	28%氨水	50
	硅烷偶联剂 KH560	0.2

制备方法

(1) 将油酸钾皂、微晶蜡混合，搅拌均匀后加入丙烯酸十三氟辛酯，50～60℃下搅拌混合 6～10min；

(2) 将双乙酸钠加入 4～6 倍水中，搅拌均匀后加入聚氧化丙烯二醇、丙烯酸，60～70℃下保温搅拌 4～10min；

(3) 将上述处理后的各原料混合，搅拌均匀后加入 8-羟基喹啉，搅拌均匀，加入反应釜中，加入航空润滑油和 N68＃机械油，在 100～120℃下搅拌混合 20～30min，加入铬酸二苯胍，降低温度到 80～90℃，脱水，搅拌混合 2～3h；

(4) 将反应釜温度降低到 50～60℃，加入剩余各原料，不断搅拌至常温，过滤出料。

原料配伍 本品各组分质量份配比范围为：航空润滑油 6～10，聚氧化丙烯二醇 1～2，铬酸二苯胍 0.3～0.6，香樟油 2～3，微晶蜡 3～5，三盐基硫酸铅 0.1～0.2，N68＃机械油 70～80，丙烯酸十三氟辛酯 1～2，丙烯酸 1～2，双乙酸钠 0.5～1，8-羟基喹啉 0.3～1，油酸钾皂 6～8，成膜机械油 3～5。

所述的成膜机械油是由下述质量份的原料制成的：去离子水 50～60，十二碳醇酯 5～7，季戊四醇油酸酯 2～3、交联剂 TAIC 0.1～0.2，三乙醇胺油酸皂 2～3，硝酸镧 3～4，机械油 90～100，磷酸二氢锌 6～10，28%氨水 40～50，硅烷偶联剂 KH560 0.1～0.2。

所述的成膜机械油的制备方法：

（1）取上述三乙醇胺油酸皂质量的20%～30%，加入季戊四醇油酸酯中，60～70℃下搅拌混合30～40min，得乳化油酸酯；

（2）将十二碳醇酯加入去离子水中，搅拌条件下依次加入乳化油酸酯、交联剂TAIC，73～80℃下搅拌混合1～2h，得成膜助剂；

（3）将磷酸二氢锌加入28%氨水中，搅拌混合6～10min，将硝酸镧与硅烷偶联剂KH560混合均匀后加入，搅拌均匀，得稀土氨液；

（4）将剩余的三乙醇胺油酸皂加入机械油中，搅拌均匀后加入上述成膜助剂、稀土氨液，120～125℃下保温反应20～30min，脱水，即得所述成膜机械油。

质量指标

项目	质量指标
表观	无沉淀、无分层、无结晶物析出
腐蚀试验(10＃钢,100h,100℃)	0级
盐雾试验(10＃钢,A级)	7天
湿热试验(10＃钢,A级)	20天
低温附着性	合格

产品应用

本品是一种润滑防锈油，用于金属工件的加工和轴承的防锈。

产品特性

（1）本产品中加入的季戊四醇油酸酯具有优异的润滑性、良好的表面成膜性，与十二碳醇酯共混改性，可以明显提高成品的成膜效果，降低成膜温度，加入的稀土镧离子可以与在金属基材表面发生吸氧腐蚀过程中产生的OH^-生成不溶性络合物，减缓腐蚀的电极反应，起到很好的缓释效果。

（2）本产品采用航空润滑油和机械油为主料，配合各种助剂，可以起到很好的防锈和润滑效果，可以提高金属工件的抗磨性，保护性好，特别适用于金属工件的加工和轴承的防锈。

润滑防锈油(2)

原料配比

原料		配比(质量份)
150SN 基础油		40
200SN 基础油		10
聚丙烯酸酯		2
液体石蜡		6
水杨酸		2
山梨醇酐单硬脂酸酯		2
二烷基二苯胺		2
三(2,4-二叔丁基苯基)亚磷酸酯		0.3
成膜助剂		2
成膜助剂	干性油醇酸树脂	40
	六甲氧甲基三聚氰胺树脂	3
	桂皮油	2
	聚乙烯吡咯烷酮	2
	N-苯基-2-萘胺	0.3
	甲基三乙氧基硅烷	0.2

制备方法 将上述水杨酸与150SN基础油、200SN基础油混合送入调和釜内，加热搅拌均匀，待温度升至70～80℃时，依次加入液体石蜡、山梨醇酐单硬脂酸酯，60～70℃下保温搅拌3～4h，当温度冷却至40～50℃时，加入三（2,4-二叔丁基苯基）亚磷酸酯，恒温搅拌2～3h，即为所述润滑防锈油。

原料配伍 本品各组分质量份配比范围为：150SN基础油30～40，200SN基础油10～20，聚丙烯酸酯2～3，液体石蜡4～6，水杨酸1～2，山梨醇酐单硬脂酸酯2～4，二烷基二苯胺1～2、三（2,4-二叔丁基苯基）亚磷酸酯0.1～0.3，成膜助剂2～3。

所述的成膜助剂是由下述质量份的原料制成的：干性油醇酸树脂30～40，六甲氧甲基三聚氰胺树脂2～3，桂皮油1～2，聚乙烯吡咯烷酮1～2，*N*-苯基-2-萘胺0.1～0.3，甲基三乙氧基硅烷0.1～0.2。

所述的成膜助剂的制备方法：将上述干性油醇酸树脂与桂皮油混合，在90～100℃下保温搅拌6～8min，降低温度至55～65℃，加入六甲氧甲基三聚氰胺树脂，充分搅拌后加入甲基三乙氧基硅烷，200～300r/min搅拌分散10～15min，升高温度至130～135℃，加入剩余各原料，保温反应1～3h，冷却至常温，即得所述成膜助剂。

质量指标

项目	质量指标
湿热试验(钢片,100℃,5h)	合格
腐蚀试验(钢片,100℃,5h)	合格
盐雾试验(钢片,35℃)	合格

产品应用 本品是一种润滑防锈油。用于各类钢丝绳索、链条以及其他需要极压润滑和防锈保护的应用场合。

产品特性 本产品具有很好的防锈防腐性、渗透性、抗氧化性等，能够快速地渗入上表面，降低摩擦，延长使用寿命。

润滑油型防锈油(1)

原料配比

原料	配比(质量份)
N68#润滑油	60
叔丁基二苯基氯硅烷	2
蓖麻油酸	2
单油酸三乙醇胺酯	5
液化石蜡	3
石油磺酸钙	6
烷基二苯胺	2
硬脂酸镁	1
丙酮	2
异十三醇聚氧乙烯醚	0.7
成膜助剂	18

续表

原料		配比(质量份)
成膜助剂	古马隆树脂	30
	植酸	2
	乙醇	3
	三乙醇胺油酸皂	0.8
	N,*N*-二甲基甲酰胺	1
	三羟甲基丙烷三丙烯酸酯	5
	120#溶剂油	16

制备方法

(1) 将上述单油酸三乙醇胺酯、叔丁基二苯基氯硅烷混合，加入反应釜内，在60～80℃下搅拌混合10～15min，加入蓖麻油酸，充分搅拌后加入异十三醇聚氧乙烯醚、丙酮，在80～90℃下保温搅拌1～2h；

(2) 加入N68#润滑油，升高温度至100～110℃，搅拌混合1～2h，加入剩余各原料，将反应釜温度降低到50～60℃，脱水，不断搅拌至常温，过滤出料。

原料配伍 本品各组分质量份配比范围为：N68#润滑油53～60，叔丁基二苯基氯硅烷1～2，蓖麻油酸2～3，单油酸三乙醇胺酯5～7，液化石蜡3～5，石油磺酸钙4～6，烷基二苯胺1～2，硬脂酸镁1～2，丙酮2～3，异十三醇聚氧乙烯醚0.7～1，成膜助剂10～18。

所述的成膜助剂是由下述质量份的原料制成的：古马隆树脂30～40，植酸2～3，乙醇3～4，三乙醇胺油酸皂0.8～1，*N*,*N*-二甲基甲酰胺1～3，三羟甲基丙烷三丙烯酸酯5～7，120#溶剂油10～16。

所述的成膜助剂的制备方法：

(1) 将上述植酸与*N*,*N*-二甲基甲酰胺混合，在50～70℃下搅拌混合3～5min，加入乙醇，混合均匀；

(2) 将三羟甲基丙烷三丙烯酸酯与120#溶剂油混合，在90～100℃下搅拌混合40～50min，加入古马隆树脂，降低温度至80～85℃，搅拌混合15～20min；

(3) 将上述处理后的各原料混合，加入剩余各原料，700～800r/min 搅拌分散 10～20min，即得所述成膜助剂。

质量指标

项目	质量指标
表观	无沉淀、无分层、无结晶物析出
腐蚀试验(10＃钢,100h,100℃)	0 级
盐雾试验(10＃钢,A 级)	7 天
湿热试验(10＃钢,A 级)	20 天
低温附着性	合格

产品应用 本品是一种润滑油型防锈油。

产品特性 本产品具有很好的润滑性和防锈效果，耐湿热和耐盐雾性好，能长时间地对金属制品进行保护，对处于含盐、含二氧化碳等气体中的金属也有一定的防护功能。

润滑油型防锈油(2)

原料配比

原料	配比(质量份)				
	1＃	2＃	3＃	4＃	5＃
石油磺酸钡	2	3	4	5	6
石油磺酸钠	1	2	3	4	5
氧化石油脂	3	4	6	8	10
磷酸三丁酯	0.2	0.4	0.6	0.8	1
羊毛脂	0.2	0.5	0.7	0.9	1
癸酸	0.05	0.06	0.07	0.08	0.1
润滑油	30	34	36	38	40

制备方法 将各组分混合，加热到 70～80℃，充分搅拌溶解至溶液透明即可得到润滑油型防锈油。

原料配伍 本品各组分质量份配比范围为：石油磺酸钡 2～6，石油磺酸钠 1～5，氧化石油脂 3～10，磷酸三丁酯 0.2～1，羊毛脂 0.2～1，癸酸 0.05～0.1，润滑油 30～40。

质量指标

项目	检测标准	1#	2#	3#	4#	5#
闪点(开口,不小于170℃)	GB/T 3536	195℃	198℃	200℃	199℃	197℃
运动黏度(40℃,10～20mm²/s)	GB/T 265	18.9mm²/s	18.5mm²/s	18.2mm²/s	18.5mm²/s	18.5mm²/s
腐蚀试验(T2铜片,100℃,3h,不大于1级)	GB 5096	0.8级	0.76级	0.75级	0.77级	0.79级
四球试验 P_B(不小于40N)	GB/T 3142	580N	620N	650N	640N	640N
盐雾试验(35℃±1℃,钢片,5%NaCl溶液,5天)/级	SH/T 0081	A	A	A	A	A
湿热试验(10#钢,A级)/天	GB/T 2361	20	20	20	20	20

产品应用 本品是一种润滑油型防锈油。

产品特性 本品各项性能明显优于国家标准，能够很好地起到防锈与润滑作用。

渗透防锈油

原料配比

原料	配比(质量份)
石油磺酸钡	5～8
二壬基萘磺酸钡	1～3
十二烯基丁二酸	0.6～1
山梨糖醇酐油酸酯	0.6～0.8
32#全损耗系统用油	10～15
D70溶剂油	78～79

制备方法 将石油磺酸钡、全损耗系统用油加热至100～120℃，同时搅拌，2～3h后待石油磺酸钡全部溶化，停止加热，

再依次加入山梨糖醇酐油酸酯、十二烯基丁二酸、二壬基萘磺酸钡混合搅拌 15～25min，加入溶剂油搅拌 1～2h，过滤，出料包装，得棕红色透明油液产品。

原料配伍 本品各组分质量份配比范围为：石油磺酸钡 5～8，二壬基萘磺酸钡 1～3，十二烯基丁二酸 0.6～1，山梨糖醇酐油酸酯 0.6～0.8，全损耗系统用油 10～15，溶剂油 78～79。

所述的全损耗系统用油选用 32＃全损耗系统用油；所述的溶剂油选用 D70 溶剂油。

质量指标

项目	指标
外观	棕红色油液
闪点(闭口)/℃	＞70
运动黏度(40℃)/(mm²/s)	＜10
腐蚀试验(55℃,7 天,45 钢)	合格
湿热试验(168h,45 钢)	合格

产品应用 本品是一种渗透防锈油。广泛应用于机械加工件、模具、线路板、金属冲压件、金属零件等金属物件表面的防锈。

对于一些要求极压性能好的使用场合，可以加入超微颗粒石墨抗磨添加剂，以使其在机器部件上形成一层防锈膜，并镀上一层带润滑性的金属颗粒，抗磨损、抗污染以及抗 95％以上的酸性物质。

产品特性

(1) 具有强烈的表面活性，能迅速渗入金属加工件缝隙和结合部位，迅速脱除金属表面的水膜、手汗及杂质等污物，在金属表面形成一层均匀致密的保护膜，能有效地防止有害气体对金属的侵蚀，实现工序间防锈。

(2) 能牢固地吸附在金属表面形成保护膜，阻止空气及水分或其他腐蚀性介质对金属的侵蚀，对酸性介质有较好的中和置换原有水分等特性；薄膜分子层完全保护金属避免生锈和受到腐蚀。

(3) 在工件表面形成具有保护和润滑双重功能的薄膜；除锈、防锈使部件运转自如；不含硅树脂，极易清除；同时具有耐高温、功效长久的润滑特点，可用于工具、链条、合页铰链、传动机构的润滑，也可用于涂覆涂料前物体表面的清洁。

(4) 具有超强渗透性和防锈润滑性，能渗透锈层、涂料、水垢和积炭，起到润滑零件、防锈、松解螺栓的作用。对螺钉、螺母、锁具等金属零件能迅速向下渗透以便快速清除工件底部锈斑及污垢并使之运转自如；能迅速渗透至工具难以到达的金属零件部位进行润滑，消除机械噪声。

适用于舰船柴油机的黑色厚浆快干防锈油

原料配比

原料		配比(质量份)			
		1#	2#	3#	4#
多效复合防锈剂	碱性二壬基萘磺酸钡 T705	30	30	30	30
	环烷酸锌 T704	20	20	20	20
	十二烯基丁二酸 T746	15	15	15	15
	邻苯二甲酸二丁酯	15	15	15	15
	苯并三氮唑 T706	3	3	3	3
	乳化剂 S-80	15	15	15	15
	2,6-二叔丁基对甲酚 T501	1	1	1	1
	二甲基硅油 JC-201	1	1	1	1
多效复合防锈剂		10	10	10	10
150SN 中性基础矿物油		8	6	9	10
120#溶剂油		25	25.5	27	26
丙酮		3	4	3.5	2
石油磺酸钡 T701		6	8	4.5	5
精制羊毛脂镁皂		5	4	4.5	3.5
10#石油沥青		30	28	27	3
56#半精炼石蜡		5	6	8	7
2#工业凡士林		7	8	6	5
磷酸三甲酚酯 T306		1	0.5	0.5	0.5

制备方法

(1) 将 150SN 中性基础矿物油倒入反应釜中，加入石油磺酸钡、精制羊毛脂镁皂、10#石油沥青、56#半精炼石蜡和 2#工业凡士林，加热至 110～120℃，搅拌至物料完全溶解；

(2) 待物料降温至 45～50℃，搅拌下加入多效复合防锈剂和磷酸三甲酚酯，搅拌反应 20min；

（3）最后，加入 120＃溶剂油和丙酮，搅拌至物料溶解均匀，用网筛过滤掉机械杂质，得到适用于舰船柴油机的黑色厚浆快干防锈油；所述的网筛优选 60 目不锈钢过滤网筛；用网筛过滤能除掉各种原料中夹杂的金属粉末、泥砂、纤维等机械杂质，过滤后防锈油中机械杂质含量不大于 0.15％。

原料配伍 本品各组分质量份配比范围为：150SN 中性基础矿物油 6～10，120＃溶剂油 25～30，丙酮 2～5，磷酸三甲酚酯 0.5～1，石油磺酸钡 4～8，精制羊毛脂镁皂 3～6，多效复合防锈剂 10，10＃石油沥青 26～30，56＃半精炼石蜡 4～8，2＃工业凡士林 5～8。

所述多效复合防锈剂的制备方法如下：

（1）将 30％碱性二壬基萘磺酸钡、20％环烷酸锌、15％十二烯基丁二酸、15％邻苯二甲酸二丁酯和 3％苯并三氮唑混合，加热至 65～75℃，搅拌至物料完全溶解；

（2）待物料降温至 45～55℃，搅拌下再加入 15％乳化剂、1％ 2,6-二叔丁基对甲酚和 1％二甲基硅油，搅拌反应 20～30min 至物料完全溶解，即得到多效复合防锈剂；

所述的混合矿物油包括 150SN 中性基础矿物油、120＃溶剂油和丙酮；

所述的防锈添加剂包括石油磺酸钡、精制羊毛脂镁皂、10＃石油沥青；

所述的成膜剂包括 56＃半精炼石蜡、2＃工业凡士林；

所采用的抗氧剂是 2,6-二叔丁基对甲酚；所采用的助燃剂为磷酸三甲酚酯。

质量指标

检验项目	指标
外观(15～30℃)	黑色黏稠油液
干燥性	柔软或油状态
湿热试验(45＃钢片,20d)	合格
湿热试验(铸铁,7d)	合格
湿热试验(H62 黄铜,7d)	合格
湿热试验(LY12 铝片,7d)	合格

续表

检验项目	指标
腐蚀试验(55℃±2℃,全浸,45#钢片,7d)	合格
腐蚀试验(55℃±2℃,全浸,H62黄铜,7d)	合格
腐蚀试验(55℃±2℃,全浸,LY12铝片,7d)	合格
除膜性(包装贮存后)	6
膜厚/μm	13.5

产品应用 本品主要用作舰船柴油机的黑色厚浆快干防锈油。用于各种船用大型轴系产品的油封防锈，也适宜作为工程机械、矿山机械、冶金、交通、能源等行业中各种大型精密机械装备及钢、铸铁、铜合金等金属材质零部件的外部防腐蚀保护用油，防锈期可达三年以上。

产品特性

(1) 本产品配方组分合理，对黑色金属和有色金属均有良好的适应性，耐海水盐雾侵蚀及耐潮湿和较高温（45℃左右）的大气环境的腐蚀，抗腐蚀能力较强，涂层油膜自然干燥后一般厚度达20～30μm，油膜自然干燥较快，呈半硬膜状态，不粘手，使用时无异味，对人体无毒害，不污染环境，防锈期可达三年以上。能满足一般舰船大型轴系柴油机零部件在制造、加工及运输、贮存过程中的油封防锈技术要求。

(2) 本产品原料易得，采用渗透性强、挥发速度较快的混合溶剂油、丙酮和中性基础矿物油为载体，能有效地将多种防锈添加剂、多效复合防锈剂以及成膜剂融为一体且均匀分布于金属表面和孔隙之中，形成一层附着力良好、致密性强、自然快干呈半硬膜状的保护涂层，有效地抑制、置换或减缓了外界各种腐蚀介质（如生产过程的人工汗液、工业粉尘、酸、碱、盐物质、水分、氧等）对金属制品的直接侵蚀影响而引起的化学或电化学腐蚀过程的产生，起到了隔离、置换、防锈协同于一体的良好效果。

(3) 一般舰船大型轴系柴油机零部件经过喷涂或刷涂本产品，表面形成一层致密、附着力良好、自然快干呈半硬膜状的涂层，可耐大气中腐蚀介质的侵蚀，具有优异的抗潮湿能力和防盐雾性能以及良好的防腐蚀效果，防锈期可达三年以上。

(4) 经过喷涂或刷涂本产品的舰船大型轴系柴油机零部件，启封时直接用干布料或废报纸等擦拭掉物件表面的防护涂层就可装机使用，简化了清洗操作工序，方便实用，节省材料，符合节能环保要求，防锈效果良好，完全能满足用户对产品在生产制造、运输及贮存等过程中的防锈质量技术要求。

适用于舰船柴油机的棕色厚浆快干防锈油

原料配比

原料		配比(质量份)			
		1#	2#	3#	4#
多效复合防锈剂	碱性二壬基萘磺酸钡 T705	30	30	30	30
	环烷酸锌 T704	20	20	20	20
	十二烯基丁二酸 T746	15	15	15	15
	邻苯二甲酸二丁酯	15	15	15	15
	苯并三氮唑 T706	3	3	3	3
	乳化剂 S-80	15	15	15	15
	2,6-二叔丁基对甲酚 T501	1	1	1	1
	二甲基硅油 JC-201	1	1	1	1
多效复合防锈剂		10	10	10	10
150SN 中性基础矿物油		8	10	12	9
120#溶剂油		25	29.7	33.9	27
丙酮		3	3.5	4	4.5
石油磺酸钡 T701		6	5.5	5	4
氯化石蜡脂钡皂 T743		9	7	5	6
精制羊毛脂镁皂		5	4	3.5	3
4001#松香改性酚醛树脂		3	3.5	4	5
56#半精炼石蜡		15	12	10	16
2#工业凡士林		15	14	12	15
磷酸三甲酚酯 T306		1	0.8	0.6	0.5

制备方法

(1) 将 150SN 中性基础矿物油倒入搅拌罐中，再加入石油磺酸钡、氧化石油脂钡皂、精制羊毛脂镁皂、松香改性酚醛树脂、56#半精炼石蜡、2#工业凡士林，升温至 110～120℃，搅拌至物料完全溶解；

（2）待物料降温至45～55℃后，加入多效复合防锈剂、磷酸三甲酚酯，搅拌反应20min；

（3）最后，加入120#溶剂油、丙酮，搅拌均匀，用网筛过滤除去机械杂质，得到适用于舰船柴油机的棕色厚浆快干防锈油；所述的网筛过滤是用60目不锈钢过滤网筛在常压下进行过滤，除去防锈油中残留的金属粉末、泥砂、纤维等机械杂质，过滤后防锈油中机械杂质含量小于0.15%。

原料配伍 本品各组分质量份配比范围为：150SN中性基础矿物油8～12，120#溶剂油25～38，丙酮3～5，磷酸三甲酚酯0.5～1，石油磺酸钡4～8，氧化石油脂钡皂5～9，精制羊毛脂镁皂3～6，多效复合防锈剂10，松香改性酚醛树脂3～5，56#半精炼石蜡10～17，2#工业凡士林10～15。

所述的多效复合防锈剂按以下方法制备：

（1）将30%碱性二壬基萘磺酸钡、20%环烷酸锌、15%十二烯基丁二酸、15%邻苯二甲酸二丁酯、3%苯并三氮唑混合，升温至65～75℃，搅拌至物料完全溶解；

（2）待混合物料温度降至45～55℃后，加入15%乳化剂、1% 2,6-二叔丁基对甲酚、1%二甲基硅油，搅拌至物料完全溶解，得到多效复合防锈剂；所述的百分比为各成分占多效复合防锈剂原料总质量的百分比。

所述的混合矿物油包括150SN中性基础矿物油、120#溶剂油和丙酮；

所述的防锈添加剂包括石油磺酸钡、氧化石油脂钡皂、精制羊毛脂镁皂、松香改性酚醛树脂，所述的松香改性酚醛树脂的软化点为75℃；

所述的成膜剂包括56#半精炼石蜡、2#工业凡士林；所采用的抗氧化剂是2,6-二叔丁基对甲酚；

所采用的助燃剂为磷酸三甲酚酯。

质量指标

检验项目	指标
外观(15～30℃)	棕色黏稠油液
干燥性	柔软或油状态
湿热试验(45#钢片,20d)	合格

续表

检验项目	指标
湿热试验(铸铁,7d)	合格
湿热试验(H62 黄铜,7d)	合格
湿热试验(LY12 铝片,7d)	合格
腐蚀试验(55℃±2℃,全浸,45＃钢片,7d)	合格
腐蚀试验(55℃±2℃,全浸,H62 黄铜,7d)	合格
腐蚀试验(55℃±2℃,全浸,LY12 铝片,7d)	合格
除膜性(包装贮存后)	5
膜厚/μm	12.5

产品应用 本品主要用作舰船柴油机的棕色厚浆快干防锈剂。不仅适用于各种船用大型轴系产品的油封防锈，也适宜作为工程机械、矿山机械、冶金、交通、能源等行业中各种大型精密机械装备及钢、铸铁、铜合金等金属材质零部件的外部防腐蚀保护用油，防锈期可达三年以上。

产品特性

(1) 该防锈油涂覆于舰船大型轴系柴油机零部件表面自然干燥后，不粘手，其油膜厚度可达 20～30μm，耐日晒高温和雨淋，耐盐雾、耐大气腐蚀介质的侵蚀，具有优异的抗潮湿能力和良好的防锈效果。该防锈油在沥干或受保护产品启封后，可采用煤油、汽油等石油溶剂擦洗掉金属表面涂层，然后装机使用，具有操作简便、对人体无毒害的特点。

(2) 本产品配方组分合理，对黑色金属和有色金属均有良好的适应性，耐海水盐雾侵蚀及耐潮湿和较高温（45℃左右）的大气环境的腐蚀，抗腐蚀能力较强，油膜自然干燥较快，呈半硬膜状态，不粘手，使用时无异味，不污染环境，防锈期可达三年以上。能满足一般舰船大型轴系柴油机零部件在制造、加工及运输、贮存过程中的油封防锈技术要求，克服了国内外同类特种用途油品高温易流淌，启封后难清除干净、环境适应性差、防锈效果不理想、使用成本较高等缺陷。

(3) 本产品原料易得，采用渗透性强、挥发速度较快的混合溶剂油、丙酮和中性基础矿物油为载体，能有效地将多种防锈添加剂、多效复合防锈剂以及成膜剂融为一体且均匀分布于金属表面和孔隙之中，形成一层附着力良好、致密性强、自然快干呈半硬膜状的保护涂层，有效地抑制或减缓了外界各种腐蚀介质如生产过程的人工汗液、工业粉尘、酸、碱、盐、水分等对金属制品的直接侵蚀影响而引起的化学或电化学腐蚀过程的产生，起到了隔离、置换、防锈协同于一体的良好效果。

（4）一般舰船大型轴系柴油机零部件经过喷涂或刷涂本产品，表面形成一层致密、附着力良好、自然快干呈半硬膜状的涂层，耐大气中腐蚀介质的侵蚀，具有优异的抗潮湿能力和防盐雾性能以及良好的防腐蚀效果，防锈期可达三年以上。

（5）经过喷涂或刷涂本产品的舰船大型轴系柴油机零部件，启封时直接用干布料或废报纸等擦拭掉物件表面的防护涂层就可装机使用，简化了清洗操作工序，节省材料，方便实用，符合节能环保要求，防锈效果良好，完全能满足用户对产品在生产制造、运输及贮存等过程中的防锈质量技术要求。

适用于气门的防锈油

原料配比

原料	配比(质量份)				
	1#	2#	3#	4#	5#
石油磺酸钠(分子量 466)	6	4	3	4～6	5
环烷酸锌	1	2	1.5	2～4	3
羊毛脂	4	6	5	6～8	7
航空煤油	82	93	90.5	82～88	85

制备方法 将各组分原料混合均匀即可。

原料配伍 本品各组分质量份配比范围为：石油磺酸钠（分子量 466）2～6，环烷酸锌 1～4，羊毛脂 4～8，航空煤油 82～93。

产品应用 本品主要用于气门的防锈。

产品特性 本产品安全无毒；无难闻气味；防锈性能良好；喷淋于气门上的油膜总质量能满足气门的使用要求；常温下防锈油的挥发性能适中，黏度变化不大，能用 60℃左右的热风在 3min 内吹干。石油磺酸钠作为主要防锈剂，具有良好的人工置换性，油溶性好，无毒，并有优良的耐盐水性能；环烷酸锌作为辅助防锈剂，油溶性好，具有良好的抗湿热和抗盐水的能力，还具有人工置换性；

羊毛脂作为油膜的主要成膜物，可强烈吸附于金属基体表面，当金属由于温度变化而变形时，羊毛脂油膜不会破裂，有自行修复的能力，油膜具有良好的抗酸、碱、盐的能力，对水具有良好的乳化性；航空煤油作为防锈油的基础油，能溶解石油磺酸钠、环烷酸锌、羊毛脂，航空煤油在常温下的挥发性能介于汽油与普通煤油之间，黏度较小，并能在60℃左右的热风中很快挥发。

室内临时封存用防锈油

原料配比

原料	配比(质量份)		
	1#	2#	3#
变压器油	40	60	50
石油磺酸钠	10	20	15
羊毛脂	10	6	8
石油磺酸钡	30	20	25

制备方法 将各组分原料混合均匀即可。

原料配伍 本品各组分质量份配比范围为：变压器油40～60，石油磺酸钠10～20，羊毛脂6～10，石油磺酸钡20～30。

产品应用 本品是一种室内临时封存用防锈油。

产品特性 本产品防锈效果好，实用性强，适合相关行业广泛使用。

树脂基防尘抗污防锈油

原料配比

原料	配比(质量份)
十八碳酰氯	0.7
石油磺酸钠	3
30#机械油	80
不饱和聚酯树脂	0.8
牛脂胺	2
对羟基苯甲酸甲酯	1～2

续表

原料		配比(质量份)
4-氧丁酸甲基酯		2
N,*N*-双(2-氰乙基)甲酰胺		1
油酸三乙醇胺		3
8-羟基喹啉		0.6
硬脂酸铝		2
多异氰酸酯		2
钛酸四丁酯		2
稀土成膜液压油		14～20
稀土成膜液压油	丙二醇苯醚	15
	明胶	4
	甘油	2.1
	磷酸三甲酚酯	0.4
	硫酸铝铵	0.4
	液压油	110
	去离子水	105
	氢氧化钠	5
	硝酸铈	3
	十二烯基丁二酸	15
	斯盘-80	0.5

制备方法

(1) 将不饱和聚酯树脂与硬脂酸铝混合，搅拌均匀后加入4-氧丁酸甲基酯，60～70℃下搅拌混合10～20min，与上述30＃机械油质量的30%～40%混合，加入牛脂胺，搅拌均匀；

(2) 将石油磺酸钠与8-羟基喹啉混合，50～60℃下搅拌混合3～5min；

(3) 将上述处理后的各原料与剩余的30＃机械油混合，送入反应釜，在110～120℃下搅拌混合40～50min，加入钛酸四丁酯，充分搅拌，脱水，在80～85℃下搅拌混合2～3h；

(4) 将反应釜温度降低到50～60℃，加入剩余各原料，不断搅拌至常温，过滤出料。

原料配伍 本品各组分质量份配比范围为：十八碳酰氯0.7～1，石油磺酸钠3～5，30＃机械油70～80，不饱和聚酯树脂0.8～

2，牛脂胺 1～2，对羟基苯甲酸甲酯 1～2，4-氧丁酸甲基酯 2～4，*N*,*N*-双(2-氰乙基)甲酰胺 1～2，油酸三乙醇胺 2～3，8-羟基喹啉 0.6～1，硬脂酸铝 1～2，多异氰酸酯 1～2，钛酸四丁酯 2～3，稀土成膜液压油 14～20。

所述的稀土成膜液压油是由下述质量份的原料制成的：丙二醇苯醚 10～15，明胶 3～4，甘油 2.1～3，磷酸三甲酚酯 0.4～1，硫酸铝铵 0.2～0.4，液压油 100～110，去离子水 100～105，氢氧化钠 3～5，硝酸铈 3～4，十二烯基丁二酸 10～15，斯盘-80 0.5～1。

所述的稀土成膜液压油的制备方法：

(1) 将磷酸三甲酚酯加入甘油中，搅拌均匀，得醇酯溶液；

(2) 将明胶与上述去离子水质量的 40%～55%混合，搅拌均匀后加入硫酸铝铵，放入 60～70℃ 的水浴中，加热 10～20min，加入上述醇酯溶液，继续加热 5～7min，取出冷却至常温，加入丙二醇苯醚，40～60r/min 搅拌混合 10～20min，得成膜助剂；

(3) 将十二烯基丁二酸与氢氧化钠混合，搅拌均匀后加入剩余的去离子水中，充分混合，加入硝酸铈，60～65℃下保温搅拌20～30min，得稀土分散液；

(4) 将斯盘-80 加入液压油中，搅拌均匀后加入上述成膜助剂、稀土分散液，在 60～70℃下保温反应 30～40min，脱水，即得所述稀土成膜液压油。

质量指标

项目	质量指标
表观	无沉淀、无分层、无结晶物析出
腐蚀试验(10＃钢,100h,100℃)	0 级
盐雾试验(10＃钢,A 级)	7 天
湿热试验(10＃钢,A 级)	20 天
低温附着性	合格

产品应用 本品是一种树脂基防尘抗污防锈油。

产品特性

(1) 本产品中将丙二醇苯醚加入本产品中的改性明胶体系中，使其被明胶体系微粒完全吸收，从而提高体系的聚结性能和稳定性，自身的成膜性也在系统中得到加强；加入的稀土离子可以与在金属基材表面发生吸氧腐蚀过程中产生的 OH^- 生成不溶性络合物，减缓腐蚀的电极反应，起到很好的缓释效果。

(2) 本产品中加入了不饱和聚酯树脂，可以有效地提高粘接强度、涂层的抗湿热、防腐性，本产品抗盐雾性、耐酸碱性好，不吸灰，防尘抗污性好。

水洗后用清香型防锈油

原料配比

原料	配比(质量份)
萘烯酸铁	0.5
五氯联苯	0.2
稀土防锈液压油	20
40＃机械油	70
丁酸香叶酯	0.5
聚甲基丙烯酸羟乙酯	2
8-羟基喹啉	1～3
石油磺酸钠	10
石油磺酸钙	2
异丁醇	1
苯乙醇胺	2
乌洛托品	3
二烷基二硫代磷酸锌	2
环氧亚麻油	10
油酸钾皂	4

续表

原料		配比(质量份)
稀土防锈液压油	N-乙烯基吡咯烷酮	4
	尼龙酸甲酯	3
	斯盘-80	0.7～2
	十二烯基丁二酸	16
	液压油	110
	三烯丙基异氰脲酸酯	0.5
	去离子水	60～70
	过硫酸钾	0.6
	氢氧化钠	3
	硝酸铈	4

制备方法

(1) 将聚甲基丙烯酸羟乙酯与上述40＃机械油质量的10%～20%混合，搅拌均匀后加入苯乙醇胺，60～70℃下保温搅拌混合7～10min，加入环氧亚麻油，搅拌至常温；

(2) 将萘烯酸铁与乌洛托品混合，搅拌均匀后加入异丁醇、油酸钾皂，40～50℃下保温混合6～15min；

(3) 将上述处理后的各原料混合，送入反应釜，充分搅拌，脱水，80～85℃下搅拌混合2～3h；

(4) 将反应釜温度降低到50～60℃，加入剩余各原料，不断搅拌至常温，过滤出料。

原料配伍 本品各组分质量份配比范围为：萘烯酸铁0.5～1，五氯联苯0.1～0.2，稀土防锈液压油13～20，40＃机械油60～70，丁酸香叶酯0.5～2，聚甲基丙烯酸羟乙酯1～2，8-羟基喹啉1～3，石油磺酸钠6～10，石油磺酸钙2～5，异丁醇1～2，苯乙醇胺1～2，乌洛托品1～3，二烷基二硫代磷酸锌1～2，环氧亚麻油7～10，油酸钾皂2～4。

所述的稀土防锈液压油是由下述质量份的原料制成的：N-乙烯基吡咯烷酮3～4，尼龙酸甲酯2～3，斯盘-80 0.7～2，十二烯基丁二酸 10～16，液压油 100～110，三烯丙基异氰脲酸酯 0.5～1，去离子水 60～70，过硫酸钾 0.3～0.6，氢氧化钠 3～5，硝酸铈 2～4。

所述的稀土防锈液压油的制备方法：

（1）将 *N*-乙烯基吡咯烷酮与尼龙酸甲酯混合，50～60℃下搅拌混合 3～10min，得酯化烷酮；

（2）取上述斯盘-80 质量的 70%～80%、去离子水质量的 30%～50%混合，搅拌均匀后加入酯化烷酮、三烯丙基异氰脲酸酯、上述过硫酸钾质量的 60%～70%，搅拌均匀，得烷酮分散液；

（3）将十二烯基丁二酸与氢氧化钠混合，搅拌均匀后加入剩余的去离子水中，充分混合，加入硝酸铈，60～65℃下保温搅拌20～30min，得稀土分散液；

（4）将剩余的斯盘-80、过硫酸钾混合加入液压油中，搅拌均匀后加入上述烷酮分散液、稀土分散液，70～80℃下保温反应 3～4h，脱水，即得所述稀土防锈液压油。

质量指标

项目	质量指标
表观	无沉淀、无分层、无结晶物析出
腐蚀试验(10#钢,100h,100℃)	0级
盐雾试验(10#钢,A级)	7天
湿热试验(10#钢,A级)	20天
低温附着性	合格

产品应用

本品主要用于钢、黄铜、紫铜、铝、镁及镀锌、镀铬等各种镀层的防锈。

产品特性

（1）本产品中加入的烷酮分散液可以改善流动性；提高反应活性；加入的稀土离子可以与在金属基材表面发生吸氧腐蚀过程中产生的 OH^- 生成不溶性络合物，减缓腐蚀的电极反应，起到很好的缓释效果。

（2）本产品在水剂清净剂清洗后残留于零件表面的水膜能够脱出，并形成防锈膜，可用于钢、黄铜、紫铜、铝、镁及镀锌、镀铬等各种镀层的防锈，且具有一定的清香。

 水洗清洁后用防锈油

原料配比

原料	配比(质量份)		
	1#	2#	3#
石油磺酸钡	2	2.5	3
羊毛脂镁皂	2	1.5	1.8
2-乙基己醇	2	3	2.5
山梨醇酐油酸酯	0.2	0.25	0.1
聚甲基丙烯酸十六酯	0.25	0.2	0.3
磺化羊毛脂钠	1.5	2	2.5
棕榈酸异丙酯	0.1	0.15	0.2
失水山梨醇单油酸酯聚氧乙烯醚	2	3	1.5
失水山梨糖醇脂肪酸酯	2	4	3
2,6-二叔丁基-4-甲酚	0.2	0.4	0.3
硫酸丁辛醇锌盐	3	2	2.5
十七烯基咪唑啉油酸盐	1	1.5	1.3
十二烯基丁二酸半铝皂	1	1.6	1.4
五氯联苯	0.3	0.4	0.5
N-油酰肌氨酸十八胺盐	1.5	1	0.5
变压器油	加至100	加至100	加至100

制备方法 按照上述原料配比将变压器油加热至130～140℃，再加入石油磺酸钡、羊毛脂镁皂、山梨醇酐油酸酯、聚甲基丙烯酸十六酯、磺化羊毛脂钠、失水山梨醇单油酸酯聚氧乙烯醚、失水山梨糖醇脂肪酸酯、2,6-二叔丁基-4-甲酚、十七烯基咪唑啉油酸盐、十二烯基丁二酸半铝皂、五氯联苯、*N*-油酰基肌氨酸十八胺盐，使其溶解并充分搅拌，待其自然冷却到70℃以下时加入2-乙基己醇、棕榈酸异丙酯、硫酸丁辛醇锌盐，充分搅拌，待其自然冷却至室温即制成本防锈油。

原料配伍 本品各组分质量份配比范围为：石油磺酸钡2～3，羊毛脂镁皂1.5～2，2-乙基己醇2～3，山梨醇酐油酸酯0.1～

0.25，聚甲基丙烯酸十六酯 0.2～0.3，磺化羊毛脂钠 1.5～2.5，棕榈酸异丙酯 0.1～0.2，失水山梨醇单油酸酯聚氧乙烯醚 1.5～3，失水山梨糖醇脂肪酸酯 2～4，2,6-二叔丁基-4-甲酚 0.2～0.4，硫酸丁辛醇锌盐 2～3，十七烯基咪唑啉油酸盐 1～1.5，十二烯基丁二酸半铝皂 1～1.6，五氯联苯 0.3～0.5，*N*-油酰肌氨酸十八胺盐 0.5～1.5，变压器油加至 100。

产品应用 本品是一种水洗清洁后用防锈油。用于钢、黄铜、紫铜、铝、镁及镀锌、镀铬等各种镀层，对铅腐蚀性小。

产品特性 本产品防锈效果好，同时具有优良的润滑性，人汗置换性、人汗洗净性均合格，防锈验钢超过 40d，铸铁超过 14d，盐雾试验钢片合格，腐蚀试验，180d 钢、铜、铝均无锈；本产品在水剂清净剂清洗后残留于零件表面的水膜能够脱出，并形成防锈膜。本产品各种组分之间相互协同，防锈效果、润滑效果明显优于普通的防锈油，特别适用于水清洗后的设备的防锈保护。

坦克发动机封存防锈油

原料配比

原料	配比(质量份)	
	1#	2#
石油磺酸钡	1～4	4
二壬基萘磺酸钡	1～6	2
十二丁烯基丁二酸	0.1～0.8	0.4
羊毛脂镁皂	1～4	3
二烷基二硫代磷酸锌	1～2	2
硬脂酸铝	1～10	5
聚异丁烯	1～6	3
甲基硅油	0.1～0.6	0.3
航空润滑油(HH-20)	加至 100	加至 100

制备方法 将计算量的航空润滑油加入油品反应釜中，升温到 60℃，开动搅拌器控制转速为 40r/min，再将计算量的石油磺酸钡、二壬基萘磺酸钡、羊毛脂镁皂、十二丁烯基丁二酸、二烷基二

硫代磷酸锌、硬脂酸铝、聚乙丁烯、甲基硅油依次徐徐加入反应釜中，每加一种原料须搅拌30min，当全部原料加入完毕后继续搅拌2～4h，待油液温度降到室温时，放料包装。

原料配伍 本品各组分质量份配比范围为：石油磺酸钡1～6，二壬基萘磺酸钡1～6，十二丁烯基丁二酸0.1～0.8，羊毛脂镁皂1～4，二烷基二硫代磷酸锌1～2，硬脂酸铝1～10，聚异丁烯1～6，甲基硅油0.1～0.6，航空润滑油（HH-20）加至100。

产品应用 本品是一种可延长坦克发动机封存防锈期的坦克发动机封存防锈油。

产品特性 本产品针对坦克发动机设计，可延长坦克发动机封存防锈期（可达两年以上），继而延长了坦克的使用寿命。

碳钢材料防锈油(1)

原料配比

原料	配比(质量份)
烯基琥珀酸酐	2
导热油	90～100
柏油	5
肉豆蔻酸钠皂	7
苯甲酸钠	2
戊二酸二甲酯	1
椰油酸二乙醇酰胺	0.4
顺丁烯二酸二丁酯	2
异辛酸锰	0.3
斯盘-80	1
亚磷酸三壬基苯酯	2
磷酸二铵	0.6
成膜机械油	6

续表

原料		配比(质量份)
成膜机械油	去离子水	60
	十二碳醇酯	7
	季戊四醇油酸酯	3
	交联剂 TAIC	0.2
	三乙醇胺油酸皂	2
	硝酸镧	3
	机械油	90
	磷酸二氢锌	10
	28%氨水	50
	硅烷偶联剂 KH560	0.2

制备方法

(1) 将磷酸二铵、苯甲酸钠、戊二酸二甲酯混合，60～70℃下保温搅拌 5～10min，冷却至常温；

(2) 将上述处理后的原料加入反应釜中，加入导热油、柏油，100～120℃下搅拌混合 20～30min，加入亚磷酸三壬基苯酯，降低温度到 80～90℃，脱水，搅拌混合 2～3h；

(3) 将反应釜温度降低到 50～60℃，加入剩余各原料，不断搅拌至常温，过滤出料。

原料配伍 本品各组分质量份配比范围为：烯基琥珀酸酐 1～2，导热油 90～100，柏油 3～5，肉豆蔻酸钠皂 4～7，苯甲酸钠 1～2，戊二酸二甲酯 1～2，椰油酸二乙醇酰胺 0.4～1，顺丁烯二酸二丁酯 1～2，异辛酸锰 0.1～0.3，斯盘-80 1～2，亚磷酸三壬基苯酯 2～4，磷酸二铵 0.6～1，成膜机械油 4～6。

所述的成膜机械油是由下述质量份的原料制成的：去离子水 50～60，十二碳醇酯 5～7，季戊四醇油酸酯 2～3，交联剂 TAIC 0.1～0.2，三乙醇胺油酸皂 2～3，硝酸镧 3～4，机械油 90～100，磷酸二氢锌 6～10，28%氨水 40～50，硅烷偶联剂 KH560 0.1～0.2。

所述的成膜机械油的制备方法：

（1）取上述三乙醇胺油酸皂质量的20%～30%，加入季戊四醇油酸酯中，60～70℃下搅拌混合30～40min，得乳化油酸酯；

（2）将十二碳醇酯加入去离子水中，搅拌条件下依次加入乳化油酸酯、交联剂TAIC，73～80℃下搅拌混合1～2h，得成膜助剂；

（3）将磷酸二氢锌加入28%氨水中，搅拌混合6～10min，将硝酸镧与硅烷偶联剂KH560混合均匀后加入，搅拌均匀，得稀土氨液；

（4）将剩余的三乙醇胺油酸皂加入机械油中，搅拌均匀后加入上述成膜助剂、稀土氨液，120～125℃下保温反应20～30min，脱水，即得所述成膜机械油。

质量指标

项目	质量指标
表观	无沉淀、无分层、无结晶物析出
腐蚀试验(10＃钢,100h,100℃)	0级
盐雾试验(10＃钢,A级)	7天
湿热试验(10＃钢,A级)	20天
低温附着性	合格

产品应用

本品是一种碳钢材料防锈油。

产品特性

（1）本产品中加入的季戊四醇油酸酯具有优异的润滑性、良好的表面成膜性，与十二碳醇酯共混改性，可以明显提高成品的成膜效果，降低成膜温度，加入的稀土镧离子可以与在金属基材表面发生吸氧腐蚀过程中产生的OH^-生成不溶性络合物，减缓腐蚀的电极反应，起到很好的缓释效果。

（2）本产品采用导热油为基础油，与各原料复配使用，科学合理，可以有效提高防锈油与基材的结合力，提高抗剥离强度，碳钢材料经本品处理，其表面附有一层均质油相防锈层，能在潮湿环境下放置至少一年，保护效果持久。

碳钢材料防锈油(2)

原料配比

原料	配比(质量份)					
	1#	2#	3#	4#	5#	6#
硬脂酸钙	1	0.5	1	0.8	0.5	1
苯甲酸钠	0.6	0.6	0.8	0.7	0.6	0.8
T705	3	3	3	2.5	2	3
T746	0.4	0.6	0.4	0.5	0.4	0.6
斯盘-80	1	1.5	1.5	1.2	1	1.5
羊毛脂镁皂	1	1	0.5	0.8	0.5	1
导热油	93	92.8	92.8	93.5	95	90

制备方法 按量称取导热油倒入反应釜内搅拌，升温至120～130℃，脱水后加入防锈剂苯甲酸钠、硬脂酸钙，在此温度下保温搅拌2～3h，降温至70～80℃（即通过空气自然冷却）后再加入二壬基萘磺酸钡、十二烯基丁二酸、羊毛脂镁皂，搅拌1～2h后，降温至55～65℃（即通过空气自然冷却）后加入斯盘-80，不断搅拌使全部物料混匀，不断搅拌下降温至40～50℃（即通过空气自然冷却），滤去杂质后即得防锈油。使用时将碳钢材料除油、除污并干燥，然后利用静电喷涂设备将防锈油均匀、薄薄地喷涂在碳钢材料表面即可。

原料配伍 本品各组分质量份配比范围为：导热油90～95，硬脂酸钙0.5～1，苯甲酸钠为0.6～0.8，二壬基萘磺酸钡2～3，十二烯基丁二酸0.4～0.6，斯盘-80 1～1.5，羊毛脂镁皂0.5～1。

质量指标

	项目	质量指标	试验方法
规格指标	外观	棕色褐色块状物	目测
	镁含量/%	≥1.5	CHB117
	腐蚀	合格	SY2620
	水溶性酸碱	中性或弱碱性	GB 259
	硫酸根	无	CHB114
	水分/%	≤0.2	

产品应用 本品主要用作增强碳钢材料抗腐蚀性能的防锈剂。

产品特性

（1）本产品由防锈剂、成膜剂、表面活性剂和基础油制得，能长效防锈。由于防锈油层跟碳钢材料基体的结合力好，即使油层被抹去，缓蚀剂分子跟基体生成的化学络合物不会被抹去，具有更好的防锈性能。

（2）本产品采用导热油为基础油，其中硬脂酸钙、苯甲酸钠、石油磺酸钡（T705）、十二烯基丁二酸（T746）是防锈剂，斯盘-80是表面活性剂，羊毛脂镁皂是成膜剂，添加多种组分能够显著改善其耐蚀性。碳钢材料经本产品处理，其表面附有一层均质油相防锈层，能在潮湿环境下放置至少一年，保护效果持久。

铁粉冲压件专用防锈油(1)

原料配比

原料	配比(质量份)		
	1#	2#	3#
四甲基溴化铵	1	2	1.2
三乙醇胺	13	13	13
油酸	5	5	5
月桂醇	1	1	1
植酸	4	4	4
基础油 60SN	16	16	16
石油磺酸钠	9	9	9
120#溶剂油	62	62	62
二壬基萘磺酸钡	10	10	10
斯盘-80	8	8	8
煤油 D60	43	43	43
聚丙烯酸钠	1	1	1

制备方法 将各组分原料混合均匀即可。

原料配伍 本品各组分质量份配比范围为：四甲基溴化铵1～2，三乙醇胺13，油酸5，月桂醇1，植酸4，基础油60SN 16，石油磺酸钠 9，120＃溶剂油 62，二壬基萘磺酸钡 10，斯盘-80 8，煤油 D60 43，聚丙烯酸钠 1。

产品应用 本品是一种铁粉冲压件专用防锈油。

产品特性 本产品黏度小，沥干速度快，铁粉冲压件表面光洁不粘手，与通用型防锈油相比防锈效果好，使用方便。

铁粉冲压件专用防锈油(2)

原料配比

原料		配比(质量份)
30＃机械油		80
氯酞酸二甲酯		2
双辛烷基甲基叔胺		0.4
防锈剂 T746		4
二甲苯		0.5
聚四氟乙烯		0.5
富马酸二甲酯		2
苯并三氮唑		2
蓖麻酸钙		2
液体石蜡		10
乙二醇		3
植酸		0.6
三乙醇胺		1
稀土成膜液压油		20
稀土成膜液压油	丙二醇苯醚	15
	明胶	3
	甘油	2.1
	磷酸三甲酚酯	0.4
	硫酸铝铵	0.4
	液压油	110
	去离子水	105
	氢氧化钠	5
	硝酸铈	3
	十二烯基丁二酸	15
	斯盘-80	0.5

制备方法

(1) 将植酸加入液体石蜡中，搅拌均匀后加入富马酸二甲酯，70～80℃下搅拌混合5～10min，得酯化液；

(2) 将聚四氟乙烯与蓖麻酸钙混合，搅拌均匀，加热到90～100℃，加入上述酯化液，保温搅拌30～40min；

(3) 将上述处理后的各原料与30#机械油混合，送入反应釜，110～120℃下搅拌混合40～50min，加入二甲苯，充分搅拌，脱水，80～85℃下搅拌混合2～3h；

(4) 将反应釜温度降低到50～60℃，加入剩余各原料，不断搅拌至常温，过滤出料。

原料配伍 本品各组分质量份配比范围为：30#机械油70～80，氯酞酸二甲酯2～3，双辛烷基甲基叔胺0.4～1，防锈剂T746 4～6，二甲苯0.5～1，聚四氟乙烯0.5～2，富马酸二甲酯2～3，苯并三氮唑1～2，蓖麻酸钙1～2，液体石蜡6～10，乙二醇2～3，植酸0.6～1，三乙醇胺1～2，稀土成膜液压油14～20。

所述的稀土成膜液压油是由下述质量份的原料制成的：丙二醇苯醚10～15，明胶3～4，甘油2.1～3，磷酸三甲酚酯0.4～1，硫酸铝铵0.2～0.4，液压油100～110，去离子水100～105，氢氧化钠3～5，硝酸铈3～4，十二烯基丁二酸10～15，斯盘-80 0.5～1。

所述的稀土成膜液压油的制备方法：

(1) 将磷酸三甲酚酯加入甘油中，搅拌均匀，得醇酯溶液；

(2) 将明胶与上述去离子水质量的40%～55%混合，搅拌均匀后加入硫酸铝铵，放入60～70℃的水浴中，加热10～20min，加入上述醇酯溶液，继续加热5～7min，取出冷却至常温，加入丙二醇苯醚，40～60r/min搅拌混合10～20min，得成膜助剂；

(3) 将十二烯基丁二酸与氢氧化钠混合，搅拌均匀后加入剩余的去离子水中，充分混合，加入硝酸铈，60～65℃下保温搅拌20～30min，得稀土分散液；

(4) 将斯盘-80加入液压油中，搅拌均匀后加入上述成膜助剂、稀土分散液，在60～70℃下保温反应30～40min，脱水，即得所述稀土成膜液压油。

质量指标

项目	质量指标
表观	无沉淀、无分层、无结晶物析出
腐蚀试验(10＃钢,100h,100℃)	0级
盐雾试验(10＃钢,A级)	7天
湿热试验(10＃钢,A级)	20天
低温附着性	合格

产品应用 本品是一种铁粉冲压件专用防锈油。

产品特性

(1) 本产品中将丙二醇苯醚加入改性明胶体系中，使其被明胶体系微粒完全吸收，从而提高体系的聚结性能和稳定性，自身的成膜性也在系统中得到加强；加入的稀土离子可以与在金属基材表面发生吸氧腐蚀过程中产生的 OH^- 生成不溶性络合物，减缓腐蚀的电极反应，起到很好的缓释效果。

(2) 本产品黏度小，沥干速度快，铁粉冲压件表面光洁不粘手，具有很好的润滑效果，在生产铁粉冲压件时可以浸入冲压件空隙内部，使用方便，节省用料量，提高成品包装速度。

铁粉冲压件专用防锈油(3)

原料配比

原料	配比(质量份)
氟钛酸钾	0.4
乳酸钙	1
乙酰化羊毛脂	7
叔丁基对二苯酚	0.5
磷酸三钠	2
马来酸二丁酯	1
聚偏氟乙烯	3
乙酰柠檬酸三乙酯	2
牛脂油	3
150SN 基础油	70
三乙醇胺	0.5

续表

原料		配比(质量份)
中性二壬基萘磺酸钡		7
癸二酸		2
斯盘-80		0.6
抗剥离机械油		5
抗剥离机械油	聚乙二醇单甲醚	2
	2,6-二叔丁基-4-甲基苯酚	0.2
	松香	6
	聚氨酯丙烯酸酯	2
	斯盘-80	3
	硝酸镧	4
	机械油	100
	磷酸二氢锌	10
	28%氨水	50
	去离子水	30
	硅烷偶联剂 KH560	0.2

制备方法

(1) 将磷酸三钠与乳酸钙混合，加入到4～6倍水中，搅拌均匀后加入氟钛酸钾，40～50℃下搅拌混合5～10min；

(2) 将斯盘-80加入150SN基础油中，搅拌均匀后加入马来酸二丁酯、中性二壬基萘磺酸钡，100～200r/min搅拌分散7～10min；

(3) 将上述处理后的原料混合，搅拌均匀后加入叔丁基对二苯酚，搅拌混合20～30min，加入反应釜中，100～120℃下搅拌混合20～30min，加入三乙醇胺，降低温度到80～90℃，脱水，搅拌混合2～3h；

(4) 将反应釜温度降低到50～60℃，加入剩余各原料，不断搅拌至常温，过滤出料。

原料配伍 本品各组分质量份配比范围为：氟钛酸钾0.4～1，乳酸钙1～2，乙酰化羊毛脂4～7，叔丁基对二苯酚0.5～1，磷酸三钠1～2，马来酸二丁酯1～2，聚偏氟乙烯2～3，乙酰柠檬酸三乙酯2～3，牛脂油2～3，150SN基础油60～70，三乙醇胺0.5～1，中性二壬基萘磺酸钡5～7，癸二酸1～2，斯盘-80 0.3～0.6，抗剥离机械油 5～6。

所述的抗剥离机械油是由下述质量份的原料制成的：聚乙二醇单甲醚 2～3，2,6-二叔丁基-4-甲基苯酚 0.1～0.2，松香 4～6，聚氨酯丙烯酸酯 1～2，斯盘-80 2～3，硝酸镧 3～4，机械油 90～100，磷酸二氢锌 6～10，28%氨水 40～50，去离子水 20～30，硅烷偶联剂 KH560 0.1～0.2。

所述的抗剥离机械油的制备方法：

(1) 将聚乙二醇单甲醚与 2,6-二叔丁基-4-甲基苯酚混合加入去离子水中，搅拌均匀，得聚醚分散液；

(2) 将松香与聚氨酯丙烯酸酯混合，75～80℃下搅拌 10～15min，得酯化松香；

(3) 将磷酸二氢锌加入 28%氨水中，搅拌混合 6～10min；将硝酸镧与硅烷偶联剂 KH560 混合均匀后加入，搅拌均匀，得稀土氨液；

(4) 将斯盘-80 加入机械油中，搅拌均匀后依次加入上述酯化松香、稀土氨液、聚醚分散液，100～120℃下保温反应 20～30min，脱水，即得所述抗剥离机械油。

质量指标

项目	质量指标
表观	无沉淀、无分层、无结晶物析出
腐蚀试验(10＃钢,100h,100℃)	0 级
盐雾试验(10＃钢,A 级)	7 天
湿热试验(10＃钢,A 级)	20 天
低温附着性	合格

产品应用

本品是一种铁粉冲压件专用防锈油。

产品特性

(1) 本产品中将 2,6-二叔丁基-4-甲基苯酚与聚乙二醇单甲醚混合分散，提高了聚乙二醇单甲醚的热稳定性，使聚醚不容易断链，保持了其稳定性，聚氨酯丙烯酸酯与松香都具有很好的粘接性，与上述抗氧化处理后的聚乙二醇单甲醚共混改性后，即使在高温下依然具有很好的附着力，可以有效地提高成品油的抗剥离性，加入的稀土镧离子可以与在金属基材表面发生吸氧腐蚀过程中产生的 OH^- 生成不溶性络合物，减缓腐蚀的电极反应，起到很好的缓释效果。

(2) 本产品黏度小，沥干速度快，铁粉冲压件表面光洁不粘手，可以有效地浸入冲压件空隙内部，起到很好的防锈效果。

铁粉冲压件专用防锈油(4)

原料配比

原料	配比(质量份)
油酸	1.5
三乙醇胺	5
石油磺酸钠	6
二壬基萘磺酸钡	6
斯盘-80	4
植酸	1.5
基础油 60SN/75SN	5
煤油 D60	30
120#溶剂油	41

制备方法

(1) 先将植酸和油酸溶于基础油 60SN/75SN；

(2) 将步骤 (1) 所得的混合物溶于煤油 D60；

(3) 连续搅拌，将三乙醇胺慢慢加入步骤 (2) 所得的混合物中；

(4) 将石油磺酸钠、二壬基萘磺酸钡、斯盘-80 加入步骤 (3) 所得的混合物中；

(5) 用 120#溶剂油稀释步骤 (4) 所得混合物，即得防锈油产品。

原料配伍 本品各组分质量份配比范围为：油酸 1～2，三乙醇胺 4～9，石油磺酸钠 3～7，二壬基萘磺酸钡 3～7，斯盘-80 4～5，植酸 1～2，基础油 60SN/75SN 5～10，煤油 D60 30，120#溶剂油 28～49。

产品应用 本品是一种铁粉冲压件专用防锈油。

产品特性 本产品黏度小，沥干速度快，铁粉冲压件表面光洁不黏手，与通用型防锈油相比防锈效果好，使用方便，节省用料量，提高成品包装速度。

铜基齿轮防锈油

原料配比

原料	配比(质量份)		
	3#	1#	2#
亚微米铜粉(直径 0.1～5.0μm)	2	4.5	7
基础防锈油	100	100	100
去离子水	适量	适量	适量

制备方法

(1) 将亚微米铜粉加去离子水配成 110～150g/L 浓度的浆料，静置 90～120s 后取上面的浆料，用悬液分离法和过滤筛分法除去亚微米铜粉中大的铜粉粒子，使粒子直径在 0.1～5.0μm；

(2) 采用真空抽滤法，用去离子水反复洗涤分离浆料中的可溶性盐分，用 50g/L 浓度的氯化钡溶液检查直到无硫酸根离子为止；

(3) 将步骤 (2) 所得滤饼用无水乙醇打浆并真空抽滤，洗涤置换其中所含水分，使滤饼中水分含量低于 1.5%；

(4) 再次将滤饼用矿物润滑油打浆，控制铜粉浓度为 20～230g/L；

(5) 搅拌状态下，保持浆料温度低于 35℃，进行亚微米铜粉的油溶性表面处理，熟化时间 60～90min；

(6) 将步骤 (5) 所得浆料再次真空抽滤，滤饼为油溶性铜粉；

(7) 对油溶性铜粉进行抗氧化处理；

(8) 在敞口反应罐中加入基础防锈油 (基础防锈油可以是矿物基础油、合成基础油、植物油或其他现有技术中的防锈油)，再加入经步骤 (7) 抗氧化处理的油溶性铜粉，用高速搅拌机搅拌分散均匀，并调整亚微米铜粉的质量分数为规定值即可。

原料配伍 本品各组分质量份配比范围为：亚微米铜粉和基础

防锈油的质量份之比为（0.1～10）：100，去离子水适量，所述亚微米铜粉的直径为0.1～5.0μm。

质量指标

油品名称	12h后油膜厚度/μm
矿物防锈油	3～5
加有亚微米铜粉的矿物防锈油	7～9
合成防锈油	4～6
加有亚微米铜粉的合成防锈油	7～9

产品应用 本品是一种铜基齿轮防锈油。

产品特性 本产品在基础防锈油中加入亚微米铜粉，使每升防锈油中均匀分布数百万颗亚微米铜粉，亚微米铜粉形状为球形或接近球形，比表面积大，具有很高的黏附性能，可吸附大量的油分子，将防锈油施于齿轮上后，可使齿轮表面形成比普通防锈油膜更厚的防锈油膜层，更好地阻止环境气氛中水汽、氧气、酸、碱、盐和碳化物等对工件造成影响，大幅提高齿轮防锈油的防锈能力。在矿物防锈油和合成防锈油两种防锈油中加入亚微米铜粉后，齿轮表面油膜厚度显著提高，防锈性能得到明显增强。

铜基轴承防锈油

原料配比

原料	配比(质量份)		
	1#	2#	3#
亚微米铜粉(直径0.1～5.0μm)	1	—	3
亚微米铜粉(直径0.3～1.5μm)	—	2	—
基础防锈油	100	100	100
去离子水	适量	适量	适量

制备方法

（1）将亚微米铜粉加去离子水配成110～150g/L浓度的浆料，静置90～120s后取上面的浆料，用悬液分离法和过滤筛分法除去亚微米铜粉中大的铜粉粒子，使粒子直径在0.3～1.5μm；

（2）采用真空抽滤法，用去离子水反复洗涤分离浆料中的可溶性盐分，用 50g/L 浓度的氯化钡溶液检查直到无硫酸根离子为止；

（3）将步骤（2）所得滤饼用无水乙醇打浆并真空抽滤，洗涤置换其中所含水分，使滤饼中水分含量低于 1.5%；

（4）再次将滤饼用矿物润滑油打浆，控制铜粉浓度为 20～230g/L；

（5）搅拌状态下，保持浆料温度低于 35℃，进行亚微米铜粉的油溶性表面处理，熟化时间为 60～90min；

（6）将步骤（5）所得浆料再次真空抽滤，滤饼为油溶性铜粉；

（7）对油溶性铜粉进行抗氧化处理；

（8）在敞口反应罐中加入基础防锈油（基础防锈油可以是矿物基础油、合成基础油、植物油或其他现有技术中的防锈油），再加入经步骤（7）抗氧化处理的油溶性铜粉，用高速搅拌机搅拌分散均匀，并调整亚微米铜粉的质量分数为规定值即可。

原料配伍 本品各组分质量份配比范围为：亚微米铜粉和基础防锈油的质量份之比为（0.1～6）：100，去离子水适量，所述亚微米铜粉的直径为0.1～5.0μm。

质量指标

油品名称	12h 后油膜厚度/μm
矿物防锈油	3～5
加有亚微米铜粉的矿物防锈油	7～9
合成防锈油	5～8
加有亚微米铜粉的合成防锈油	8～10

产品应用 本品是一种铜基轴承防锈油。

产品特性 本产品在基础防锈油中加入亚微米铜粉，使每升防锈油中均匀分布数百万颗亚微米铜粉，亚微米铜粉形状为球形或接近球形，比表面积大，具有很高的黏附性能，可吸附大量的油分子，将防锈油施于轴承上后，可使轴承表面形成比普通防锈油膜更厚的防锈油膜层，更好地阻止环境气氛中水汽、氧气、酸、碱、盐和碳化物等对轴承造成影响，大幅提高轴承防锈油的防锈能力。在矿物防锈油和合成防锈油两种防锈油中加入亚微米铜粉后，轴承表面油膜厚度显著提高，防锈性能得到明显增强。

 铜质器皿防锈油

原料配比

原料	配比(质量份)						
	1#	2#	3#	4#	5#	6#	7#
苯三唑三丁胺	1.72	1.39	4	2.25	1.87	2.07	2.53
癸酸三丁胺	2.91	5	3.93	3.89	4.99	2.13	2.38
石油磺酸钠	2.47	1.55	2.11	2.54	1.62	3.39	1.7
山梨糖醇酐油酸酯	6.48	5.67	5.28	7.16	6.32	6.71	5.69
润滑油	86	88	87	95	95	86	86
苯并三氮唑	0.62	0.58	0.59	0.56	0.86	0.76	0.56

制备方法 将各组分原料混合均匀即可。

原料配伍 本品各组分质量份配比范围为：苯三唑三丁胺1.39～4，癸酸三丁胺2.13～5，石油磺酸钠1.55～3.39，山梨糖醇酐油酸酯5.28～7.16，润滑油86～95，苯并三氮唑0.56～0.86。

所述润滑油为32#机械油。

产品应用 本品是一种铜质器皿防锈油。

产品特性 本产品在使用期间内能够分离出保护基团，吸附在铜质器皿的表面，形成一层保护膜，起到包覆防锈的作用。

脱水防锈油(1)

原料配比

原料	配比(质量份)
灯用煤油	42
150SN基础油	42
失水山梨醇脂肪酸酯	5
聚乙二醇	4
辛基化二苯胺	2

续表

原料		配比(质量份)
2-氨乙基十七烯基咪唑啉		1
油酸		2
异十三醇聚氧乙烯醚		2
成膜助剂		3
硫酸镁		6
二月桂酸二丁基锡		1
抗氧剂168		2
成膜助剂	氯丁橡胶CR121	60
	EVA树脂(VA含量28)	30
	二甲苯	40
	聚乙烯醇	10
	羟乙基亚乙基双硬脂酰胺	1
	2-正辛基-4-异噻唑啉-3-酮	4
	甲基苯并三氮唑	3
	甲基三乙氧基硅烷	2
	十二烷基聚氧乙烯醚	3
	过氧化二异丙苯	2
	2,5-二甲基-2,5-二(叔丁基过氧化)己烷	0.8

制备方法

(1) 将上述灯用煤油、150SN基础油加入反应釜中，搅拌，加热到110～120℃；

(2) 加入上述失水山梨醇脂肪酸酯、辛基化二苯胺，加热搅拌使其溶解；

(3) 加入上述油酸、聚乙二醇、异十三醇聚氧乙烯醚，连续脱水1～1.5h，降温至55～60℃；

(4) 加入上述二月桂酸二丁基锡，55～60℃下保温搅拌3～4h；

(5) 加入剩余各原料，充分搅拌，降低温度至35～38℃，过滤出料。

原料配伍 本品各组分质量份配比范围为：灯用煤油38～42，150SN基础油38～42，失水山梨醇脂肪酸酯4～5，聚乙二醇3～

4，辛基化二苯胺 2～3，2-氨乙基十七烯基咪唑啉 1～3，油酸 2～3，异十三醇聚氧乙烯醚 1～2，成膜助剂 2～3，硫酸镁 4～6，二月桂酸二丁基锡 1～2，抗氧剂 168 1～2。

所述的成膜助剂是由下述质量份的原料制成的：氯丁橡胶 CR121 50～60，EVA 树脂 20～30，二甲苯 30～40，聚乙烯醇8～10，羟乙基亚乙基双硬脂酰胺 1～2，2-正辛基-4-异噻唑啉-3-酮3～4，甲基苯并三氮唑 2～3，甲基三乙氧基硅烷 1～2，十二烷基聚氧乙烯醚 2～3，过氧化二异丙苯 1～2，2,5-二甲基-2,5-二（叔丁基过氧化）己烷 0.8～1。

所述的成膜助剂的制备包括以下步骤：

（1）将上述氯丁橡胶 CR121 加入密炼机内，70～80℃下单独塑炼 10～20min，然后出料冷却至常温；

（2）将上述 EVA 树脂、羟乙基亚乙基双硬脂酰胺、2-正辛基-4-异噻唑啉-3-酮、甲基苯并三氮唑、十二烷基聚氧乙烯醚混合，90～100℃下反应 1～2h，加入上述塑炼后的氯丁橡胶，降低温度至 80～90℃，继续反应 40～50min，再加入剩余各原料，60～70℃下反应 4～5h，即得所述成膜助剂。

质量指标

项目	质量指标
表观	无沉淀、无分层、无结晶物析出
盐雾试验(36℃,170h)	无腐蚀
湿热试验(50℃,700h)	无腐蚀
耐候性试验	实验工件为 100 块 45＃钢，大小均为 200mm×200mm×10mm，表面无锈蚀，其中 50 块工件施用传统的防锈油，50 块工件施用本防锈油，置于同一室内，实验时间 2 年，经测试，施用本防锈油的工件腐蚀程度最高的为 1.5%，腐蚀程度最低的为 0.8%，平均腐蚀率为 0.98%；施用传统防锈油的工件腐蚀程度最高的为 4.4%，腐蚀程度最低的为 3.6%，平均腐蚀率为 3.98%

产品应用 本品是一种脱水防锈油。

产品特性 本产品不易变色，不易氧化，不影响工件的外观，综合性能优异，具有高的耐盐雾性、耐湿热性、耐老化性等，可清洗性能好，通过加入成膜助剂，改善了油膜的表面张力，使喷涂均匀，在金属工件表面铺展性能好，形成的油膜均匀稳定，提高了对金属的保护作用。

 脱水防锈油(2)

原料配比

<table>
<tr><th colspan="2">原料</th><th>配比(质量份)</th></tr>
<tr><td colspan="2">灯用煤油</td><td>40</td></tr>
<tr><td colspan="2">轻柴油</td><td>40</td></tr>
<tr><td colspan="2">氯化石蜡</td><td>2</td></tr>
<tr><td colspan="2">硬脂酸</td><td>2</td></tr>
<tr><td colspan="2">油酸三乙醇胺</td><td>2</td></tr>
<tr><td colspan="2">异丁醇</td><td>1</td></tr>
<tr><td colspan="2">石油醚</td><td>1</td></tr>
<tr><td colspan="2">甘油三酸酯</td><td>1</td></tr>
<tr><td colspan="2">对苯二酚</td><td>2</td></tr>
<tr><td colspan="2">N,N′-双[β-(3,5-二叔丁基-4-羟基苯基)丙酰]肼</td><td>1</td></tr>
<tr><td colspan="2">成膜助剂</td><td>3</td></tr>
<tr><td rowspan="6">成膜助剂</td><td>十二烯基丁二酸</td><td>14</td></tr>
<tr><td>虫胶树脂</td><td>2</td></tr>
<tr><td>双硬脂酸铝</td><td>7</td></tr>
<tr><td>丙二醇甲醚乙酸酯</td><td>6</td></tr>
<tr><td>乙二醇单乙醚</td><td>0.3</td></tr>
<tr><td>霍霍巴油</td><td>0.4</td></tr>
</table>

制备方法 将上述灯用煤油和轻柴油混合加入反应釜中，加热到150～180℃，充分搅拌后再加入氯化石蜡、硬脂酸、油酸三乙醇胺，充分搅拌，待其自然冷却至50～60℃时，加入剩余各原料，搅拌反应1～2h，待其温度降至40℃以下时过滤装桶包装，即得所述脱水防锈油。

原料配伍 本品各组分质量份配比范围为：灯用煤油30～40，轻柴油30～40，氯化石蜡2～3，硬脂酸2～3，油酸三乙醇胺2～3，异丁醇1～2，石油醚1～2，甘油三酸酯1～2，对苯二酚1～2，*N*,*N*′-双［*β*-（3,5-二叔丁基-4-羟基苯基）丙酰］肼1～2，成膜助剂 2～3。

所述的成膜助剂是由下述质量份的原料制成的：十二烯基丁二酸 10～14，虫胶树脂 1～2，双硬脂酸铝 6～7，丙二醇甲醚乙酸酯 6～8，乙二醇单乙醚 0.2～0.3，霍霍巴油 0.3～0.4。

所述的成膜助剂的制备方法：将上述双硬脂酸铝加热到 80～90℃，加入丙二醇甲醚乙酸酯，充分搅拌后降低温度至 60～70℃，加入乙二醇单乙醚，300～400r/min 搅拌分散 4～6min，得预混料；将上述十二烯基丁二酸与虫胶树脂在 80～100℃下混合，搅拌均匀后加入上述预混料中，充分搅拌后，加入霍霍巴油，冷却至常温，即得所述成膜助剂。

质量指标

项目	质量指标
湿热试验(45＃钢,T3 铜,30 天)	合格
腐蚀试验(45＃钢,T3 铜,7 天)	合格
盐雾试验(45＃钢,T3 铜,7 天)	合格

产品应用 本品是一种脱水防锈油。

产品特性 本产品脱水速度快，表面附有水膜的各类金属工件在本防锈油中浸泡数分钟就可以脱净水分，本产品可以在金属工件表面形成一层均匀稳定的涂膜，防锈效果好，作用时间长。

脱水防锈油(3)

原料配比

原料	配比(质量份)		
	1＃	2＃	3＃
精制煤油	25	40	50
变压器油	10	15	20
辛基化二苯胺	2	4	6
异构十三醇聚氧乙烯醚	2	4	6
硫酸镁	4	8	12
抗氧剂 168	2	3	4
羊毛脂镁皂	5	8	10

续表

原料	配比(质量份)		
	1#	2#	3#
无水乙醇	3	6	9
石油醚	1	3	5
苯三唑	2	4	6
石油磺酸钡	4	8	12
二壬基萘磺酸钡	2	3	4
苯并三氮唑	2	4	6
邻苯二甲酸二丁酯	4	8	12

制备方法 将各组分原料混合均匀即可。

原料配伍 本品各组分质量份配比范围为：精制煤油 25～50，变压器油 10～20，辛基化二苯胺 2～6，异构十三醇聚氧乙烯醚2～6，硫酸镁 4～12，抗氧剂 168 2～4，羊毛脂镁皂 5～10，无水乙醇 3～9，石油醚 1～5，苯三唑 2～6，石油磺酸钡 4～12，二壬基萘磺酸钡 2～4，苯并三氮唑 2～6，邻苯二甲酸二丁酯 4～12。

产品应用 本品是一种脱水防锈油，用于零件水洗工艺后的防锈。本产品可以在零件加工过程中使用。

产品特性

(1) 本产品不易变色，不易氧化，不影响工件的外观，综合性能优异，具有高的耐盐雾性、耐湿热性、耐老化性等，可清洗性能好。

(2) 本产品可有效去除金属零件表面的水分，特别适用于零件水洗工艺后的防锈，本产品可以在零件加工过程中使用，在零件表面形成很薄的防锈油膜，后序加工可以不去除。

脱水防锈油(4)

原料配比

原料	配比(质量份)
基础油	75～85
合成磺酸盐	0.5～10

续表

原料	配比(质量份)
萘磺酸盐	0.5～10
羊毛脂镁皂	0.5～10
脱水剂	10～15

制备方法 常压下，在容器内加入基础油，加热至120℃，搅拌真空脱水15min后，加入羊毛脂镁皂、萘磺酸盐、合成磺酸盐，全部互溶后，停止抽真空和加热，降温至50℃以下，加入脱水剂，搅拌至全部互溶后，采样检测，温度降至常温，进入包装程序。

原料配伍 本品各组分质量份配比范围为：基础油75～85，合成磺酸盐0.5～10，萘磺酸盐0.5～10，羊毛脂镁皂0.5～10，脱水剂10～15。

质量指标

项目	技术标准
外观	透明均相液
运动黏度(50℃)/(mm^2/s)	31～36
凝点/℃	<-10
水溶性酸碱	无
机械杂质/%	0.02
防锈性能(QT叠片)	24h无锈蚀
湿热试验(45#钢,96h)	<1

产品应用 本品是一种成本低廉、清洗后无须加热干燥的脱水防锈油剂。

产品特性 本产品是采用科学的配方精细加工制成的脱水防锈油，漂洗后的工件不用加热干燥，可直接用本产品处理，可将工件表面的水脱掉，同时防锈油能够牢固地附着在工件表面，达到既脱水又防锈的目的。其具有脱水彻底、速度快、防锈功能好等优点，无毒、无异味、无刺激，对环境友好，使用安全方便。

脱水防锈油(5)

原料配比

原料	配比(质量份)					
	1#	2#	3#	4#	5#	6#
石油磺酸钡	5	10	15	5	5	8
二壬基萘磺酸钡	1	2	3	2	2	4
苯并三氮唑	0.1	0.1	0.3	0.2	0.2	0.2
邻苯二甲酸二丁酯	4	5	5	3	1	3
十二烯基丁二酸	2	2	1	1	3	2
聚异丁烯	1	2	3	2	2	2
变压器油	3	5	5	4	2	3
航空煤油	加至100	加至100	加至100	加至100	加至100	加至100

制备方法 将各组分原料混合均匀即可。

原料配伍 本品各组分质量份配比范围为：石油磺酸钡5～15，二壬基萘磺酸钡1～5，苯并三氮唑0.05～1，邻苯二甲酸二丁酯1～15，十二烯基丁二酸1～10，聚异丁烯1～10，变压器油1～15，航空煤油加至100。

产品应用 本品是一种金属零件在生产加工过程中用的防锈油。

产品特性

(1) 本产品不含水溶性酸或碱，湿热试验可保证7天内无锈蚀，具有良好的脱水性，可在短时间内将零件表面的水分脱除，具有良好的防锈性，可保证碳钢零件3个月的短期防锈。

(2) 本产品适用于金属零件在工序间的防锈，特别是零件采用水处理后的防锈。本产品的突出技术特点是：具有快速的脱水效果，可以快速置换金属零件表面的水膜，在短时间内即可将工件表面的水分除尽；具有良好的防锈效果；适用于钢、铁、铝、镁等金属材料的工序间防锈。

(3) 本产品可以在零件加工过程中使用，在零件表面形成很薄的防锈油膜，后序加工可以不去除。

脱水防锈油(6)

原料配比

<table>
<tr><th colspan="2">原料</th><th>配比(质量份)</th></tr>
<tr><td colspan="2">航空煤油</td><td>80</td></tr>
<tr><td colspan="2">石油磺酸钡</td><td>5～10</td></tr>
<tr><td colspan="2">十二烯基丁二酸</td><td>2</td></tr>
<tr><td colspan="2">烷基酚聚氧乙烯醚</td><td>2</td></tr>
<tr><td colspan="2">金属减活钝化剂 T-561(十二烷基噻二唑)</td><td>0.5</td></tr>
<tr><td colspan="2">聚异丁烯</td><td>3</td></tr>
<tr><td colspan="2">二甲基硅油</td><td>0.8</td></tr>
<tr><td colspan="2">十二烷基苯磺酸钠</td><td>1</td></tr>
<tr><td colspan="2">三乙醇胺</td><td>1.5</td></tr>
<tr><td colspan="2">成膜助剂</td><td>3</td></tr>
<tr><td colspan="2">1,6-已二异氰酸酯</td><td>0.7</td></tr>
<tr><td rowspan="7">成膜助剂</td><td>古马隆树脂</td><td>50</td></tr>
<tr><td>甲基丙烯酸甲酯</td><td>10</td></tr>
<tr><td>异丙醇铝</td><td>1</td></tr>
<tr><td>三羟甲基丙烷三丙烯酸酯</td><td>3</td></tr>
<tr><td>斯盘-80</td><td>0.5</td></tr>
<tr><td>脱蜡煤油</td><td>26</td></tr>
<tr><td>棕榈酸</td><td>2</td></tr>
</table>

制备方法 将上述航空煤油加入反应釜中，搅拌，加热到110～120℃，加入石油磺酸钡，搅拌均匀后加入聚异丁烯、十二烯基丁二酸、十二烷基苯磺酸钠、成膜助剂，连续脱水 1～2h，降温至 50～60℃，加入烷基酚聚氧乙烯醚，保温搅拌 3～5h，加入剩余各原料，降低温度至 30～35℃，搅拌均匀，过滤出料。

原料配伍 本品各组分质量份配比范围为：航空煤油 74～80，石油磺酸钡 5～10，十二烯基丁二酸 1～2，烷基酚聚氧乙烯醚 1～2，金属减活钝化剂 T-561（十二烷基噻二唑）0.5～1，聚异丁烯 2～3，二甲基硅油 0.8～1，十二烷基苯磺酸钠 1～2，三乙醇胺 0.8～1.5，成膜助剂 3～5，1,6-已二异氰酸酯 0.7～1。

所述的成膜助剂是由下述质量份的原料制成的：古马隆树脂

40～50，甲基丙烯酸甲酯 6～10，异丙醇铝 1～2，三羟甲基丙烷三丙烯酸酯 3～5，斯盘-80 0.5～1，脱蜡煤油 20～26，棕榈酸 1～2。

所述的成膜助剂的制备方法：

（1）将上述古马隆树脂加热至 75～80℃，加入甲基丙烯酸甲酯，搅拌至常温，加入脱蜡煤油，60～80℃下搅拌混合 30～40min；

（2）将异丙醇铝与棕榈酸混合，球磨均匀，加入三羟甲基丙烷三丙烯酸酯，80～85℃下搅拌混合 3～5min；

（3）将上述处理后的各原料混合，加入剩余各原料，500～600r/min 搅拌分散 10～20min，即得所述成膜助剂。

质量指标

项目	质量指标
表观	无沉淀、无分层、无结晶物析出
盐雾试验(36℃,170h)	无腐蚀
湿热试验(50℃,700h)	无腐蚀

产品应用 本品主要用于钢、铁、铝、镁等金属材料的工序间防锈。

产品特性 本产品适用于金属零件在工序间的防锈，特别是零件采用水处理后的防锈，在短时间内即可将工件表面的水分除尽，具有良好的防锈效果，适用于钢、铁、铝、镁等金属材料的工序间防锈。

乌洛托品气相缓释防锈油

原料配比

原料	配比(质量份)
120＃溶剂油	150
二茂铁	1.5
聚异丁烯	2.5
癸二酸钠	2
苯甲酸乙醇胺	2

续表

原料		配比(质量份)
苯并三氮唑		1
2-氨乙基十七烯基咪唑啉		2
乌洛托品		3
1-羟基苯并三氮唑		4
十二烷基苯磺酸钠		5
二烷基二硫代磷酸锌		4
二甲基硅油		6
马来酸二辛酯		14
成膜树脂		6
改性凹凸棒土		1
成膜树脂	十二烷基醚硫酸钠	4
	液化石蜡	16
	3-氨丙基三甲氧基硅烷	4
	三乙烯二胺	13
	环氧大豆油	12
	二甲苯	14
	交联剂 TAIC	7
	松香	4
	锌粉	3

制备方法 首先制备成膜树脂和改性凹凸棒土，然后按配方要求将各种成分在 80～90℃下混合搅拌 30～40min，冷却后过滤即可。

原料配伍 本品各组分质量份配比范围为：120＃溶剂油 150，二茂铁 1～2，聚异丁烯 2～3，癸二酸钠 1～2，苯甲酸乙醇胺 1～3，苯并三氮唑 1～2，2-氨乙基十七烯基咪唑啉 1～2，乌洛托品 2～4，1-羟基苯并三氮唑 2～4，十二烷基苯磺酸钠 3～5，二烷基二硫代磷酸锌 2～4，二甲基硅油 6～8，马来酸二辛酯 13～15，成膜树脂 5～6，改性凹凸棒土 1～2。

所述的成膜树脂按以下步骤制成：

(1) 将十二烷基醚硫酸钠、液化石蜡、3-氨丙基三甲氧基硅烷、三乙烯二胺、环氧大豆油、二甲苯、交联剂 TAIC 加入不锈钢反应釜，升温至 (110±5)℃，开动搅拌，加入松香、锌粉。

（2）然后以30～40℃/h的速率升温到（205±2)℃：

（3）当酸值达到15mgKOH/g以上时停止加热，放至稀释釜；

（4）冷却到（70±5)℃搅匀得到成膜树脂。

所述的改性凹凸棒土按以下步骤制成：

（1）凹凸棒土用15%～20%双氧水泡2～3h后，再用去离子水洗涤至中性，烘干；

（2）在凹凸棒土中，加入相当于其质量1%～2%的氢氧化铝粉、2%～3%的钼酸钠、1%～2%的交联剂TAC，4500～4800r/min搅拌高速，20～30min，烘干粉碎成500～600目粉末。

产品应用 本品是一种气相防锈油。用于武器装备和民用金属材料的长期防锈，主要用于密闭内腔系统。对多种金属有防锈功能。

产品特性

本产品既具有防锈油接触性的防锈特性，又具有气相缓蚀剂气相防锈的优越性能广泛应用于机械设备等内腔或其他接触或非接触的金属部位的防锈。对炮钢、A3钢、45＃钢、20＃钢、黄铜、镀锌、镀铬等多种金属具有防锈作用。

无钡静电喷涂防锈油(1)

原料配比

原料	配比(质量份)
T405硫化烯烃棉籽油	10
150SN基础油	80
脂肪醇聚氧乙烯醚	2
1-甲基戊醇	0.4
棕榈蜡	3
偏苯三酸酯	3
二甲氨基丙胺	0.6
偏硼酸铵	0.7
氯化石蜡	4
琥珀酸二甲酯	1

续表

原料		配比(质量份)
2-巯基苯并咪唑		0.6
硫酸铝		2
抗剥离机械油		6
抗剥离机械油	聚乙二醇单甲醚	3
	2,6-二叔丁基-4-甲基苯酚	0.2
	松香	6
	聚氨酯丙烯酸酯	1
	斯盘-80	3
	硝酸镧	3～4
	机械油	100
	磷酸二氢锌	10
	28%氨水	50
	去离子水	30
	硅烷偶联剂 KH560	0.2

制备方法

(1) 将脂肪醇聚氧乙烯醚加入 150SN 基础油中，搅拌均匀后加入偏苯三酸酯、二甲氨基丙胺，60～70℃下保温搅拌 10～20min；

(2) 将硫酸铝与偏硼酸铵混合，搅拌均匀后加入棕榈蜡，50～60℃下搅拌混合 5～10min；

(3) 将上述处理后的原料混合，搅拌均匀后加入 T405 硫化烯烃棉籽油，搅拌均匀，加入反应釜中，100～120℃下搅拌混合20～30min，加入琥珀酸二甲酯，降低温度到 80～90℃，脱水，搅拌混合 2～3h；

(4) 将反应釜温度降低到 50～60℃，加入剩余各原料，不断搅拌至常温，过滤出料。

原料配伍 本品各组分质量份配比范围为：T405 硫化烯烃棉籽油 6～10，150SN 基础油 70～80，脂肪醇聚氧乙烯醚 1～2，1-甲基戊醇 0.4～1，棕榈蜡 2～3，偏苯三酸酯 2～3，二甲氨基丙胺 0.6～1，偏硼酸铵 0.7～1，氯化石蜡 3～4，琥珀酸二甲酯 1～2，2-巯基苯并咪唑 0.6～2，硫酸铝 1～2，抗剥离机械油 4～6。

所述的抗剥离机械油是由下述质量份的原料制成的：聚乙二醇

单甲醚 2～3，2,6-二叔丁基-4-甲基苯酚 0.1～0.2，松香 4～6，聚氨酯丙烯酸酯 1～2，斯盘-80 2～3，硝酸镧 3～4，机械油 90～100，磷酸二氢锌 6～10，28%氨水 40～50，去离子水 20～30，硅烷偶联剂 KH560 0.1～0.2。

所述的抗剥离机械油的制备方法：

(1) 将聚乙二醇单甲醚与 2,6-二叔丁基-4-甲基苯酚混合加入去离子水中，搅拌均匀，得聚醚分散液；

(2) 将松香与聚氨酯丙烯酸酯混合，75～80℃下搅拌 10～15min，得酯化松香；

(3) 将磷酸二氢锌加入 28%氨水中，搅拌混合 6～10min，将硝酸镧与硅烷偶联剂 KH560 混合均匀后加入，搅拌均匀，得稀土氨液；

(4) 将斯盘-80 加入机械油中，搅拌均匀后依次加入上述酯化松香、稀土氨液、聚醚分散液，100～120℃下保温反应 20～30min，脱水，即得所述抗剥离机械油。

质量指标

项目	质量指标
表观	无沉淀、无分层、无结晶物析出
腐蚀试验(10#钢,100h,100℃)	0级
盐雾试验(10#钢,A级)	7天
湿热试验(10#钢,A级)	20天
低温附着性	合格

产品应用

本品主要用于冷轧钢板的静电喷涂防锈处理。

产品特性

(1) 本产品中将 2,6-二叔丁基-4-甲基苯酚与聚乙二醇单甲醚混合分散，提高了聚乙二醇单甲醚的热稳定性，使聚醚不容易断链，保持了其稳定性，聚氨酯丙烯酸酯与松香都具有很好的粘接性，与上述抗氧化处理后的聚乙二醇单甲醚共混改性后，即使在高温下依然具有很好的附着力，可以有效地提高成品油的抗剥离性，加入的稀土镧离子可以与在金属基材表面发生吸氧腐蚀过程中产生的 OH^- 生成不溶性络合物，减缓腐蚀的电极反应，起到很好的缓释效果。

(2) 本产品成本低廉、操作简便、易于施工、使用效果好，特别适用于冷轧钢板的静电喷涂防锈处理，不含钡，环保性好，可以有效地在金属表层形成稳定的覆盖膜，起到良好的防锈效果。

无钡静电喷涂防锈油(2)

原料配比

原料		配比(质量份)
稀土防锈液压油		20
20＃机械油		80
氯酞酸二甲酯		3
沥青		3
N,*N*-双(2-氰乙基)甲酰胺		2
硬脂酸聚氧乙烯酯		2
失水山梨醇脂肪酸酯		1
甲基苯并三氮唑		1
环烷酸锌		0.5
五氯酚钠		3
硫酸亚锡		0.3
烯丙基硫脲		0.4
稀土防锈液压油	*N*-乙烯基吡咯烷酮	3
	尼龙酸甲酯	2
	斯盘-80	0.7
	十二烯基丁二酸	16
	液压油	110
	三烯丙基异氰脲酸酯	0.5
	去离子水	70
	过硫酸钾	0.6
	氢氧化钠	3
	硝酸铈	4

制备方法

(1) 将上述失水山梨醇脂肪酸酯加入20＃机械油中，70～80℃下预热混合4～10min；

(2) 将硬脂酸聚氧乙烯酯与沥青混合，50～60℃下搅拌混合

10～20min，加入硫酸亚锡、甲基苯并三氮唑，搅拌至常温；

（3）将上述处理后的各原料混合，送入反应釜，充分搅拌，脱水，80～85℃下搅拌混合2～3h；

（4）将反应釜温度降低到50～60℃，加入剩余各原料，不断搅拌至常温，过滤出料。

原料配伍 本品各组分质量份配比范围为：稀土防锈液压油16～20，20＃机械油60～80，氯酞酸二甲酯1～3，沥青3～7，*N*,*N*-双(2-氰乙基)甲酰胺1～2，硬脂酸聚氧乙烯酯2～3，失水山梨醇脂肪酸酯1～2，甲基苯并三氮唑1～3，环烷酸锌0.5～1，五氯酚钠0.1～3，硫酸亚锡0.3～1，烯丙基硫脲0.4～1。

所述的稀土防锈液压油是由下述质量份的原料制成的：*N*-乙烯基吡咯烷酮3～4，尼龙酸甲酯2～3，斯盘-80 0.7～2，十二烯基丁二酸10～16，液压油100～110，三烯丙基异氰脲酸酯0.5～1，去离子水60～70，过硫酸钾0.3～0.6，氢氧化钠3～5，硝酸铈2～4。

所述的稀土防锈液压油的制备方法：

（1）将*N*-乙烯基吡咯烷酮与尼龙酸甲酯混合，50～60℃下搅拌混合3～10min，得酯化烷酮；

（2）取上述斯盘-80质量的70％～80％、去离子水质量的30％～50％混合，搅拌均匀后加入酯化烷酮、三烯丙基异氰脲酸酯、上述过硫酸钾质量的60％～70％，搅拌均匀，得烷酮分散液；

（3）将十二烯基丁二酸与氢氧化钠混合，搅拌均匀后加入剩余的去离子水中，充分混合，加入硝酸铈，60～65℃下保温搅拌20～30min，得稀土分散液；

（4）将剩余的斯盘-80、过硫酸钾混合加入液压油中，搅拌均匀后加入上述烷酮分散液、稀土分散液，70～80℃下保温反应3～4h，脱水，即得所述稀土防锈液压油。

质量指标

项目	质量指标
表观	无沉淀、无分层、无结晶物析出
腐蚀试验(10＃钢,100h,100℃)	0级

续表

项目	质量指标
盐雾试验(10＃钢,A级)	7天
湿热试验(10＃钢,A级)	20天
低温附着性	合格

产品应用 本品是一种无钡静电喷涂防锈油。

产品特性

（1）本产品中加入的烷酮分散液可以改善流动性，提高反应活性，加入的稀土离子可以与在金属基材表面发生吸氧腐蚀过程中产生的 OH^- 生成不溶性络合物，减缓腐蚀的电极反应，起到很好的缓释效果。

（2）本产品无强烈刺激性气味，不含钡及磺酸盐，健康环保，具有优良的防锈缓蚀性，性能稳定，能在金属表面形成非常薄的覆盖层，隔绝了金属与腐蚀介质。

无钡无磺酸盐静电喷涂防锈油

原料配比

原料	配比(质量份)				
	1＃	2＃	3＃	4＃	5＃
15＃机械油	80	80	90	85	81
环烷酸锌	10	4	2	6	3
N-油酰肌氨酸十八胺	6	1	3	2	5
十二烯基丁二酸	2	10	4	4	7
2,6-二叔丁基对甲酚	2	5	1	3	4

制备方法 将各组分原料混合均匀即可。

原料配伍 本品各组分质量份配比范围为：15＃机械油 80～90，环烷酸锌 2～10，*N*-油酰肌氨酸十八胺 1～6，十二烯基丁二酸 2～10，2,6-二叔丁基对甲酚 1～5。

产品应用 本品是一种无钡无磺酸盐静电喷涂防锈油。

产品特性

（1）本产品各组分的作用如下：15＃机械油作为基础油，是缓蚀剂的载体，可使多种缓蚀添加剂相互混合、溶解且充分均匀地分散，基础油分子可以深入定向吸附的缓蚀剂分子之间，使憎水的吸附膜更加紧密，也使吸附不牢的极性分子不易脱附，从而更有效地保护金属，一般占产品总量的80％以上。环烷酸锌、*N*-油酰肌氨酸十八胺、十二烯基丁二酸作为防锈添加剂，多种添加剂复合使用时起加合效应，能在金属表面形成非常薄的覆盖层，隔绝了金属与腐蚀介质，使金属的阳极溶解过程不能进行，有效地防止金属产生锈蚀，达到良好的防锈效果。2,6-二叔丁基对甲酚作为抗氧剂。因为有机物都含有不饱和化学键，能够与其他化合物发生多种化学反应，如氧化反应和聚合反应，油的氧化反应使油变稀、酸值增大、黏度降低、油膜变薄，油出现浑浊等现象而无法使用，不利于运输和长期储存，聚合反应造成油脂固化，容易使板带产生斑迹。

（2）本产品无强烈刺激性气味，不含钡及磺酸盐，健康环保；具有优良的防锈性，性能稳定，且具有良好的润滑性能。该防锈油对冷轧钢板、镀锌钢板均具有优良的防锈性，电绝缘性能适宜高电压下的静电喷涂，冲压性能达到汽车生产线工艺要求。

仪表用防锈油(1)

原料配比

原料	配比(质量份)
基础油	50
环烷酸锌	25
羊毛脂	30
凡士林	加至100

制备方法 将各组分原料混合均匀即可。

原料配伍 本品各组分质量份配比范围为：基础油40～60，环烷酸锌20～30，羊毛脂25～35，凡士林加至100。

产品应用 本品主要用作仪表用防锈油。

产品特性 本产品防锈效果好，防锈周期长。实用性强，适合相关行业的广泛使用。

仪表用防锈油(2)

原料配比

原料	配比(质量份)		
	1#	2#	3#
基础油	50	40	60
石油磺酸钡	25	20	30
羊毛脂	15	18	12
变压器油	10	12	8

制备方法 将各组分原料混合均匀即可。

原料配伍 本品各组分质量份配比范围为：基础油 40～60，石油磺酸钡 20～30，羊毛脂 12～18，变压器油 8～12。

产品应用 本品是一种仪表用防锈油。

产品特性 本产品防锈周期长，可以对仪表表面进行防护，实用性强，适合相关行业的广泛使用。

仪表用防锈油(3)

原料配比

原料	配比(质量份)		
	1#	2#	3#
羊毛脂	12	26	19
苯并三氮唑	10	20	15
成膜剂	18	22	20

制备方法 将各组分原料混合均匀即可。

原料配伍 本品各组分质量份配比范围为：羊毛脂 12～26，苯并三氮唑 10～20，成膜剂 18～22。

产品应用 本品是一种仪表用防锈油。

产品特性 本产品防锈周期长，可以对仪表表面进行防护，实用性强，适合相关行业的广泛使用。

以苯乙酮为基础油的防锈油

原料配比

原料		配比(质量份)
苯乙酮		80
苯甲酸单乙醇胺		3.0
成膜剂		4.5
异丙基二油酸酰氧基(二辛基磷酸酰氧基)钛酸酯		7.0
双十四碳醇酯		0.95
二甲基硅油		6.8
纳米陶瓷粉体		5.0
200#溶剂油		9.5
甲乙酮		5.0
三丁甲基乙醚		15
邻苯二甲酸二丁酯		8.0
成膜剂	200#溶剂油	18
	二甲苯	3.5
	乙二醇二缩水甘油醚	3
	E-12 环氧树脂	8
	苯乙烯	15
	2,6-二叔丁基对甲酚	1.5
	乙烯基三甲氧基硅烷	2
	交联剂 TAIC	1.8

制备方法

(1) 按组成原料的质量份量取苯乙酮，加入反应釜中加热搅拌，至12 0～135℃时加入三丁甲基乙醚，反应18～25min；

(2) 在步骤 (1) 所得物质中加入成膜剂、双十四碳醇酯和200#溶剂油，继续搅拌，冷却至28～35℃；

(3) 在步骤 (2) 所得物质中按组成原料的质量份加入其他组成原料，继续搅拌1.5～3.5h过滤后，即得成品。

原料配伍 本品各组分质量份配比范围为：苯乙酮75～85，苯甲酸单乙醇胺2.5～3.5，成膜剂4～5，异丙基二油酸酰氧基（二辛基磷酸酰氧基）钛酸酯6.0～8，双十四碳醇酯0.9～1，二甲基硅油6.5～7，纳米陶瓷粉体4.5～5.5，200#溶剂油9.0～10.0，甲乙酮4.5～5.5，三丁甲基乙醚14～16和邻苯二甲酸二丁酯7.0～9.0。

所述的成膜剂的制备方法如下：

（1）首先将18～22份200#溶剂油、3.5～4.5份二甲苯、2.0～3.0份乙二醇二缩水甘油醚、8～12份E-12环氧树脂混合加入反应釜中，70～110℃下反应2～3h；

（2）在步骤（1）的反应釜中加入15～18份苯乙烯、1.3～1.5份2,6-二叔丁基对甲酚、1～2份乙烯基三甲氧基硅烷、1.5～1.8份交联剂TAIC搅拌混合，50～80℃下反应3～5h，即得。

质量指标

项目	质量指标
附着力/级	≤1
中性盐雾腐蚀试验/h	≥95
湿热试验/h	>1080
油膜干燥时间/min	19～21
涂膜厚度/μm	<5.2
紫外线老化试验/h	>390

产品应用 本品是一种以苯乙酮为基础油的防锈油。

产品特性 本产品在金属表面附着力好、干燥快，耐盐雾性能好，环保无污染，采用苯乙酮为基础油，并添加了成膜剂，成膜速度快，防锈油表面不易氧化，不易影响工件的外观，综合性能好，而且本产品制备方法简单，成本低，适合大规模生产。

以丙二醇丁醚为基础油的防锈油

原料配比

原料	配比(质量份)
丙二醇丁醚	85
二亚乙基三胺	1.2
成膜剂	8.5

续表

原料		配比(质量份)
过氧化二异丙苯		1.2
间苯二酚		0.5
硬脂酸单甘油酯		4.8
纳米陶瓷粉体		4.5
柠檬酸三丁酯		5.0
乙酸乙酯		2.5
二甲基硅油		20
邻苯二甲酸二丁酯		16
成膜剂	三丁甲基乙醚	22
	二甲苯	4.5
	乙二醇二缩水甘油醚	3.0
	E-12 环氧树脂	8
	苯乙烯	18
	2,6-二叔丁基对甲酚	1.3
	乙烯基三甲氧基硅烷	2
	交联剂 TAIC	1.8

制备方法

(1) 按组成原料的质量份量取丙二醇丁醚，加入反应釜中加热搅拌，至108～115℃时加入二甲基硅油，反应23～28min；

(2) 在步骤 (1) 所得物质中加入成膜剂、间苯二酚和柠檬酸三丁酯，继续搅拌，冷却至30～35℃；

(3) 在步骤 (2) 所得物质中按组成原料的质量份加入其他组成原料，继续搅拌4～5h过滤后，即得成品。

原料配伍 本品各组分质量份配比范围为：丙二醇丁醚80～90，二亚乙基三胺1.0～1.5，成膜剂7.5～9.5，过氧化二异丙苯1.0～1.5，间苯二酚0.4～0.6，硬脂酸单甘油酯4.5～5，纳米陶瓷粉体3.0～5.5，柠檬酸三丁酯4.0～6.0，乙酸乙酯2～3，二甲基硅油17～23和邻苯二甲酸二丁酯15～17。

所述的成膜剂的制备方法如下：

(1) 首先将18～22份三丁甲基乙醚、3.5～4.5份二甲苯、2～3份乙二醇二缩水甘油醚、8～12份E-12环氧树脂混合加入反应釜中，70～110℃下反应 2～3h；

（2）在步骤（1）的反应釜中加入 15～18 份苯乙烯、1.3～1.5 份 2,6-二叔丁基对甲酚、1～2 份乙烯基三甲氧基硅烷、1.5～1.8 份交联剂 TAIC，搅拌混合，50～80℃下反应 3～5h，即得。

质量指标

项目	质量指标
附着力/级	≤1
中性盐雾腐蚀试验/h	≥87
湿热试验/h	>940
油膜干燥时间/min	21～23
涂膜厚度/μm	<4.2
紫外线老化试验/h	>415

产品应用 本品是一种以丙二醇丁醚为基础油的防锈油。

产品特性 本产品在金属表面附着力好、干燥快，耐盐雾性能好，环保无污染，采用丙二醇丁醚为基础油，并添加了成膜剂，成膜速度快，防锈油表面不易氧化，不易影响工件的外观，综合性能好，而且本产品制备方法简单，成本低，适合大规模生产。

以甲基苯基硅油为基础油的防锈油

原料配比

原料	配比(质量份)
甲基苯基硅油	82
六亚甲基四胺	1.8
成膜剂	7.0
交联剂 TAC	3.8
二苯胺	1.8
二甲苯	3.5
纳米陶瓷粉体	4.0
乙酸乙酯	7.0
二甲基硅油	6.5
顺丁烯二酸酐	7.0
邻苯二甲酸二丁酯	12

续表

原料		配比(质量份)
成膜剂	乙酸乙酯	20
	二甲苯	4
	乙二醇二缩水甘油醚	2.5
	E-12 环氧树脂	10
	苯乙烯	17
	2,6-二叔丁基对甲酚	1.4
	乙烯基三甲氧基硅烷	1.5
	交联剂 TAIC	1.6

制备方法

(1) 按组成原料的质量份量取甲基苯基硅油,加入反应釜中加热搅拌,至 110～130℃时加入顺丁烯二酸酐,反应 30～35min;

(2) 在步骤 (1) 所得物质中加入成膜剂、交联剂 TAC 和乙酸乙酯,继续搅拌,冷却至 25～30℃;

(3) 在步骤 (2) 所得物质中按组成原料的质量份加入其他组成原料,继续搅拌 3.0～3.5h 过滤后,即得成品。

原料配伍 本品各组分质量份配比范围为:甲基苯基硅油 80～85,六亚甲基四胺 1.5～2,成膜剂 6.5～7.5,交联剂 TAC 3.0～4.5,二苯胺 1.5～2.0,二甲苯 3.0～4.0,纳米陶瓷粉体 3.5～4.5,乙酸乙酯 6.5～7.5,二甲基硅油 6.0～7.0,顺丁烯二酸酐 6.0～8.0 和邻苯二甲酸二丁酯 10～15。

成膜剂的制备方法如下:

(1) 首先将 18～22 份乙酸乙酯、3.5～4.5 份二甲苯、2～3 份乙二醇二缩水甘油醚、8～12 份 E-12 环氧树脂混合加入反应釜中,70～110℃下反应 2～3h;

(2) 在步骤 (1) 的反应釜中加入 15～18 份苯乙烯、1.3～1.5 份 2,6-二叔丁基对甲酚、1～2 份乙烯基三甲氧基硅烷、1.5～1.8 份交联剂 TAIC,搅拌混合,50～80℃下反应 3～5h,即得。

质量指标

项目	质量指标
附着力/级	≤1
中性盐雾腐蚀试验/h	≥96
湿热试验/h	＞1150
油膜干燥时间/min	22～25
涂膜厚度/μm	＜4.3
紫外线老化试验/h	＞420

产品应用 本品是一种以甲基苯基硅油为基础油的防锈油。

产品特性 本产品在金属表面附着力好、干燥快，耐盐雾性能好，环保无污染，采用甲基苯基硅油为基础油，并添加了成膜剂，成膜速度快，防锈油表面不易氧化，不易影响工件的外观，综合性能好，而且本产品制备方法简单，成本低，适合大规模生产。

以桐油为基础油的防锈油

原料配比

<table>
<tr><th colspan="2">原料</th><th>配比(质量份)</th></tr>
<tr><td colspan="2">桐油</td><td>82</td></tr>
<tr><td colspan="2">环烷酸锌</td><td>5.0</td></tr>
<tr><td colspan="2">成膜剂</td><td>8.5</td></tr>
<tr><td colspan="2">苯胺甲基三乙氧基硅烷</td><td>1.4</td></tr>
<tr><td colspan="2">抗氧剂 1035</td><td>0.6</td></tr>
<tr><td colspan="2">黄油</td><td>3.5</td></tr>
<tr><td colspan="2">纳米陶瓷粉体</td><td>2.0</td></tr>
<tr><td colspan="2">乙酸乙酯</td><td>4.5</td></tr>
<tr><td colspan="2">苯甲醚</td><td>4.5</td></tr>
<tr><td colspan="2">二乙二醇单乙醚</td><td>13</td></tr>
<tr><td colspan="2">邻苯二甲酸二丁酯</td><td>15</td></tr>
<tr><td rowspan="8">成膜剂</td><td>苯乙烯</td><td>18</td></tr>
<tr><td>二甲苯</td><td>4.5</td></tr>
<tr><td>乙二醇二缩水甘油醚</td><td>3.0</td></tr>
<tr><td>E-12 环氧树脂</td><td>8</td></tr>
<tr><td>顺丁烯二酸酐</td><td>18</td></tr>
<tr><td>乙酸乙酯</td><td>1.5</td></tr>
<tr><td>乙烯基三甲氧基硅烷</td><td>1</td></tr>
<tr><td>交联剂 TAIC</td><td>1.8</td></tr>
</table>

制备方法

（1）按组成原料的质量份量取桐油，加入反应釜中加热搅拌，至130～140℃时加入二乙二醇单乙醚，反应18～25min；

（2）在步骤（1）所得物质中加入成膜剂、抗氧剂1035和乙酸乙酯，继续搅拌，冷却至23～28℃；

（3）在步骤（2）所得物质中按组成原料的质量份加入其他组成原料，继续搅拌2.0～3.5h过滤后，即得成品。

原料配伍 本品各组分质量份配比范围为：桐油78～85，环烷酸锌4.5～5.5，成膜剂8～9，苯胺甲基三乙氧基硅烷1.2～1.5，抗氧剂1035 0.5～0.7，黄油3～4，纳米陶瓷粉体1.5～2.5，乙酸乙酯3.5～5.5，苯甲醚4.0～5.0，二乙二醇单乙醚12～15和邻苯二甲酸二丁酯13～18。

所述的成膜剂的制备方法如下：

（1）首先将18～22份苯乙烯、3.5～4.5份二甲苯、2～3份乙二醇二缩水甘油醚、8～12份E-12环氧树脂混合加入反应釜中，70～110℃下反应2～3h；

（2）在步骤（1）的反应釜中加入15～18份顺丁烯二酸酐、1.3～1.5份乙酸乙酯、1～2份乙烯基三甲氧基硅烷、1.5～1.8份交联剂TAIC，搅拌混合，50～80℃下反应3～5h，即得。

质量指标

项目	质量指标
附着力/级	≤1
中性盐雾腐蚀试验/h	≥89
湿热试验/h	>1130
油膜干燥时间/min	16～18
涂膜厚度/μm	<4.7
紫外线老化试验/h	>395

产品应用 本品是一种以桐油为基础油的防锈油。

产品特性 本产品在金属表面附着力好、干燥快，耐盐雾性能好，环保无污染，采用桐油为基础油，并添加了成膜剂，成膜速度快，防锈油表面不易氧化，不影响工件的外观，综合性能好，而且本产品制备方法简单，成本低，适合大规模生产。

以正丁醇为基础油的防锈油

原料配比

原料		配比(质量份)
46＃机械油		68
正丁醇		70
1-羟乙基-2-油基咪唑啉		4.0
成膜剂		7.5
苯基三乙氧基硅烷		1.5
4,4′-亚甲基双(2,6-二叔丁基苯酚)		0.3
亚乙基双硬脂酰胺		5.8
纳米陶瓷粉体		6.5
乙酸乙酯		7.0
聚二甲基硅氧烷		4.0
乌洛托品		6.0
二甲苯		14
成膜剂	乙酸乙酯	18
	二甲苯	4.5
	乙二醇二缩水甘油醚	3
	E-12 环氧树脂	8
	顺丁烯二酸酐	18
	苯乙烯	1.5
	乙烯基三甲氧基硅烷	1
	交联剂 TAIC	1.8

制备方法

（1）按组成原料的质量份量取正丁醇，加入反应釜中加热搅拌，至95～105℃时加入乌洛托品，反应20～25min；

（2）在步骤（1）所得物质中加入成膜剂、4,4′-亚甲基双（2,6-二叔丁基苯酚）和乙酸乙酯，继续搅拌，冷却至25～28℃；

（3）在步骤（2）所得物质中按组成原料的质量份加入其他组成原料，继续搅拌1.5～2.5h过滤后，即得成品。

原料配伍 本品各组分质量份配比范围为：46＃机械油60～

70，正丁醇 65～75，1-羟乙基-2-油基咪唑啉 3.5～4.5，成膜剂 7.0～8，苯基三乙氧基硅烷 1.0～2、4,4′-亚甲基双（2,6-二叔丁基苯酚）0.2～0.4，亚乙基双硬脂酰胺 5.0～6.5，纳米陶瓷粉体 6～7，乙酸乙酯 6.0～8.0，聚二甲基硅氧烷 3.5～4.5，乌洛托品 5.0～7.0 和二甲苯 12～16。

所述的成膜剂的制备方法如下：

（1）首先将 18～22 份乙酸乙酯、3.5～4.5 份二甲苯、2.0～3.0 份乙二醇二缩水甘油醚、8～12 份 E-12 环氧树脂混合加入反应釜中，70～110℃下反应 2～3h；

（2）在步骤（1）的反应釜中加入 15～18 份顺丁烯二酸酐、1.3～1.5 份苯乙烯、1～2 份乙烯基三甲氧基硅烷、1.5～1.8 份交联剂 TAIC，搅拌混合，50～80℃下反应 3～5h，即得。

质量指标

项目	质量指标
附着力/级	≤1
中性盐雾腐蚀试验/h	≥88
湿热试验/h	>970
油膜干燥时间/min	20～21
涂膜厚度/μm	<4.9
紫外线老化试验/h	>420

产品应用 本品是一种以正丁醇为基础油的防锈油。

产品特性 本产品在金属表面附着力好、干燥快，耐盐雾性能好，环保无污染，采用正丁醇为基础油，并添加了成膜剂，成膜速度快，防锈油表面不易氧化，不易影响工件的外观，综合性能好，而且本产品制备方法简单，成本低，适合大规模生产。

抑菌型防锈油

原料配比

原料	配比(质量份)
脱蜡煤油	60
羟乙基亚乙基双硬脂酰胺	2

续表

原料		配比(质量份)
2-正辛基-4-异噻唑啉-3-酮		0.7
3-巯基丙酸		0.5
十四烷基二甲基苄基氯化铵		0.2
聚甘油脂肪酸酯		3
石油磺酸钙		3
失水山梨醇脂肪酸酯		0.3
防锈助剂		5
抗氧剂 168		0.3
防锈助剂	古马隆树脂	30
	四氢糠醇	4
	乙酰丙酮锌	0.6
	十二烯基丁二酸半酯	5
	150SN 基础油	19
	三羟甲基丙烷三丙烯酸酯	2

制备方法

(1) 将上述羟乙基亚乙基双硬脂酰胺、十四烷基二甲基苄基氯化铵、石油磺酸钙混合，80～100℃下保温搅拌 1～2h；

(2) 加入 3-巯基丙酸、2-正辛基-4-异噻唑啉-3-酮，继续搅拌混合 1～2h；

(3) 加入剩余各原料，搅拌均匀，脱水，降低温度至 30～40℃，过滤出料。

原料配伍 本品各组分质量份配比范围为：脱蜡煤油 60～70，羟乙基亚乙基双硬脂酰胺 1～2，2-正辛基-4-异噻唑啉-3-酮0.7～1，3-巯基丙酸 0.5～1，十四烷基二甲基苄基氯化铵 0.1～0.2，聚甘油脂肪酸酯 3～4，石油磺酸钙 3～5，失水山梨醇脂肪酸酯 0.3～1，防锈助剂 5～7，抗氧剂 168 0.3～1。

所述的防锈助剂是由下述质量份的原料制成的：古马隆树脂 26～30，四氢糠醇 4～5，乙酰丙酮锌 0.6～1，十二烯基丁二酸半酯 3～5，150SN 基础油 11～19，三羟甲基丙烷三丙烯酸酯 2～3。

所述的防锈助剂的制备方法：

(1) 将上述古马隆树脂加热到 75～80℃，加入乙酰丙酮锌，搅拌混合 10～15min，加入四氢糠醇，搅拌至常温；

（2）将 150SN 基础油质量的 30%～40%与十二烯基丁二酸半酯混合，100～110℃下搅拌混合 1～2h；

（3）将上述处理后的各原料混合，加入剩余各原料，100～200r/min 搅拌分散 30～50min，即得所述防锈助剂。

质量指标

项目	质量指标
表观	无沉淀、无分层、无结晶物析出
腐蚀试验(10＃钢,100h,100℃)	0 级
盐雾试验(10＃钢,A 级)	7 天
湿热试验(10＃钢,A 级)	20 天
低温附着性	合格

产品应用 本品是一种抑菌型防锈油。

产品特性 本产品中加入的 2-正辛基-4-异噻唑啉-3-酮、十四烷基二甲基苄基氯化铵等都具有很好的抑菌效果，可以减少对细菌的吸附，降低对油膜的伤害，延长防锈油的使用寿命。

硬度高的硬膜防锈油

原料配比

原料	配比(质量份)			
	1＃	2＃	3＃	4＃
轻柴油	120	130	150	130
蜂蜡	20	25	30	25
松节油	10	13	15	13
葵花籽油	5	6	10	—
经过硫化改性处理的葵花籽油	—	—	—	6
多聚氧化烷基二醇	4	5	6	5
蓖麻油氧化丙烯聚合物	4	7	8	7
三乙醇胺	5	7	10	7
地蜡	10	15	20	15
乙酸乙酯	30	40	50	40

续表

原料		配比(质量份)			
		1#	2#	3#	4#
非离子型表面活性剂	脂肪醇聚氧乙烯醚(AEO-9)	3	5	6	5
石油磺酸钡		4	5	8	5
乙二醇		4	5	8	5
二甘醇		2	3	4	3
煤油		30	35	40	35
苯丙乳液		5	7	10	7
消泡剂	乳化硅油	1	1	2	1
抗氧剂	4,4-亚甲基双(2,6-二叔丁基)酚	1	1	2	1
触变剂	氢化蓖麻油	1	1	2	1
防锈剂	防锈剂 T705	1	1	2	1

制备方法

(1) 按质量份计，将轻柴油 120～150 份、蜂蜡 20～30 份、松节油 10～15 份、葵花籽油 5～10 份、多聚氧化烷基二醇 4～6 份、蓖麻油氧化丙烯聚合物 4～8 份、三乙醇胺 5～10 份、地蜡 10～20 份、乙酸乙酯 30～50 份、非离子型表面活性剂 3～6 份混合，加热并保温，搅拌均匀，得到第一混合物；加热温度是 70～80℃。保温时间是 1～3h。

(2) 将石油磺酸钡 4～8 份加入乙二醇 4～8 份中，再依次加入二甘醇 2～4 份、煤油 30～40 份和苯丙乳液 5～10 份，加热并保温，搅拌均匀，得第二混合物；加热温度是 50～70℃。

(3) 将第一混合物和第二混合物混合，加入消泡剂 1～2 份、抗氧剂 1～2 份、触变剂 1～2 份、防锈剂 1～2 份，搅拌均匀即可。

原料配伍 本品各组分质量份配比范围为：轻柴油 120～150，蜂蜡 20～30，松节油 10～15，葵花籽油 5～10，多聚氧化烷基二醇 4～6，蓖麻油氧化丙烯聚合物 4～8，三乙醇胺 5～10，地蜡 10～20，乙酸乙酯 30～50，非离子型表面活性剂 3～6，石油磺酸钡 4～8，乙二醇 4～8，二甘醇 2～4，煤油 30～40，苯丙乳液 5～10，消泡剂 1～2，抗氧剂 1～2，触变剂 1～2，防锈剂 1～2。

所述的消泡剂选自聚醚类抗泡剂、泡敌或乳化硅油中的至少一种。

所述的抗氧剂选自 2,6-二叔丁基对甲酚、4,4-亚甲基双（2,6-二叔丁基）酚、3,5-二叔丁基-4-羟基苯基丙酸酯中的一种。

所述的触变剂选自氢化蓖麻油或聚酰胺蜡。

所述的防锈剂是防锈剂 T705。

所述的非离子型表面活性剂是脂肪醇聚氧乙烯醚（AEO-9）。

所述的葵花籽油可以采用葵花籽原油或经过硫化改性处理的葵花籽油。

所述的硫化改性处理方法是：在装有搅拌装置的三口瓶中，加入 50g 葵花籽油，在不断搅拌下逐滴加入 15g 二氯化硫，约需 1h 滴完，控制反应温度在 40℃以下，滴加完毕后，继续反应 2h，向反应物中慢慢加入约 100mL 多硫化钠溶液，搅拌反应充分后，分去水层，再加入少许还原铁粉，除去反应体系中的游离硫，过滤，得到油状物，即可。

质量指标

测试项目	1#	2#	3#	4#
运动黏度(40℃)/(mm^2/s)	19.4	19.2	19.3	18.9
铅笔硬度	H	H	H	2H
盐雾试验(10#钢,A级)/h	90	90	90	90
低温附着性	合格	合格	合格	合格
磨损性	无伤痕	无伤痕	无伤痕	无伤痕
极压性能(四球机法,最大无卡咬负荷)P_B/N	850	840	850	890

产品应用 本品是一种硬度高的硬膜防锈油。

产品特性 本产品具有硬度较高的优点，并且具有较好的防锈性。

硬膜防锈油(1)

原料配比

<table>
<tr><td colspan="2" rowspan="2">原料</td><td colspan="4">配比(质量份)</td></tr>
<tr><td>1#</td><td>2#</td><td>3#</td><td>4#</td></tr>
<tr><td rowspan="4">成膜树脂</td><td>叔丁基酚甲醛树脂</td><td>25</td><td>30</td><td>40</td><td>35</td></tr>
<tr><td>顺酐</td><td>10</td><td>15</td><td>20</td><td>12</td></tr>
<tr><td>120#溶剂油(制备成膜树脂用)</td><td>20</td><td>25</td><td>35</td><td>30</td></tr>
<tr><td>二甲苯</td><td>5</td><td>8</td><td>10</td><td>6</td></tr>
<tr><td colspan="2">防锈剂苯并三氮唑</td><td>10</td><td>15</td><td>25</td><td>20</td></tr>
<tr><td colspan="2">抗氧剂 2,6-二叔丁基对甲酚</td><td>0.5</td><td>1</td><td>2</td><td>1.5</td></tr>
<tr><td colspan="2">消泡剂乙醇</td><td>0.5</td><td>0.5</td><td>1</td><td>0.7</td></tr>
<tr><td colspan="2">120#溶剂油</td><td>60</td><td>70</td><td>85</td><td>80</td></tr>
</table>

制备方法

(1) 将松香和顺酐放入反应釜中，升温至95℃±2℃，搅拌，依次加入二甲苯、叔丁基酚甲醛树脂，升温至150℃±2℃，并保持1.5h。

(2) 冷却至85℃±2℃加入120#溶剂油，搅拌均匀得成膜树脂。

(3) 将防锈剂、抗氧剂、120#溶剂油加入反应釜中，升温50℃±2℃，搅拌1h。

(4) 加入成膜树脂和消泡剂，搅匀，冷却，过滤，即得。

原料配伍 本品各组分质量份配比范围为：成膜树脂20～30，防锈剂10～25，抗氧剂0.5～2，消泡剂0.1～1，120#溶剂60～85。

所述的成膜树脂的制备方法是：

(1) 按质量份计，将松香5～10份和顺酐10～20份放入反应釜，升温至(95±2)℃，搅拌，依次加入二甲苯5～10份、叔丁基酚甲醛树脂25～40份，升温至(150±2)℃，并保持1.5h；

(2) 冷却至(85±2)℃，加入120#溶剂油20～35份，搅匀得成膜树脂。

所述的防锈剂选自苯并三氮唑、氧化石油脂钡皂或石油磺酸钡中的一种或任意几种组合物。

所述的抗氧剂选自2,6-二叔丁基对甲酚或四-[3-(3,5-二叔丁基-4-羟基苯基)丙酸]季戊四醇酯。

所述的消泡剂可以是有机硅或乙醇。

质量指标

测试项目	1#	2#	3#	4#
运动黏度(40℃)/(mm^2/s)	18.9	18.5	18.2	19.0
闪点	大于140℃	大于140℃	大于140℃	大于140℃
黏度指数	89	88	89	86
腐蚀试验(10#钢,100h,100℃)/级	0	0	0	0
盐雾试验(10#钢,A级)/h	95	95	95	95
温热试验(10#钢,A级)/天	27	27	27	27
低温附着性	合格	合格	合格	合格
磨损性	无伤痕	无伤痕	无伤痕	无伤痕
极压性能(四球机法,最大无卡咬负荷)P_B/N	886	876	859	867

产品应用 本品是一种耐湿热、耐盐雾的硬膜防锈油。

产品特性 本产品具有良好的防腐性能，盐雾试验中的耐久性可达95天，温热试验中的耐久性可达27天，极压性能在850N以上。

硬膜防锈油(2)

原料配比

原料	配比(质量份)		
	1#	2#	3#
正丁醇	30	70	50
基础油	10	30	20
松香	5	7	6
磺化羊毛脂	14	18	16
变压器油	4	6	5

制备方法 将各组分原料混合均匀即可。

原料配伍 本品各组分质量份配比范围为：正丁醇30～70，基础油10～30，松香5～7，磺化羊毛脂14～18，变压器油4～6。

产品应用 本品是一种硬膜防锈油。

产品特性 本产品可以有效地保护工件在生产过程中的防锈处理，实用性强，适合相关行业广泛使用。

硬膜防锈油(3)

原料配比

原料	配比(质量份)						
	1#	2#	3#	4#	5#	6#	7#
二甲苯	79.3	79.1	77.3	75.3	75.3	75.3	75.3
乙酸乙酯	0.4	0.4	0.4	0.4	0.4	0.4	0.4
共聚丙烯酸树脂	9	9	9	9	8	8	6
醇酸树脂	2	2	2	4	6	6	6
酚醛树脂	9	9	9	9	8	8	6
C_5 石油树脂	0.1	0.1	0.1	0.1	0.1	0.1	0.1
环烷酸钴	—	0.1	1	1	2	—	3
环烷酸钙	—	0.1	1	1	—	2	3

制备方法

（1）先将反应釜用真空泵抽至真空度为－0.095～－0.098MPa，然后关闭真空阀。

（2）将配方量的二甲苯抽入反应釜并开启搅拌后进行下一步；搅拌速度为 60r/min。

（3）将配方量的乙酸乙酯抽入反应釜并搅拌 30～35min 后进行下一步；搅拌速度为 60r/min。

（4）将配方量的共聚丙烯酸树脂、C_5 石油树脂、酚醛树脂、醇酸树脂依次投入反应釜，密闭并搅拌，升温至 50℃，搅拌 6h 后进行下一步；搅拌速度为 60r/min。

（5）将配方量的环烷酸钴、环烷酸钙投入反应釜并搅拌 30～35min 后进行下一步；搅拌速度为 60r/min。

（6）所有物料投放完毕后，停止搅拌，静置老化，老化 24h 后进行下一步。

（7）通过 500 目过滤网放料得用于核电设备金属防锈的硬膜防

锈油。

原料配伍 本品各组分质量份配比范围为：二甲苯 50～80，乙酸乙酯 0.1～10，共聚丙烯酸树脂 4～20，醇酸树脂 0.1～8，酚醛树脂 4～20，C_5 石油树脂 0～20，环烷酸钴 0.01～2，环烷酸钙 0.01～2。

产品应用 本品主要用于核电设备金属防锈。

使用方法如下：小零件浸没于液体中 2～3s，取出自然干燥。大型零件可用毛刷或滚筒涂刷于工件上，自然干燥。硬膜防锈油的表面干燥速度快，仅需 10min 表面就会干结。如需去除硬膜防锈油，只需用核电溶剂清洗剂稍加湿润，轻轻擦除即可。

产品特性 本产品不含有对核电设备产生污染的元素，具有优异的抗湿热能力，不怕雨淋。具有抗盐雾能力，满足海上运输、安装需要。

硬膜防锈油(4)

原料配比

原料	配比(质量份)
丁酸香叶酯	0.5
丙二醇甲醚	2
木杂酚油	5
十二烯基丁二酸	6
乙酸异丁酸蔗糖酯	3
棕榈酸异丙酯	1
120#溶剂油	80
二烷基对二苯酚	0.6
羧甲基纤维素钠	1
三钼酸铵	0.4
抗氧剂 DLTP	0.6
肉豆蔻酸钠皂	3
松香	3
抗剥离机械油	6
水	适量

续表

原料		配比(质量份)
抗剥离机械油	聚乙二醇单甲醚	2
	2,6-二叔丁基-4-甲基苯酚	0.2
	松香	6
	聚氨酯丙烯酸酯	2
	斯盘-80	3
	硝酸镧	3～4
	机械油	100
	磷酸二氢锌	10
	28%氨水	50
	去离子水	30
	硅烷偶联剂 KH560	0.2

制备方法

(1) 将羧甲基纤维素钠用其质量5～7倍的水溶解，搅拌均匀后加入乙酸异丁酸蔗糖酯、丙二醇甲醚，50～60℃下搅拌混合4～10min，加入棕榈酸异丙酯、松香，搅拌至常温；

(2) 将肉豆蔻酸钠皂与乙酸异丁酸蔗糖酯混合，60～70℃下搅拌混合3～5min，加入上述120#溶剂油中，搅拌均匀；

(3) 将上述处理后的原料混合，搅拌均匀后加入木杂酚油，搅拌混合20～30min，加入反应釜中，100～120℃下搅拌混合20～30min，降低温度到80～90℃，脱水，搅拌混合2～3h；

(4) 将反应釜温度降低到50～60℃，加入剩余各原料，不断搅拌至常温，过滤出料。

原料配伍 本品各组分质量份配比范围为：丁酸香叶酯0.5～1，丙二醇甲醚2～3，木杂酚油3～5，十二烯基丁二酸4～6，乙酸异丁酸蔗糖酯2～3，棕榈酸异丙酯1～2，120#溶剂油70～80，二烷基对二苯酚0.6～1，羧甲基纤维素钠1～2，三钼酸铵0.4～1，抗氧剂DLTP 0.6～1，肉豆蔻酸钠皂3～5，松香3～4，抗剥离机械油5～6。

所述的抗剥离机械油是由下述质量份的原料制成的：聚乙二醇单甲醚2～3，2,6-二叔丁基-4-甲基苯酚0.1～0.2，松香4～6，聚氨酯丙烯酸酯1～2、斯盘-80 2～3，硝酸镧3～4、机械油90～

100，磷酸二氢锌 6～10，28%氨水 40～50，去离子水 20～30，硅烷偶联剂 KH560 0.1～0.2。

所述的抗剥离机械油的制备方法：

（1）将聚乙二醇单甲醚与 2,6-二叔丁基-4-甲基苯酚混合加入去离子水中，搅拌均匀，得聚醚分散液；

（2）将松香与聚氨酯丙烯酸酯混合，75～80℃下搅拌 10～15min，得酯化松香；

（3）将磷酸二氢锌加入 28%氨水中，搅拌混合 6～10min，将硝酸镧与硅烷偶联剂 KH560 混合均匀后加入，搅拌均匀，得稀土氨液；

（4）将斯盘-80 加入机械油中，搅拌均匀后依次加入上述酯化松香、稀土氨液、聚醚分散液，100～120℃下保温反应 20～30min，脱水，即得所述抗剥离机械油。

质量指标

项目	质量指标
表观	无沉淀、无分层、无结晶物析出
腐蚀试验（10＃钢，100h，100℃）	0 级
盐雾试验（10＃钢，A 级）	7 天
湿热试验（10＃钢，A 级）	20 天
低温附着性	合格

产品应用

本品主要用作火车轮毂的硬膜防锈油。

产品特性

（1）本产品中将 2,6-二叔丁基-4-甲基苯酚与聚乙二醇单甲醚混合分散，提高了聚乙二醇单甲醚的热稳定性，使聚醚不容易断链，保持了其稳定性，聚氨酯丙烯酸酯与松香都具有很好的粘接性，与上述抗氧化处理后的聚乙二醇单甲醚共混改性后，即使在高温下依然具有很好的附着力，可以有效地提高成品油的抗剥离性，加入的稀土镧离子可以与在金属基材表面发生吸氧腐蚀过程中产生的 OH^- 生成不溶性络合物，减缓腐蚀的电极反应，起到很好的缓释效果。

（2）本产品涂于火车轮毂表面后能快速干燥，形成一层致密的硬质透明保护膜，具有油膜厚度小、室外不龟裂、附着力好、干燥速度快、柔韧性好、表面抗性高、耐候性强等特点。

硬膜防锈油(5)

原料配比

原料		配比(质量份)				
		1#	2#	3#	4#	5#
成膜树脂	豆油酸	300	280	320	300	300
	松香	30	30	30	30	30
	季戊四醇	114	128	110	114	114
	苯酐	140	140	120	140	140
	二甲苯	30	30	30	30	30
	120#溶剂油	193	196	195	193	193
	丙二醇甲醚	193	196	195	193	193
成膜树脂		35	30	40	35	35
二壬基萘磺酸钡		10	15	5	10	10
十二烯基丁二酸		1	1	1	1	1
金属减活剂		0.8	1	0.5	0.5	1
紫外线吸收剂		1	0.8	1.3	1.3	0.8
酚醛树脂		25	25	25	25	25
乙醇		3	3	3	3	3
庚烷		5	5	5	5	5
120#溶剂油		19	19	19	19	19
消泡剂		0.2	0.2	0.2	0.2	0.2

制备方法

(1) 将二壬基萘磺酸钡、十二烯基丁二酸、金属减活剂、紫外线吸收剂、120#溶剂油加入不锈钢反应釜；

(2) 加热到 (40±2)℃，搅拌 55～65min；

(3) 加入酚醛树脂，搅拌 2.5～3.5h，使其完全溶解；

(4) 加入成膜树脂、庚烷、乙醇和消泡剂，搅匀；

(5) 冷却到 30℃以下，过滤包装后得到硬膜防锈油。

原料配伍 本品各组分质量份配比范围为：成膜树脂 30～40，二壬基萘磺酸钡 5～15，十二烯基丁二酸 1～2，金属减活剂 0.2～

1，紫外线吸收剂 0.5～1.5，酚醛树脂 15～25，乙醇 1～5，庚烷 4～8，120＃溶剂油 17～22 和消泡剂 0.1～0.5。

所述的成膜树脂由以下质量分数的原料制成：豆油酸 28%～33%，松香 2%～4%，季戊四醇 10%～13%，苯酐 11%～15%，二甲苯 2%～3%，120＃溶剂油 19%～21%和丙二醇甲醚 19%～21%。

所述的成膜树脂按以下步骤制成：

(1) 将豆油酸、松香、加入不锈钢反应釜，升温至 (90±2)℃，开动搅拌，加入季戊四醇、苯酐、二甲苯，升温至 (180±2)℃保持 1h，再在 1.5h 内升温至 (200±2)℃，保持 1h；

(2) 然后在 2h 内升温到 (230±2)℃，保持 1h，开始取样，釜内料：120＃溶剂油：丙二醇甲醚＝56g：22g：22g，测酸值和黏度；

(3) 当黏度达到 80s、酸值达到 12mgKOH/g 以下时停止加热，放至稀释釜；

(4) 冷却到 (115±2)℃时加入丙二醇甲醚搅匀；

(5) 冷却到 (80±2)℃时加入 120＃溶剂油，搅匀得到成膜树脂。

所述金属减活剂为 T551 苯三唑衍生物。

所述紫外线吸收剂为 2-羟基-4-正辛氧基二苯甲酮。

所述的消泡剂由 1% 201 甲基硅油和 99%二甲苯制成。

质量指标

项目	指标
外观	透明液体
黏度(涂-4 杯)/s	20～35
膜厚/μm	20～30
干燥性/min	≤10
耐冲击性/cm	≥25
附着力(划圈法)/级	≤2
柔韧性/mm	≤2
除膜性/次	≤15
湿热试验(720h)	不起泡、不龟裂、不生锈
盐雾试验(336h)	不起泡、不生锈

产品应用 本品是主要用于火车轮毂防锈的硬膜防锈油。

产品特性 本产品涂于火车轮毂表面后能快速干燥，形成一层致密的硬质透明保护薄膜，具有油膜厚度小、室外不龟裂、附着力好、干燥速度快、柔韧性好、耐冲击、室外防锈期达到1年、易施工、易去除等优点。

硬膜防锈油(6)

原料配比

原料	配比(质量份)		
	1#	2#	3#
汽油	50	70	60
沥青	30	20	25
松香	12	18	15
磺化羊毛脂钙盐	18	14	16
变压器油	4	6	5

制备方法 将各组分原料混合均匀即可。

原料配伍 本品各组分质量份配比范围为：汽油50～70，沥青20～30，松香12～18，磺化羊毛脂钙盐14～18，变压器油4～6。

产品应用 本品是一种硬膜防锈油。

产品特性 本产品可以有效地保护工件在生产过程中的防锈处理，实用性强，适合相关行业广泛使用。

硬膜防锈油(7)

原料配比

原料	配比(质量份)
120#溶剂油	70
氧化石油脂钡皂	14
叔丁基二苯基氯硅烷	1

续表

原料		配比(质量份)
十四醇油酸酯		1.4
硬脂酸聚氧乙烯酯		5
N-苯基-2-萘胺		1～2
油酸		2
6-叔丁基邻甲酚		1
无水乙醇		0.6
十二烯基丁二酸酐		3
十溴二苯乙烷		1.3
成膜助剂		15
成膜助剂	古马隆树脂	40
	植酸	2
	15%的氯化锌溶液	3
	三乙醇胺油酸皂	0.8
	N,*N*-二甲基甲酰胺	1
	三羟甲基丙烷三丙烯酸酯	7
	120#溶剂油	16

制备方法

(1) 将上述氧化石油脂钡皂、6-叔丁基邻甲酚、120#溶剂油加入反应釜中，搅拌，升高温度到60～70℃，搅拌混合1～2h；

(2) 将十溴二苯乙烷加热熔化后加入，搅拌混合10～15min，加入剩余各原料，50～60℃下保温搅拌2～3h，降低温度为30～35℃，过滤出料。

原料配伍 本品各组分质量份配比范围为：120#溶剂油63～70，氧化石油脂钡皂10～14，叔丁基二苯基氯硅烷1～2，十四醇油酸酯0.7～1.4，硬脂酸聚氧乙烯酯3～5，*N*-苯基-2-萘胺1～2，油酸2～3，6-叔丁基邻甲酚1～2，无水乙醇0.6～1，十二烯基丁二酸酐2～3，十溴二苯乙烷0.6～1.3，成膜助剂10～15。

所述的成膜助剂是由下述质量份的原料制成的：古马隆树脂30～40，植酸2～3，乙醇3～4，三乙醇胺油酸皂0.8～1，*N*,*N*-二甲基甲酰胺1～3，三羟甲基丙烷三丙烯酸酯5～7，120#溶剂油10～16。

所述的成膜助剂的制备方法：

（1）将上述植酸与 N,N-二甲基甲酰胺混合，50～70℃下搅拌混合 3～5min，加入乙醇，混合均匀；

（2）将三羟甲基丙烷三丙烯酸酯与 120＃溶剂油混合，90～100℃下搅拌混合 40～50min，加入古马隆树脂，降低温度至 80～85℃，搅拌混合 15～20min；

（3）将上述处理后的各原料混合，加入剩余各原料，700～800r/min 搅拌分散 10～20min，即得所述成膜助剂。

质量指标

项目	质量指标
表观	无沉淀、无分层、无结晶物析出
腐蚀试验(10＃钢,100h,100℃)	0 级
盐雾试验(10＃钢,A 级)	100h
湿热试验(10＃钢,A 级)	30 天
低温附着性	合格

产品应用 本品是一种硬膜防锈油。

产品特性 本产品涂膜硬度高，透明性好，具有很好的防腐性能，耐盐雾、耐湿热性强，加入的成膜助剂可以有效地改善涂膜的成膜效果，增强黏着力，避免脱落、干裂现象产生。

硬膜尼龙防锈油

原料配比

原料	配比(质量份)
烷基烯酮二聚体	0.5
聚环氧琥珀酸	0.8
硬脂酸钡	1
油酸	4
20＃机械油	80
棕榈酸异丙酯	2
尼龙 66	0.6
松香酸聚氧乙烯酯	3
羟乙基亚乙基双硬脂酰胺	2

续表

原料		配比(质量份)
石油磺酸钡		5
稀土成膜液压油		20
十四醇油酸酯		2
石油醚		2
稀土成膜液压油	丙二醇苯醚	15
	明胶	4
	甘油	2.1
	磷酸三甲酚酯	0.4
	硫酸铝铵	0.4
	液压油	110
	去离子水	105
	氢氧化钠	5
	硝酸铈	4
	十二烯基丁二酸	10～15
	斯盘-80	0.5

制备方法

(1) 将尼龙 66 加热软化，加入松香酸聚氧乙烯酯、石油醚，搅拌混合 6～10min；

(2) 将烷基烯酮二聚体与棕榈酸异丙酯混合，60～70℃下搅拌混合 10～20min；

(3) 将上述处理后的各原料与 20＃机械油混合，送入反应釜，110～120℃下搅拌混合 40～50min，加入聚环氧琥珀酸、十四醇油酸酯，充分搅拌，脱水，80～85℃下搅拌混合 2～3h；

(4) 将反应釜温度降低到 50～60℃，加入剩余各原料，不断搅拌至常温，过滤出料。

原料配伍 本品各组分质量份配比范围为：烷基烯酮二聚体 0.5～1，聚环氧琥珀酸 0.8～1，硬脂酸钡 1～2，油酸 2～4，20＃机械油 65～80，棕榈酸异丙酯 1～2，尼龙 66 0.6～2，松香酸聚氧乙烯酯 2～3，羟乙基亚乙基双硬脂酰胺 1～2，石油磺酸钡 3～5，稀土成膜液压油 14～20，十四醇油酸酯 1～2，石油醚 2～4。

所述的稀土成膜液压油是由下述质量份的原料制成的：丙二醇苯醚 10～15，明胶 3～4，甘油 2.1～3，磷酸三甲酚酯 0.4～1，硫酸铝铵 0.2～0.4，液压油 100～110，去离子水 100～105，氢氧化钠 3～5，硝酸铈 3～4，十二烯基丁二酸 10～15，斯盘-80 0.5～1。

所述的稀土成膜液压油的制备方法：

(1) 将磷酸三甲酚酯加入甘油中，搅拌均匀，得醇酯溶液；

(2) 将明胶与上述去离子水质量的 40%～55%混合，搅拌均匀后加入硫酸铝铵，放入 60～70℃的水浴中，加热 10～20min，加入上述醇酯溶液，继续加热 5～7min，取出冷却至常温，加入丙二醇苯醚，40～60r/min 搅拌混合 10～20min，得成膜助剂；

(3) 将十二烯基丁二酸与氢氧化钠混合，搅拌均匀后加入剩余的去离子水中，充分混合，加入硝酸铈，60～65℃下保温搅拌20～30min，得稀土分散液；

(4) 将斯盘-80 加入液压油中．搅拌均匀后加入上述成膜助剂、稀土分散液，60～70℃下保温反应 30～40min，脱水，即得所述稀土成膜液压油。

质量指标

项目	质量指标
表观	无沉淀、无分层、无结晶物析出
腐蚀试验(10＃钢,100h,100℃)	0 级
盐雾试验(10＃钢,A 级)	7 天
湿热试验(10＃钢,A 级)	20 天
低温附着性	合格

产品应用

本品是一种硬膜尼龙防锈油。

产品特性

(1) 本产品中将丙二醇苯醚加入改性明胶体系中，使其被明胶体系微粒完全吸收，从而提高体系的聚结性能和稳定性，自身的成膜性也在系统中得到加强；加入的稀土离子可以与在金属基材表面发生吸氧腐蚀过程中产生的 OH^- 生成不溶性络合物，减缓腐蚀的电极反应，起到很好的缓释效果。

(2) 本产品中加入了尼龙，可以有效地提高粘接强度，加快干燥速度，形成的油膜层薄而透明、光亮丰满、防锈期长、抗盐雾性能显著。

 用于气门的防锈油

原料配比

原料		配比(质量份)
航空煤油		90
石油磺酸钙		5
羊毛脂		3
失水山梨醇脂肪酸酯		4
油酸三乙醇胺		1
硬脂酸铝		3
油酸		2
2-巯基苯并咪唑		1
成膜助剂		2
成膜助剂	十二烯基丁二酸	14
	虫胶树脂	1
	双硬脂酸铝	7
	丙二醇甲醚乙酸酯	8
	乙二醇单乙醚	0.3
	霍霍巴油	0.3～0.4

制备方法 将上述航空煤油与油酸混合，加入反应釜中，搅拌加热到100～120℃，搅拌后再加入石油磺酸钙、羊毛脂，加热搅拌1～2h，降低温度至60～70℃，保温反应2～3h，加入剩余各原料，脱水，保温搅拌3～4h，降低温度至35～40℃，过滤，即得所述用于气门的防锈油。

原料配伍 本品各组分质量份配比范围为：航空煤油80～90，石油磺酸钙5～7，羊毛脂2～3，失水山梨醇脂肪酸酯3～4，油酸三乙醇胺1～2，硬脂酸铝3～4，油酸1～2，2-巯基苯并咪唑1～2，成膜助剂2～3。

所述的成膜助剂是由下述质量份的原料制成的：十二烯基丁二酸10～14，虫胶树脂1～2，双硬脂酸铝6～7，丙二醇甲醚乙酸酯6～8，乙二醇单乙醚0.2～0.3，霍霍巴油0.3～0.4。

所述的成膜助剂的制备方法：将上述双硬脂酸铝加热到80～90℃，加入丙二醇甲醚乙酸酯，充分搅拌后降低温度至60～70℃，加入乙二醇单乙醚，300～400r/min搅拌分散4～6min，得预混料；将上述十二烯基丁二酸与虫胶树脂在80～100℃下混合，搅拌均匀后加入上述预混料中，充分搅拌后，加入霍霍巴油，冷却至常温，即得所述成膜助剂。

质量指标

项目	质量指标
湿热试验(45＃钢,T3铜,30天)	合格
腐蚀试验(45＃钢,T3铜,7天)	合格
盐雾试验(45＃钢,T3铜,7天)	合格

产品应用 本品主要用作气门的防锈油。

产品特性 本产品安全无毒，防锈性能好，能够起到很好的保护作用，黏度低，不容易吸附杂物，喷涂于气门上的油膜总质量能满足气门的使用要求。

用于汽车零部件的防锈油

原料配比

原料	配比(质量份)
300＃液体石蜡	75
山梨醇酐单油酸酯	3.0
成膜剂	6.0
硅烷偶联剂KH550	5.8
抗氧剂DLTP	1.1
丙三醇	4.8
纳米陶瓷粉体	1.5
甲乙酮	8.5
聚二甲基硅氧烷	8.0
2,6-二叔丁基对甲酚	11
邻苯二甲酸二丁酯	13

续表

原料		配比(质量份)
成膜剂	甲乙酮	20
	二甲苯	4
	乙二醇二缩水甘油醚	2.5
	E-12 环氧树脂	10
	顺丁烯二酸酐	17
	2,6-二-叔丁基对甲酚	1.4
	苯乙烯	1.5
	交联剂 TAIC	1.6

制备方法

(1) 按组成原料的质量份量取 300＃液体石蜡，加入反应釜中加热搅拌，至 115～135℃时加入 2,6-二叔丁基对甲酚，反应 20～25min；

(2) 在步骤 (1) 所得物质中加入成膜剂、抗氧剂 DLTP 和甲乙酮，继续搅拌，冷却至 28～32℃；

(3) 在步骤 (2) 所得物质中按组成原料的质量份加入其他组成原料，继续搅拌 2.0～3.5h 过滤后，即得成品。

原料配伍 本品各组分质量份配比范围为：300＃液体石蜡 73～78，山梨醇酐单油酸酯 2.5～3.5，成膜剂 5.0～7.0，硅烷偶联剂 KH550 5.0～6.5，抗氧剂 DLTP 1.0～1.2，丙三醇 4.0～5.5，纳米陶瓷粉体 1.0～2.0，甲乙酮 8～9，聚二甲基硅氧烷 7.0～9.0，2,6-二叔丁基对甲酚 10～12 和邻苯二甲酸二丁酯 12～14。

所述的成膜剂的制备方法如下：

(1) 首先将 18～22 份甲乙酮、3.5～4.5 份二甲苯、2.0～3.0 份乙二醇二缩水甘油醚、8～12 份 E-12 环氧树脂混合加入反应釜中，70～110℃下反应 2～3h；

(2) 在步骤 (1) 的反应釜中加入 15～18 份顺丁烯二酸酐、1.3～1.5 份 2,6-二叔丁基对甲酚、1～2 份苯乙烯、1.5～1.8 份交联剂 TAIC，搅拌混合，50～80℃下反应 3～5h，即得。

质量指标

项目	质量指标
附着力/级	≤1
中性盐雾腐蚀试验/h	≥90
湿热试验/h	>1100
油膜干燥时间/min	20～23
涂膜厚度/μm	<4.5
紫外线老化试验/h	>440

产品应用 本品主要用作汽车零部件的防锈油。

产品特性 本产品在金属表面附着力好、干燥快，耐盐雾性能好，环保无污染，采用300＃液体石蜡为基础油，并添加了成膜剂，成膜速度快，防锈油表面不易氧化，不影响工件的外观，综合性能好，而且本产品制备方法简单，成本低，适合大规模生产。

长效防锈油(1)

原料配比

原料	配比(质量份)
50＃机械油	50
R12锭子油	30
乙酸乙酯	2
十二烷基苯磺酸钠	3
苯甲酸钠	2
石油醚	4
苯并三氮唑	3
油酸	3
N,*N*-双(2-氰乙基)甲酰胺	5
成膜助剂	4
双硬脂酸铝	3
双(二辛氧基焦磷酸酯基)亚乙基钛酸酯	0.8

续表

原料		配比(质量份)
成膜助剂	氯丁橡胶 CR121	60
	EVA 树脂(VA 含量 28%)	30
	二甲苯	40
	聚乙烯醇	10
	羟乙基亚乙基双硬脂酰胺	1
	2-正辛基-4-异噻唑啉-3-酮	4
	甲基苯并三氮唑	3
	甲基三乙氧基硅烷	2
	十二烷基聚氧乙烯醚	3
	过氧化二异丙苯	2
	2,5-二甲基-2,5-二(叔丁基过氧化)己烷	0.8

制备方法

(1) 将上述 50#机械油、R12 锭子油加入反应釜中，搅拌，加热到 110～120℃；

(2) 加入上述苯甲酸钠、石油醚，加热搅拌；

(3) 加入上述油酸、十二烷基苯磺酸钠、*N*,*N*-双(2-氰乙基)甲酰胺、油酸，连续脱水 1～1.5h，降温至 55～60℃；

(4) 加入上述乙酸乙酯，55～60℃下保温搅拌 3～4h；

(5) 加入剩余各原料，充分搅拌，降低温度至 35～38℃，过滤出料。

原料配伍 本品各组分质量份配比范围为：50#机械油 45～50，R12 锭子油 20～30，乙酸乙酯 1～2，十二烷基苯磺酸钠 2～3，苯甲酸钠 1～2，石油醚 3～4，苯并三氮唑 2～3，油酸 2～3，*N*,*N*-双(2-氰乙基)甲酰胺 4～5，成膜助剂 3～4，双硬脂酸铝2～3，双(二辛氧基焦磷酸酯基)亚乙基钛酸酯 0.8～1。

所述的成膜助剂是由下述质量份的原料制成的：氯丁橡胶 CR121 50～60，EVA 树脂 20～30，二甲苯 30～40，聚乙烯醇 8～10，羟乙基亚乙基双硬脂酰胺 1～2，2-正辛基-4-异噻唑啉-3-酮3～4、甲基苯并三氮唑 2～3，甲基三乙氧基硅烷 1～2，十二烷基聚氧乙烯醚 2～3，过氧化二异丙苯 1～2，2,5-二甲基-2,5-二(叔丁基过氧化)己烷 0.8～1。

所述的成膜助剂的制备包括以下步骤：

（1）将上述氯丁橡胶 CR121 加入密炼机内，70～80℃下单独塑炼 10～20min，然后出料冷却至常温；

（2）将上述 EVA 树脂、羟乙基亚乙基双硬脂酰胺、2-正辛基-4-异噻唑啉-3-酮、甲基苯并三氮唑、十二烷基聚氧乙烯醚混合，90～100℃下反应 1～2h，加入上述塑炼后的氯丁橡胶，降低温度至 80～90℃，继续反应 40～50min，再加入剩余各原料，60～70℃下反应 4～5h。

质量指标

项目	质量指标
表观	无沉淀、无分层、无结晶物析出
盐雾试验(36℃,170h)	无腐蚀
湿热试验(50℃,700h)	无腐蚀
耐候性试验	实验工件为 100 块 45＃钢，大小均为 200mm×200mm×10mm，表面无锈蚀，其中 50 块工件施用传统的防锈油，50 块工件施用本防锈油，置于同一室内，实验时间 2.5 年，经测试，施用本防锈油的工件腐蚀程度最高的为 2.8%，腐蚀程度最低的为 2.3%，平均腐蚀率为 2.41%；施用传统防锈油的工件腐蚀程度最高的为 6.3%，腐蚀程度最低的为 5.6%，平均腐蚀率为 5.88%

产品应用 本品是一种长效防锈油。

产品特性 本产品不易变色，不易氧化，不影响工件的外观，综合性能优异，具有高的耐盐雾性、耐湿热性、耐老化性等，可清洗性能好，通过加入成膜助剂，改善了油膜的表面张力，使喷涂均匀，在金属工件表面铺展性能好，形成的油膜均匀稳定，提高了对金属的保护作用。

长效防锈油(2)

原料配比

原料	配比(质量份)
R12 锭子油	50
150SN 基础油	30
液体石蜡	5

续表

原料		配比(质量份)
正溴丙烷		2
2,6-二叔丁基对甲酚		2
斯盘-80		2
乌洛托品		1
成膜助剂		2
2,3-丁二酮		0.3
成膜助剂	干性油醇酸树脂	40
	六甲氧甲基三聚氰胺树脂	3
	桂皮油	2
	聚乙烯吡咯烷酮	2
	N-苯基-2-萘胺	0.3
	甲基三乙氧基硅烷	0.2

制备方法 将上述2,3-丁二酮、液体石蜡与正溴丙烷混合，充分搅拌后加入R12锭子油、150SN基础油、斯盘-80，100～120℃下搅拌分散2～3h，加入2,6-二叔丁基对甲酚，控温在40～50℃，搅拌1.5h，加入乌洛托品，控温在50～70℃搅拌2～3h，即得所述长效防锈油。

原料配伍 本品各组分质量份配比范围为：R12锭子油40～50，150SN基础油20～30，液体石蜡4～5，正溴丙烷2～3，2,6-二叔丁基对甲酚2～3，斯盘-80 1～2，乌洛托品1～2，成膜助剂2～3，2,3-丁二酮0.2～0.3。

所述的成膜助剂是由下述质量份的原料制成的：干性油醇酸树脂30～40，六甲氧甲基三聚氰胺树脂2～3，桂皮油1～2，聚乙烯吡咯烷酮1～2，*N*-苯基-2-萘胺0.1～0.3，甲基三乙氧基硅烷0.1～0.2。

所述的成膜助剂的制备方法：将上述干性油醇酸树脂与桂皮油混合，90～100℃下保温搅拌6～8min，降低温度至55～65℃，加入六甲氧甲基三聚氰胺树脂，充分搅拌后加入甲基三乙氧基硅烷，200～300r/min搅拌分散10～15min，升高温度至130～135℃，加入剩余各原料，保温反应1～3h，冷却至常温，即得所述成膜助剂。

质量指标

项目	质量指标
湿热试验(45#钢,T3铜,30天)	合格
腐蚀试验(45#钢,T3铜,7天)	合格
盐雾试验(45#钢,T3铜,7天)	合格

产品应用 本品是一种长效防锈油。

产品特性 本产品从根本上解决了原有防锈油刷涂后耐久性差的问题，真正实现了长效防锈，本产品的涂膜柔软、耐雨淋、耐温范围宽、稳定性好。

长效防锈油(3)

原料配比

原料	配比(质量份)				
	1#	2#	3#	4#	5#
液压油	60	64	66	68	70
石油磺酸钡	3	5	6	7	8
十二烯基丁二酸	0.5	0.6	0.7	0.8	1
失水山梨醇单油酸酯	0.2	0.6	0.8	1	1
羊毛脂	2	3	4	5	6
叔丁基对甲酚	0.2	0.4	0.5	0.7	0.8
苯并三氮唑	0.5	0.6	0.7	0.8	1
硬脂酸	0.5	0.8	0.9	1	1
工业卵磷脂	0.5	0.6	0.8	1	1

制备方法

(1) 按照质量份称取各组分；

(2) 将基础油加入容器中，升温至70～80℃，加入石油磺酸钡、苯并三氮唑，在搅拌的状态下继续升温至120～130℃，继续搅拌至机械油完全脱水；

(3) 将步骤(2)脱水后的混合物在搅拌的状态下降温至70～80℃，加入十二烯基丁二酸、羊毛脂，搅拌溶解后继续降温至55～

65℃，加入失水山梨醇单油酸酯、叔丁基对甲酚、硬脂酸、工业卵磷脂，继续搅拌混合均匀；

（4）混合均匀后搅拌降温至30～40℃，过滤去掉杂质，即可得到防锈油。

原料配伍 本品各组分质量份配比范围为：基础油60～70，石油磺酸钡3～8，十二烯基丁二酸0.5～1，失水山梨醇单油酸酯0.2～1，羊毛脂2～6，叔丁基对甲酚0.2～0.8，苯并三氮唑0.5～1，硬脂酸0.5～1，工业卵磷脂0.5～1。

所述基础油可以是液压油。

产品应用 本品是一种长效防锈油。

产品特性

（1）本产品选用具有良好防锈功能的缓蚀剂及成膜剂，它们依靠物理作用或化学作用吸附于金属表面，增大了阴极反应和阳极反应的极化程度，从而保护金属免于锈蚀。对于处于含二氧化碳等气氛中的金属也具有良好的防蚀效果。

（2）使用本产品对金属板进行防锈处理后，常温放置138天以上、湿热试验69天以上、通风光照试验63天以上其表面仍能达到油膜透明均匀、无油渍、无锈迹的效果。

长效防锈油(4)

原料配比

原料	配比(质量份)
150SN基础油	70
聚异丁烯	3
二烷基二硫代磷酸锌	0.8
二烷基二苯胺	2
6-叔丁基邻甲酚	3
甲壳素	0.6
邻苯二甲酸二丁酯	2
石油磺酸钡	8
环烷酸皂	0.5

续表

原料		配比(质量份)
乙酸异丁酸蔗糖酯		1
亚硫酸氢钠		0.6
稀土防锈液压油		20
稀土防锈液压油	N-乙烯基吡咯烷酮	3
	尼龙酸甲酯	3
	斯盘-80	0.7
	十二烯基丁二酸	16
	液压油	110
	三烯丙基异氰脲酸酯	0.5
	去离子水	70
	过硫酸钾	0.6
	氢氧化钠	5
	硝酸铈	4

制备方法

(1) 将150SN基础油加入反应釜中，110～120℃下保温搅拌混合5～10min；

(2) 将亚硫酸氢钠与聚异丁烯、邻苯二甲酸二丁酯混合，70～80℃下保温搅拌4～6min，加入上述反应釜中，加入甲壳素，80～90℃下搅拌混合20～30min；

(3) 加入二烷基二硫代磷酸锌，充分搅拌，连续脱水1～2h，加入剩余各原料，60～75℃下搅拌混合2～3h；

(4) 将反应釜温度降低到50～60℃，保温搅拌混合40～50min，降低反应釜温度至常温，过滤出料。

原料配伍 本品各组分质量份配比范围为：150SN基础油50～70，聚异丁烯2～3，二烷基二硫代磷酸锌0.8～2，二烷基二苯胺1～2，6-叔丁基邻甲酚1～3，甲壳素0.6～2，邻苯二甲酸二丁酯2～4，石油磺酸钡5～8，环烷酸皂0.5～1，乙酸异丁酸蔗糖酯1～2，亚硫酸氢钠0.6～1，稀土防锈液压油15～20。

所述的稀土防锈液压油是由下述质量份的原料制成的：N-乙烯基吡咯烷酮3～4，尼龙酸甲酯2～3，斯盘-80 0.7～2，十二烯基丁二酸10～16，液压油100～110，三烯丙基异氰脲酸酯0.5～1，去离子水 60～70，过硫酸钾 0.3～0.6，氢氧化钠 3～5，硝酸铈 2～4。

所述的稀土防锈液压油的制备方法：

（1）将 *N*-乙烯基吡咯烷酮与尼龙酸甲酯混合，50～60℃下搅拌混合 3～10min，得酯化烷酮；

（2）取上述斯盘-80 质量的 70%～80%、去离子水质量的 30%～50%混合，搅拌均匀后加入酯化烷酮、三烯丙基异氰脲酸酯、上述过硫酸钾质量的 60%～70%，搅拌均匀，得烷酮分散液；

（3）将十二烯基丁二酸与氢氧化钠混合，搅拌均匀后加入剩余的去离子水中，充分混合，加入硝酸铈，60～65℃下保温搅拌20～30min，得稀土分散液；

（4）将剩余的斯盘-80、过硫酸钾混合加入液压油中，搅拌均匀后加入上述烷酮分散液、稀土分散液，70～80℃下保温反应 3～4h，脱水，即得所述稀土防锈液压油。

质量指标

项目	质量指标
表观	无沉淀、无分层、无结晶物析出
腐蚀试验(10＃钢,100h,100℃)	0 级
盐雾试验(10＃钢,A 级)	7 天
湿热试验(10＃钢,A 级)	20 天
低温附着性	合格

产品应用

本品是一种长效防锈油。

产品特性

（1）本产品中加入的烷酮分散液可以改善流动性，提高反应活性，加入的稀土离子可以与在金属基材表面发生吸氧腐蚀过程中产生的 OH^- 生成不溶性络合物，减缓腐蚀的电极反应，起到很好的缓释效果。

（2）本产品具有优异的耐湿热性能和良好的耐盐雾等防锈性能，具有较高击穿电压，可用于静电喷涂，涂膜粘接性好，成膜性好，膜层稳定，耐候性强，保护时间长且效果持久。

长效防锈油(5)

原料配比

原料	配比(质量份)
7#机械油	89.5
石油磺酸钠	5
巯基苯并噻唑	0.2
十二烯基丁二酸	0.8
无水羊毛脂	4
聚丙烯酰胺	0.5

制备方法 在容器中加入7号机械油，升温至70℃，加入石油磺酸钠、巯基苯并噻唑。搅拌升温至120℃，使物料充分混匀，直至机械油充分脱水。在搅拌状态下降温至80℃后，加入十二烯基丁二酸、无水羊毛脂，搅拌降温至60℃后加入聚丙烯酰胺，使全部物料混匀，过滤除去杂质后即得本防锈油。

原料配伍 本品各组分质量份配比范围为：7#机械油89.5，石油磺酸钠5，巯基苯并噻唑0.2，十二烯基丁二酸0.8，无水羊毛脂4，聚丙烯酰胺0.5。

产品应用 本品是一种长效防锈油。

产品特性

(1) 本配方选用具有良好防锈功能的缓蚀剂及成膜剂，它们依靠物理作用或化学作用吸附于金属表面，增大了阴极反应和阳极反应的极化程度，从而保护金属免于锈蚀。

(2) 本产品能长时间地对金属制品进行保护，从而保护金属免于锈蚀，对处于含盐、含二氧化碳等气氛中的金属也有一定的防护功能。

㊀ 长效环保防锈油

原料配比

原料	配比(质量份)			
	1#	2#	3#	4#
石油磺酸钡	5	5	5	5
羊毛脂	4	4	4	4
山梨醇酐单油酸酯	0.2	0.2	0.2	0.2
巯丙基三甲氧基硅烷	0.3	—	0.45	0.45
十二烯基丁二酸二乙醇酰胺	0.3	0.45	—	0.45
O-(*N*-琥珀酰亚胺)-1,1,3,3-四甲基脲四氟硼酸酯	0.3	0.45	0.45	—
10#机械油	加至100	加至100	加至100	加至100

制备方法 按配比将全部组分混合，溶解均匀，即得。也可以先将机械油加热至80℃，加入石油磺酸钡，搅拌均匀；降温至60℃，加入羊毛脂、山梨醇酐单油酸酯和防锈剂，搅拌均匀，降至室温即可制得所述长效环保防锈油。

原料配伍 本品各组分质量份配比范围为：石油磺酸钡4～6，羊毛脂2～6，山梨醇酐单油酸酯0.1～0.3，防锈剂0.5～1.5，机械油加至100。

所述机械油可以为10#、15#或20#机械油。

所述防锈剂为巯丙基三甲氧基硅烷、十二烯基丁二酸二乙醇酰胺和*O*-（*N*-琥珀酰亚胺）-1,1,3,3-四甲基脲四氟硼酸酯中的一种或其混合物。

产品应用 本品是一种长效环保防锈油。用于盐雾环境、湿热环境或要求长期防锈的场合，可用于碳钢、铸铁、合金钢、镀锌板、铜铝、低耐蚀不锈钢等多种金属的长期、超长期防锈，也可用于海洋运输、湿热等恶劣环境下的封存防锈。

产品特性 本产品采用巯丙基三甲氧基硅烷、十二烯基丁二酸二乙醇酰胺和*O*-(*N*-琥珀酰亚胺)-1,1,3,3-四甲基脲四氟硼酸酯三者复配，防腐效果协同增效。

长效快干薄膜防锈油

原料配比

原料	配比(质量份)
46＃全损耗系统用油	15
1＃防锈剂石油磺酸钠	6
2＃防锈剂 T746	0.6
羊毛脂镁皂	4
120＃有机溶剂油	73.8
苯并三氮唑	0.6

制备方法

(1) 在反应釜中加入 46＃全损耗系统用油，搅拌加热至 115～125℃。

(2) 依次加入 1＃防锈剂、2＃防锈剂、羊毛脂镁皂，继续搅拌 60～90min。

(3) 待温度降至 35～45℃时，加入 120＃有机溶剂油和苯并三氮唑继续搅拌 25～35min，得到所述长效快干薄膜防锈油。

(4) 将所述长效快干薄膜防锈油过滤。

原料配伍 本品各组分质量份配比范围为：46＃全损耗系统用油 10～20，120＃有机溶剂油 60～80，1 号防锈剂 5～10，2 号防锈剂 0.5～1.5，羊毛脂镁皂 3～5，苯并三氮唑 0.5～1。

所述的 1 号防锈剂为石油磺酸钠。

所述的 2 号防锈剂为 T746。

质量指标

项目	质量指标	试验方法
闪点/℃	≥38	GB/T 261
干燥性	柔软状态	SH/T 0063
低温附着性	合格	SH/T 0211
喷雾型	膜连续	SH/T 0216
分离安定性	无变相,不分离	SH/T 0214
除膜性(包装贮存后)	除膜(15 次)	SH/T 0212

续表

项目		质量指标	试验方法
腐蚀性(质量变化)/(mg/cm^2)		钢±0.2,黄铜±1.0 锌±7.5,铝±0.2 镁±0.5,镉±5.0 铬不失去光泽	SH/T 0080
膜厚/μm		≤50	SH/T 0105
防锈性	湿热试验(A级)/h	≥720	GB/T 2361
	盐雾试验(A级)/h	≥168	SH/T 0081
	包装贮存(A级)/d	≥360	SH/T 0584

产品应用 本品是一种长效快干薄膜防锈油。用于黑色金属、铜及铜合金、铝及铝合金、镀锌板的防蚀保护，同时还适用于五金工具、大型设备、军工产品及其他金属制品的封存防锈。

产品特性

(1) 本长效快干薄膜防锈油生产工艺简单，原材料采购方便，成本低。采用120#有机溶剂油和46#全损耗系统用油为基础油，添加四种添加剂，不含亚硝酸盐、铬酸盐、磷酸盐等对环境有影响的物质，使用方便，浸、喷、刷均可。

(2) 本产品具有优异的防锈性和成膜性。

长效快干型金属防锈油

原料配比

原料	配比(质量份)
500SN基础油	70
乌桕油	2
间苯二甲酸二甲酯	24
磷酸三(丁氧基乙基)酯	1
钛酸酯偶联剂 LD70	2

续表

原料		配比(质量份)
丁二酸酐		0.5
六氢化邻苯二甲酸酐		2
石油磺酸钡		2
硫代二丙酸二月桂酯		1
环烷酸皂		1
乙氧基化烷基硫酸铵		0.3
抗磨机械油		5
抗磨机械油	棕榈酸	0.5
	萜烯树脂	2
	T321 硫化异丁烯	5～7
	蓖麻油酸	6
	丙三醇	20～30
	磷酸二氢锌	10
	28%氨水	50
	单硬脂酸甘油酯	1
	机械油	80
	硝酸镧	2～3
	硅烷偶联剂 KH560	0.2
	浓硫酸	适量

制备方法

(1) 将乙氧基化烷基硫酸铵加入 500SN 基础油中，搅拌均匀后加入间苯二甲酸二甲酯、环烷酸皂，加热到 55～60℃，保温搅拌混合 20～30min；

(2) 将一半乌桕油与硫代二丙酸二月桂酯混合，搅拌均匀后加入钛酸酯偶联剂 LD70，50～60℃下保温混合 6～10min；

(3) 将上述处理后的原料混合，搅拌均匀后加入另一半乌桕油，200～300r/min 搅拌混合 10～15min，加入反应釜中，加入丁二酸酐，100～120℃下搅拌混合 20～30min，加入石油磺酸钡，降低温度到 80～90℃，搅拌混合 2～3h；

(4) 将反应釜温度降低到 50～60℃，加入剩余各原料，不断搅拌至常温，过滤出料。

原料配伍 本品各组分质量份配比范围为：500SN 基础油 60～

70，乌桕油 1～2，间苯二甲酸二甲酯 2～4，磷酸三（丁氧基乙基）酯 1～3，钛酸酯偶联剂 LD70 1～2，丁二酸酐 0.5～1，六氢化邻苯二甲酸酐 1～2，石油磺酸钡 2～6，硫代二丙酸二月桂酯 1～2，环烷酸皂 1～2，乙氧基化烷基硫酸铵 0.3～1，抗磨机械油 4～5。

所述的抗磨机械油是由下述质量份的原料制成的：棕榈酸 0.3～0.5，萜烯树脂 2～3，T321 硫化异丁烯 5～7，蓖麻油酸 4～6，丙三醇 20～30，磷酸二氢锌 6～10，28%氨水 40～50，单硬脂酸甘油酯 1～2，机械油 70～80，硝酸镧 2～3，硅烷偶联剂 KH560 0.1～0.2。

所述的抗磨机械油的制备方法：

（1）将蓖麻油酸加入丙三醇中，搅拌条件下滴加占体系物料质量 1.5%～2%的浓硫酸，滴加完毕后加热到 160～170℃，保温反应 3～5h，得酯化料；

（2）取上述硅烷偶联剂 KH560 质量的 30%～40%，加入棕榈酸中，搅拌均匀，加入酯化料，150～160℃下保温反应 1～2h，降低温度至 85～90℃，加入萜烯树脂，保温搅拌 30～40min，得改性萜烯树脂；

（3）将磷酸二氢锌加入 28%氨水中，搅拌混合 6～10min，将硝酸镧与剩余的硅烷偶联剂 KH560 混合均匀后加入，搅拌均匀，得稀土氨液；

（4）将单硬脂酸甘油酯加入机械油中，搅拌均匀后加入上述改性萜烯树脂、稀土氨液，120～125℃下保温反应 20～30min，脱水，即得所述抗磨机械油。

所述的萜烯树脂为萜烯树脂 T-80，浓硫酸浓度为 98%。

质量指标

项目	质量指标
表观	无沉淀、无分层、无结晶物析出
腐蚀试验(10＃钢,100h,100℃)	0 级
盐雾试验(10＃钢,A 级)	7 天
湿热试验(10＃钢,A 级)	20 天
低温附着性	合格

产品应用

本品是一种长效快干型金属防锈油。

产品特性

（1）本产品中将蓖麻油酸与丙三醇进行酯化反应，将硅烷化的棕榈酸与剩余的醇继续进行酯化反应，之后与萜烯树脂进行改性，棕榈酸作为高级脂肪酸，能在金属表面形成分子定向吸附膜，减少摩擦，得到的改性萜烯树脂粘接性好、热稳定性强，可以促进物料间的相容性，并且可以增强涂膜的附着力，磷酸二氢锌作为一种常用的金属表面处理剂，具有很好的除锈防腐效果，加入的稀土镧离子可以与在金属基材表面发生吸氧腐蚀过程中产生的 OH^- 生成不溶性络合物，减缓腐蚀的电极反应，起到很好的缓释效果。

（2）本产品防锈时间可以达到两年以上，可以在金属零件上快速形成油膜，且油膜稳定性好，耐酸碱、耐水、耐高低温、耐擦拭性强。

制冷设备用防锈油(1)

原料配比

原料		配比(质量份)
N32＃机械油		80
烯基丁二酸酯		10
乙二醇丁醚		2
油酸三乙醇胺		0.8
松香酸聚氧乙烯酯		5
1-羟基苯并三氮唑		1
羊毛脂镁皂		3
月桂酰基谷氨酸二钠		0.2
二甲基硅油		0.3
二月桂酸二丁基锡		0.4
成膜助剂		5
成膜助剂	古马隆树脂	50
	甲基丙烯酸甲酯	10
	异丙醇铝	1
	三羟甲基丙烷三丙烯酸酯	5
	斯盘-80	0.5
	脱蜡煤油	26
	棕榈酸	1

制备方法 将上述N32＃机械油质量的30%～40%与烯基丁二酸酯、松香酸聚氧乙烯酯混合，110～125℃下搅拌加热1～2h，加入成膜助剂、油酸三乙醇胺，连续脱水2～3h，加入剩余的N32＃机械油，继续搅拌混合30～40min，降温至50～60℃，加入剩余各原料，保温搅拌3～5h，降低温度至30～35℃，搅拌均匀，过滤出料。

原料配伍 本品各组分质量份配比范围为：N32＃机械油71～80，烯基丁二酸酯5～10，乙二醇丁醚1～2，油酸三乙醇胺0.8～2，松香酸聚氧乙烯酯3～5，1-羟基苯并三氮唑1～2，羊毛脂镁皂3～5，二甲基硅油0.3～1，二月桂酸二丁基锡0.4～1，月桂酰基谷氨酸二钠0.2～0.4，成膜助剂5～7。

所述的成膜助剂是由下述质量份的原料制成的：古马隆树脂40～50，甲基丙烯酸甲酯6～10，异丙醇铝1～2，三羟甲基丙烷三丙烯酸酯3～5，斯盘-80 0.5～1，脱蜡煤油20～26，棕榈酸1～2。

所述的成膜助剂的制备方法：

（1）将上述古马隆树脂加热至75～80℃，加入甲基丙烯酸甲酯，搅拌至常温，加入脱蜡煤油，60～80℃下搅拌混合30～40min；

（2）将异丙醇铝与棕榈酸混合，球磨均匀，加入三羟甲基丙烷三丙烯酸酯，80～85℃下搅拌混合3～5min；

（3）将上述处理后的各原料混合，加入剩余各原料，500～600r/min搅拌分散10～20min，即得所述成膜助剂。

质量指标

项目	质量指标
表观	无沉淀、无分层、无结晶物析出
盐雾试验(36℃,170h)	无腐蚀
湿热试验(50℃,700h)	无腐蚀

产品应用 本品是一种制冷设备用防锈油。

产品特性 本产品各原料复配合理，能够很好地降低防锈油的表面张力，增加各组分的相容性，低温流动性好，特别适用于制冷设备。

制冷设备用防锈油(2)

原料配比

原料		配比(质量份)				
		1#	2#	3#	4#	5#
溶剂油	脱芳溶剂油 D60	89	92	—	—	—
	脱芳溶剂油 D70	—	—	90	92	—
	脱芳溶剂油 D80	—	—	—	—	62
防锈剂	琥珀酸半酯	3	3	—	—	4
	烯基丁二酸酯	—	—	5	4	—
偶合剂	三丙二醇丁醚、二丙二醇丁醚(1∶1)	5	3	3	2	—
	丙二醇丁醚、二丙二醇丁醚(1∶1)	—	—	—	—	2
脱水剂	单丁醚	3	2	2	2	32

制备方法

(1) 按质量百分数将溶剂油50%～95%、防锈剂0.5%～5%、脱水剂0.5%～45%混合均匀，得到第一混合油；所述防锈剂中不含有钡、钙、硫、磷、氯。

(2) 将偶合剂加入所述第一混合油中，搅拌均匀，得到制冷设备用防锈油。

原料配伍 本品各组分质量份配比范围为：溶剂油50～95，防锈剂0.5～5，脱水剂0.5～45，偶合剂4～10。

所述溶剂油选自链烷烃、环烷烃、脱芳溶剂油和芳香烃溶剂油中的一种或几种。

所述防锈剂选自环烷酸盐，羊毛脂、羊毛脂皂、琥珀酸酯以及其衍生物、硬脂酸及其衍生物、合成磺酸酯、油酸醇胺类化合物、铵盐，石油磺酸盐、重烷基苯磺酸盐、烯基丁二酸酯中的一种或几种，且均不含钡、钙、硫、磷、氯。

所述脱水剂选自异丁醇、单丁醚、乙醇或石油醚中的一种或几种。

所述偶合剂选自醇类化合物、醚类化合物和醇醚类化合物中的一种或几种，具体选自单丁醚、三丙二醇丁醚、二丙二醇丁醚、丙二醇丁醚、乙二醇乙醚、乙二醇丁醚、丙二醇丙醚或十八醇中的一种或几种。

产品应用 本品是一种制冷设备防锈油。

产品特性

（1）本产品中使用的防锈剂不含钡、钙、硫、磷、氯元素，在低温下不会冻结，不会降低溶剂油的流动性，为了不使防锈效果降低，本产品还提供了偶合剂，使用醇类化合物、醚类化合物和醇醚类化合物中的一种或多种与溶剂油复配，既能够增加防锈油在低温下的流动性和稳定性，又能够与防锈剂中的金属离子发生偶合作用，使金属离子更加稳定，增加了防锈效果；另外，由于添加了偶合剂，降低了各组分之间的表面张力，使防锈油与制冷剂的相容性更好。

（2）本产品制备过程简单，条件温和，适合大规模工业化生产。制备的防锈油在低温下稳定性好，防锈效果好。

（3）本产品使用的溶剂油均为无毒的植物或动物脂肪提取物，降低了石油提取物中杂质对防锈效果的影响以及降低防锈油对人体的危害。

制冷设备用耐低温防锈油

原料配比

原料	配比(质量份)
月桂氮卓酮	1
聚天冬氨酸	2
亚磷酸三壬基苯酯	3
焦油渣	5
羟基乙酸	1
偏苯三酸酯	3
磷酸钙	0.4
马来松香	3

续表

原料		配比(质量份)
双辛烷基甲基叔胺		0.4
20#机械油		80
防锈剂 T706		4
叔丁基对二苯酚		0.4
香樟油		3
二硬脂酸铝		1
抗剥离机械油		5
抗剥离机械油	聚乙二醇单甲醚	3
	2,6-二叔丁基-4-甲基苯酚	0.2
	松香	6
	聚氨酯丙烯酸酯	2
	斯盘-80	2
	硝酸镧	3～4
	机械油	100
	磷酸二氢锌	10
	28%氨水	50
	去离子水	30
	硅烷偶联剂 KH560	0.2

制备方法

(1) 将焦油渣、马来松香混合，60～70℃下搅拌混合4～5min，加入偏苯三酸酯，搅拌均匀，得酯化松香；

(2) 将双辛烷基甲基叔胺加入到4～6倍水中，搅拌均匀后加入磷酸钙、聚天冬氨酸，搅拌混合至水干，加入酯化松香，搅拌均匀；

(3) 将上述处理后的原料加入反应釜中，100～120℃下搅拌混合20～30min，加入防锈剂T706、亚磷酸三壬基苯酯，降低温度到80～90℃，脱水，搅拌混合2～3h；

(4) 将反应釜温度降到50～60℃，加入剩余各原料，不断搅拌至常温，过滤出料。

原料配伍 本品各组分质量份配比范围为：月桂氮卓酮1～2，聚天冬氨酸1～2，亚磷酸三下基苯酯2～3，焦油渣4～5，羟基乙酸1～2，偏苯三酸酯2～3，磷酸钙0.4～1，马来松香3～5，双辛烷基甲基叔胺 0.4～1，20＃机械油 70～80，防锈剂 T706 4～6，叔丁基对二苯酚 0.4～1，香樟油 2～3，二硬脂酸铝 1～2，抗剥离机械油 5～6。

所述的抗剥离机械油是由下述质量份的原料制成的：聚乙二醇单甲醚 2～3，2,6-二叔丁基-4-甲基苯酚 0.1～0.2，松香 4～6，聚氨酯丙烯酸酯 1～2，斯盘-80 2～3，硝酸镧 3～4，机械油 90～100，磷酸二氢锌 6～10，28％氨水 40～50，去离子水 20～30，硅烷偶联剂 KH560 0.1～0.2。

所述的抗剥离机械油的制备方法：

(1) 将聚乙二醇单甲醚与 2,6-二叔丁基-4-甲基苯酚混合加入去离子水中，搅拌均匀，得聚醚分散液；

(2) 将松香与聚氨酯丙烯酸酯混合，75～80℃下搅拌 10～15min，得酯化松香；

(3) 将磷酸二氢锌加入 28％氨水中，搅拌混合 6～10min，将硝酸镧与硅烷偶联剂 KH560 混合均匀后加入，搅拌均匀，得稀土氨液；

(4) 将斯盘-80 加入机械油中，搅拌均匀后依次加入上述酯化松香、稀土氨液、聚醚分散液，100～120℃下保温反应 20～30min，脱水，即得所述抗剥离机械油。

质量指标

项目	质量指标
表观	无沉淀、无分层、无结晶物析出
腐蚀试验(10＃钢,100h,100℃)	0 级
盐雾试验(10＃钢,A 级)	7 天
湿热试验(10＃钢,A 级)	20 天
低温附着性	合格

产品应用

本品主要用作制冷设备用耐低温防锈油。

产品特性

(1) 本产品中将 2,6-二叔丁基-4-甲基苯酚与聚乙二醇单甲醚混合分散，提高了聚乙二醇单甲醚的热稳定性，使聚醚不容易断链，保持了其稳定性，聚氨酯丙烯酸酯与松香都具有很好的粘接性，与上述抗氧化处理后的聚乙二醇单甲醚共混改性后，即使在高温下依然具有很好的附着力，可以有效地提高成品油的抗剥离性，加入的稀土镧离子可以与在金属基材表面发生吸氧腐蚀过程中产生的 OH^- 生成不溶性络合物，减缓腐蚀的电极反应，起到很好的缓释效果。

（2）本产品在低温下稳定性好，防锈效果好，与制冷剂的相容性好，不影响制冷效果，使用寿命长，耐候性好，安全性、环保性高。

置换型防锈油

原料配比

原料	配比(质量份)		
	1#	2#	3#
皂化值(KOH)为 90mg/g，含杂量为 0.3%的羊毛脂	27	—	—
皂化值(KOH)为 120mg/g，含杂量为 0.6%的羊毛脂	—	25	—
皂化值(KOH)为 110mg/g，含杂量为 0.6%的羊毛脂	—	—	33
浓度为 106%的硫酸	6	—	—
浓度为 110%的硫酸	—	5	—
浓度为 102%的硫酸	—	—	5
含量为 99%的氢氧化钙	5	—	—
含量为 90%的氢氧化钙	—	7	—
含量为 99.9%的氢氧化钙	—	—	4
馏程为 144℃的溶剂油	6	—	—
馏程为 200℃的溶剂油	—	3	—
馏程为 144℃的溶剂油	—	—	3
运动黏度为 29mm²/s，水分为痕迹的矿物油	56	—	—

续表

原料	配比(质量份)		
	1#	2#	3#
运动黏度为 32mm²/s,水分为痕迹的矿物油	—	60	—
运动黏度为 29mm²/s,水分为痕迹的矿物油	—	—	55

制备方法 以25%～33%的羊毛脂、3%～10%的硫酸、4%～8%的氢氧化钙、3%～10%的溶剂油、50%～60%的矿物油为原料，将羊毛脂脱尽水后，冷却至30～45℃，缓慢滴加硫酸进行磺化反应，磺化温度控制在30～50℃，磺化4～7h；待磺化完毕后缓慢升温至60～75℃，缓慢加入氢氧化钙于60～110℃下进行反应，保温2～3h；最后添加矿物油、溶剂油进行溶解，调配至完全均匀，即得所需置换型防锈油。

原料配伍 本品各组分质量份配比范围为：羊毛脂25～33，硫酸3～10，氢氧化钙4～8，溶剂油3～10，矿物油50～60。

所述的羊毛脂选用皂化值为90～120mgKOH/g，含杂量为3.0%～0.3%的羊毛脂；优选含杂量<1%的羊毛脂。

所述的硫酸选用浓度为98%～110%的硫酸；优选浓度为106%的硫酸。

所述的氢氧化钙选用含量为90%～99.9%的氢氧化钙；优选含量≥99%的氢氧化钙。

所述的溶剂油选用馏程为80～201℃的溶剂油；优选馏程为144～200℃的溶剂油。

所述的矿物油选用运动黏度为3～36mm²/s，水分为痕迹的矿物油；优选运动黏度为29～32mm²/s，水分为痕迹的矿物油。

产品应用 本品是一种置换型防锈油。

产品特性 本产品采用一步到位的方法，摒除了现有技术中采用水作载体的液相反应步骤，杜绝了生产过程中“三废”的产生，特别是大量废水的排放；本产品摒除了现有技术中所使用的原料氯化钙，因此消除了氯离子等腐蚀离子的隐患，延长了设备的使用寿命，降低了生产成本；同时，采用本产品方法成品得率在96%～98%，成品一次合格率达到100%，保证了产品品质。

轴承防锈油(1)

原料配比

原料		配比(质量份)																	
		1#	2#	3#	4#	5#	6#	7#	8#	9#	10#	11#	12#	13#	14#	15#	16#	17#	18#
磺酸盐	石油磺酸钡	15	6	—	—	—	—	—	—	—	15	—	—	—	—	—	—	—	—
	合成石油磺酸钡	—	—	5	—	—	—	—	—	—	—	—	5	—	—	—	—	—	—
	高碱值石油磺酸钙	—	—	3	—	—	—	—	—	—	—	6	3	—	—	—	—	—	—
	中性二壬基萘磺酸钡	—	—	—	8	8	8	—	—	—	—	—	—	8	8	8	—	—	—
	碱性二壬基萘磺酸钡	—	—	—	—	—	—	8	8	8	—	—	—	—	—	—	8	8	8
咪唑啉丁二酸盐	十七烯基咪唑啉烯基丁二酸盐(T703)	3	1.5	2	2	2	2	2	2	2	—	—	—	—	—	—	2	2	2
烷基丁二酸十七烯基咪唑啉盐(HY-10002)											4	3	2	2	2	2	—	—	—
烯基丁二酸和/或丁二酰胺	烯基丁二酸	—	—	—	1	—	0.5	1	—	0.5	—	—	—	1	—	0.5	1	—	0.5
	丁二酰胺	—	—	—	—	1	0.5	—	1	—	—	—	—	—	1	0.5	—	1	0.5
润滑油基础油	N10	82	—	—	—	—	—	89	89	89	81	—	—	89	89	89	89	89	89
	PAO-40+N10	—	92.5	—	—	—	—	—	—	—	—	—	—	—	—	—	—	—	—
	26#白油	—	—	90	—	—	—	—	—	—	—	—	—	—	—	—	—	—	—
	25#变压器油	—	—	—	—	—	—	—	—	—	—	91	—	—	—	—	—	—	—
	SDB2-2三羟酯+N10	—	—	—	—	—	—	—	—	—	—	—	90	—	—	—	—	—	—
	500SN	—	—	—	89	89	89	—	—	—	—	—	—	—	—	—	—	—	—

制备方法 在常温下将所述的添加剂加入基础油中搅拌均匀，在组合物中还可加入其他添加剂，如抗氧剂等。

原料配伍 本品各组分质量份配比范围为：润滑油基础油81.95～98.95，磺酸盐1～18，咪唑啉丁二酸盐0.05～5.0，烯基丁二酸和/或丁二酰胺0.05～3.0。

所述的磺酸盐选自石油磺酸钡、石油磺酸钙、碱性二壬基萘磺酸钡和中性二壬基萘磺酸钡中的一种或几种的混合物，磺酸盐在组合物中的含量优选2%～15%，此时润滑油基础油的含量优选84.9%～97.9%。

所述的咪唑啉丁二酸盐选自十七烯基咪唑啉烯基丁二酸盐(T703)、烷基丁二酸十七烯基咪唑啉盐(HY-10002)、氨乙基十七烯基咪唑啉十二烯基丁二酸盐、2-氨乙基烯基咪唑啉或2-氨乙基烯基咪唑啉烯基丁二酸。

所述的润滑油基础油40℃时的黏度为5～300mm^2/s，优选5～100mm^2/s。

所述的润滑油基础油可为矿物油或酯类油，所述的矿物油是由石蜡基原油或环烷基原油生产的矿物润滑油，如N5、N10、N15、N32、N46、N68、150SN、500SN、650SN、120BS、150BS、PAO 40等。

所述的酯类油选自合成酯、动植物油、热聚不饱和植物油和蓖麻油环氧乙烷缩合物中的一种或几种的混合物。

所述的烯基丁二酸优选十二烯基丁二酸、十三烯基丁二酸、十五烯基丁二酸、十七烯基丁二酸、十八烯基丁二酸及对应的烯基丁二酸酯。

产品应用 本品是一种轴承防锈油。

产品特性

(1) 本产品具有良好的油溶稳定性，可在湿热的条件下长期放置。

(2) 本产品将二价磺酸盐与咪唑啉丁二酸盐复配使用，将其与基础油混合制成防锈剂组合物，该组合物带有油溶性基团，各种添加剂在油中的分散性很好，解决了磺酸盐的水解、沉淀或凝胶问题，油溶稳定性好，长时间放置不结皮、不产生沉淀，具有优良的防锈增效作用。

轴承防锈油(2)

原料配比

原料	配比(质量份)		
	1#	2#	3#
煤油	40	60	50
汽油	30	20	25
苯并三氮唑	3	5	4
羊毛脂	12	8	10
正丁醇	4	6	5

制备方法 将各组分原料混合均匀即可。

原料配伍 本品各组分质量份配比范围为：煤油 40～60，汽油 20～30，苯并三氮唑 3～5，羊毛脂 8～12 和正丁醇 4～6。

产品应用 本品是一种轴承防锈油。

产品特性 本产品可以有效地保护轴承在生产过程中的防锈处理，实用性强，适合相关行业广泛使用。

轴承封存用低温防锈油(1)

原料配比

原料	配比(质量份)
46#液压油	80
聚甲基丙烯酸酯	0.6
环氧大豆油	3
石油磺酸钙	10
月桂酸二乙醇酰胺	0.8
十二烷基苯磺酸钠	1
单正十二烷基磷酸酯	4
二烷基二硫代磷酸锌	0.8
2-甲基咪唑啉	1
成膜助剂	15

续表

原料		配比(质量份)
成膜助剂	古马隆树脂	40
	乙醇	3
	植酸	3
	15%的氯化锌溶液	3
	三乙醇胺油酸皂	0.8
	N,*N*-二甲基甲酰胺	1
	三羟甲基丙烷三丙烯酸酯	5
	120#溶剂油	16

制备方法

(1) 将上述46#液压油质量的50%～60%加入反应釜中，搅拌，升高温度到110～120℃，加入石油磺酸钙、环氧大豆油，搅拌混合1～2h；

(2) 将反应釜温度降低到70～80℃，加入十二烷基苯磺酸钠、二烷基二硫代磷酸锌，搅拌混合2～3h；

(3) 将反应釜温度降低到50～60℃，加入剩余各原料，不断搅拌至常温，过滤出料。

原料配伍 本品各组分质量份配比范围为：46#液压油71～80，聚甲基丙烯酸酯0.6～1，环氧大豆油2～3，石油磺酸钙7～10，月桂酸二乙醇酰胺0.8～1.4，十二烷基苯磺酸钠1～2，单正十二烷基磷酸酯2～4，二烷基二硫代磷酸锌0.8～2，2-甲基咪唑啉1～2，成膜助剂10～15。

所述的成膜助剂的制备方法：

(1) 将上述植酸与*N*,*N*-二甲基甲酰胺混合，50～70℃下搅拌混合3～5min，加入乙醇，混合均匀；

(2) 将三羟甲基丙烷三丙烯酸酯与120#溶剂油混合，90～100℃下搅拌混合40～50min，加入古马隆树脂，降低温度至80～85℃，搅拌混合15～20min；

(3) 将上述处理后的各原料混合，加入剩余各原料，700～

800r/min 搅拌分散 10～20min，即得所述成膜助剂。

质量指标

项目	质量指标
表观	无沉淀、无分层、无结晶物析出
腐蚀试验(10＃钢,100h,100℃)	0 级
盐雾试验(10＃钢,A 级)	7 天
湿热试验(10＃钢,A 级)	20 天
低温附着性	合格

产品应用 本品是一种轴承封存用低温防锈油。

产品特性 本产品油膜保持性好，具有较好的低温流动性，低温不凝裂，可以满足－10℃及以下环境中的使用要求，特别适合低温条件下轴承封存用，对轴承润滑脂无不良影响。

轴承封存用低温防锈油(2)

原料配比

原料	配比(质量份)
稀土成膜液压油	20
变压器油	80
异佛尔酮二异氰酸酯	0.6
1-羟基苯并三唑	1
烷基酚聚氧乙烯醚磷酸酯	1
双辛烷基甲基叔胺	0.4
羊毛脂镁皂	2
碳酸二环己胺	2
亚麻仁油	3
二甲基硅油	0.5
三乙醇胺硼酸酯	3
对硝基苯酚	0.7

续表

原料		配比(质量份)
稀土成膜液压油	丙二醇苯醚	15
	明胶	3～4
	甘油	2.1
	磷酸三甲酚酯	0.4
	硫酸铝铵	0.4
	液压油	110
	去离子水	105
	氢氧化钠	3
	硝酸铈	3
	十二烯基丁二酸	15
	斯盘-80	0.5

制备方法

(1) 将上述变压器油质量的70%～80%加入反应釜中，加热到110～120℃，加入羊毛脂镁皂，保温搅拌混合50～60min；

(2) 将反应釜温度降低至80～90℃，加入双辛烷基甲基叔胺、碳酸二环己胺，保温搅拌20～30min；

(3) 加入除二甲基硅油以外的各原料，70～80℃下搅拌混合20～30min，脱水，保温搅拌混合2～3h；

(4) 将反应釜温度降低到50～60℃，加入二甲基硅油，不断搅拌至常温，过滤出料。

原料配伍 本品各组分质量份配比范围为：稀土成膜液压油14～20，变压器油70～80，异佛尔酮二异氰酸酯0.6～1，1-羟基苯并三唑1～2，烷基酚聚氧乙烯醚磷酸酯1～3，双辛烷基甲基叔胺0.4～1，羊毛脂镁皂2～4，碳酸二环己胺1～2，亚麻仁油2～3，二甲基硅油0.5～1，三乙醇胺硼酸酯2～3，对硝基苯酚0.7～1。

所述的稀土成膜液压油是由下述质量份的原料制成的：丙二醇苯醚10～15，明胶3～4，甘油2.1～3，磷酸三甲酚酯0.4～1，硫酸铝铵0.2～0.4，液压油100～110，去离子水100～105，氢氧化钠3～5，硝酸铈3～4，十二烯基丁二酸10～15，斯盘-80 0.5～1。

所述稀土成膜液压油的制备方法：

(1) 将磷酸三甲酚酯加入甘油中，搅拌均匀，得醇酯溶液；

(2) 将明胶与上述去离子水质量的40%～55%混合，搅拌均匀后加入硫酸铝铵，放入60～70℃的水浴中，加热10～20min，加入上述醇酯溶液，继续加热5～7min，取出冷却至常温，加入丙二醇苯醚，40～60r/min搅拌混合10～20min，得成膜助剂；

(3) 将十二烯基丁二酸与氢氧化钠混合，搅拌均匀后加入剩余的去离子水中，充分混合，加入硝酸铈，60～65℃下保温搅拌20～30min，得稀土分散液；

(4) 将斯盘-80加入液压油中，搅拌均匀后加入上述成膜助剂、稀土分散液，60～70℃下保温反应30～40min，脱水，即得所述稀土成膜液压油。

质量指标

项目	质量指标
表观	无沉淀、无分层、无结晶物析出
腐蚀试验(10＃钢,100h,100℃)	0级
盐雾试验(10＃钢,A级)	7天
湿热试验(10＃钢,A级)	20天
低温附着性	合格

产品应用 本品是一种轴承封存用低温防锈油。

产品特性

(1) 本产品中将丙二醇苯醚加入改性明胶体系中，使其被明胶体系微粒完全吸收，从而提高体系的聚结性能和稳定性，自身的成膜性也在系统中得到加强；加入的稀土离子可以与在金属基材表面发生吸氧腐蚀过程中产生的 OH^- 生成不溶性络合物，减缓腐蚀的电极反应，起到很好的缓释效果。

(2) 本产品具有较好的低温流动性，低温不凝裂，外观清澈透明，无沉淀，无结膜现象，使用性能好，油膜保持性好，油膜薄，降低了轴承的运转功耗和清洗难度。

轴承封存用低温防锈油(3)

原料配比

原料	配比(质量份)
150SN基础油	60～70
麻黄碱	1～2

续表

原料		配比(质量份)
钨酸铵		0.2～1
十四醇油酸酯		1～2
叔丁基对二苯酚		1～2
丁基羟基茴香醚		0.1～0.3
石油磺酸钙		3～5
过氧化二异丙苯		0.5～1
二异丙基乙醇胺		1～2
磷酸三甲酚酯		2～4
双咪唑烷基脲		0.3～1
抗磨机械油		3～5
抗磨机械油	棕榈酸	0.5
	萜烯树脂	3
	T321 硫化异丁烯	5
	蓖麻油酸	6
	丙三醇	30
	磷酸二氢锌	10
	28%氨水	50
	单硬脂酸甘油酯	2
	机械油	80
	硝酸镧	3
	硅烷偶联剂 KH560	0.2

制备方法

(1) 将十四醇油酸酯、磷酸三甲酚酯混合，加入上述 150SN 基础油质量的 30%～40%，搅拌均匀后加入过氧化二异丙苯，60～65℃下保温混合 20～30min，冷却至常温，加入丁基羟基茴香醚，搅拌均匀；

(2) 将上述处理后的原料加入反应釜中，加入剩余的 150SN 基础油，100～120℃下搅拌混合 20～30min，加入十四醇油酸酯、钨酸铵，降低温度到 80～90℃，脱水，搅拌混合 2～3h；

(3) 将反应釜温度降低到 50～60℃，加入剩余各原料，不断搅拌至常温，过滤出料。

原料配伍 本品各组分质量份配比范围为：150SN 基础油 60～70，麻黄碱 1～2，钨酸铵 0.2～1，十四醇油酸酯 1～2，叔丁基对二苯酚 1～2，丁基羟基茴香醚 0.1～0.3，石油磺酸钙 3～5，过氧化二异丙苯 0.5～1，二异丙基乙醇胺 1～2，磷酸三甲酚酯 2～4，双咪唑烷基脲 0.3～1，抗磨机械油 3～5。

所述的抗磨机械油是由下述质量份的原料制成的：棕榈酸 0.3～0.5，萜烯树脂 2～3，T321 硫化异丁烯 5～7，蓖麻油酸 4～6，丙三醇 20～30，磷酸二氢锌 6～10，28%氨水 40～50，单硬脂酸甘油酯 1～2，机械油 70～80，硝酸镧 2～3，硅烷偶联剂 KH560 0.1～0.2。

所述的抗磨机械油的制备方法：

(1) 将蓖麻油酸加入丙三醇中，搅拌条件下滴加占体系物料质量 1.5%～2%的浓硫酸，滴加完毕后加热到 160～170℃，保温反应 3～5h，得酯化料；

(2) 取上述硅烷偶联剂 KH560 质量的 30%～40%，加入棕榈酸中，搅拌均匀，加入酯化料，150～160℃下保温反应 1～2h，降低温度至 85～90℃，加入萜烯树脂，保温搅拌 30～40min，得改性萜烯树脂；

(3) 将磷酸二氢锌加入 28%氨水中，搅拌混合 6～10min，将硝酸镧与剩余的硅烷偶联剂 KH560 混合均匀后加入，搅拌均匀，得稀土氨液；

(4) 将单硬脂酸甘油酯加入机械油中，搅拌均匀后加入上述改性萜烯树脂、稀土氨液，120～125℃下保温反应 20～30min，脱水，即得所述抗磨机械油。

所述的萜烯树脂为萜烯树脂 T-80，浓硫酸浓度为 98%。

质量指标

项目	质量指标
表观	无沉淀、无分层、无结晶物析出
腐蚀试验(10#钢,100h,100℃)	0 级
盐雾试验(10#钢,A 级)	7 天
湿热试验(10#钢,A 级)	20 天
低温附着性	合格

产品应用 本品是一种轴承封存用低温防锈油。

产品特性

(1) 本产品中将蓖麻油酸与丙三醇进行酯化反应，将硅烷化的棕榈酸与剩余的醇继续进行酯化反应，之后与萜烯树脂进行改性，棕榈酸作为高级脂肪酸，能在金属表面形成分子定向吸附膜，减少摩擦，得到的改性萜烯树脂粘接性好、热稳定性强，可以促进物料间的相容性，并且可以增强涂膜的附着力，磷酸二氢锌作为一种常用的金属表面处理剂，具有很好的除锈防腐效果，加入的稀土镧离子可以与在金属基材表面发生吸氧腐蚀过程中产生的 OH^- 生成不溶性络合物，减缓腐蚀的电极反应，起到很好的缓释效果。

(2) 本产品可以满足－10℃及以下环境中的使用要求，特别适合低温条件下轴承封存用，还具有一定的润滑性，本产品可以形成稳定的油膜，对金属的防锈效果达到两年以上。

轴承封存用低温防锈油(4)

原料配比

原料	配比(质量份)			
	1#	2#	3#	4#
羊毛脂镁皂	2	2.5	3	3.5
二壬基萘磺酸钙	5	4	4	6
石油磺酸钙	6	9	8	7
聚甲基丙烯酸酯	0.2	0.4	0.6	0.8
降凝剂	—			
环烷基变压器油	86.8	84.1	84.4	82.7

制备方法

(1) 将基础油加到反应釜中搅拌，加热到 110～120℃ 充分脱水。

(2) 当温度降到 80℃以下，将防锈剂加到反应釜的基础油中，搅拌使其充分溶解。

(3) 当温度降到 60℃时，将降凝剂加到反应釜中，搅拌使其溶解完全。

(4) 不断搅拌使全部物料混匀，滤去杂质后即得到低温防锈油。

原料配伍 本品各组分质量份配比范围为：防锈剂 13～17，降凝剂 0.2～0.8，基础油 82～87。

其中所述防锈剂由羊毛脂镁皂、二壬基萘磺酸钙、石油磺酸钙组成。

所述降凝剂为聚甲基丙烯酸酯。

所述基础油为环烷基变压器油或液压油。

产品应用 本品主要用作轴承封存用低温防锈油。用于低温条件下轴承的防锈封存，开式和密封轴承均可使用，对轴承润滑脂无不良影响。也可用于其他黑色金属制品的封存防锈。

使用方法为：

(1) 清洗：该防锈油清洁度高，因此使用前轴承或其他金属零件须充分清洗并烘干。

(2) 涂油：可采用手工滴加、浸泡和自动喷淋等工艺，涂油应均匀连续，较复杂的零件应适当延长浸油时间，以实现油膜的完整性。

(3) 封存包装：用聚乙烯薄膜或其他无腐蚀材料封存，封存后的产品置于干燥阴凉处。

产品特性

(1) 本产品使用简单，防锈期长，特别是凝点低，特别适合在寒区低温环境使用，满足−10℃及以下环境的使用要求。

(2) 本产品优选环烷基原油及其衍生物，采用经过深度加工的环烷基变压器油或液压油，这种油经过加氢处理，有效地提高黏度指数，进一步降低凝点，降低色度，甚至达到无色。

(3) 有些严寒地区对凝点要求更高，可以适当添加一些降凝剂，它们可以吸附在析出的石蜡晶体表面，使蜡只能成为极微小的晶体，不能形成网状结构，从而改善油品的低温流动性，降低油品的凝固点。但降凝剂的量不宜超过 0.9%，这是由于降凝剂只影响石蜡的晶体形状，不能改变总的析蜡量，过量的降凝剂分子不再参与共晶吸附作用，而是自身形成小晶粒，阻碍石蜡微晶缔合，所以在本产品中降凝剂的含量为 0.2%～0.8%。同时，温度是影响降凝效果的重要因素，基于吸附-共晶理论，降凝剂只有在温度高于油品析蜡温度时加入才能在油品降温过程中改变蜡的结晶形态，从而起到降凝作用，加入时温度过低，得不到满意的降凝效果；但加入时温度过高，降凝剂的化学组成会发生变化，导致其降凝活性组分含量降低，影响降凝效果。经过试验，本产品选择基础油温度为60℃时加入降凝剂。本产品采用聚甲基丙烯酸酯作为降凝剂，不但能降低凝点，还能提高黏度指数。

（4）考虑到轴承涂防锈油后要叠放在一起进行塑料包装；同时，在贮存、运输过程中不可避免地接触大气，大气中含有水分、氧气、NaCl、CO_2、SO_2、烟尘、表面沉积物等腐蚀性介质；还会遇到高湿天气，故对防锈油提出了抗重叠、抗盐雾及抗湿热的性能要求。本产品选用挥防锈叠加性较好和一定程度上改善油品稳定性的羊毛脂镁皂；抗氯离子和抗盐雾性能良好的石油磺酸钙；在湿热状态下稳定性较好，对钢铁材料有防锈性的二壬基萘磺酸钙三种防锈剂，这几种防锈剂配合使用，以发挥其互补的配伍作用，同时这几种添加剂不含钡，具有环保性。一般防锈剂添加的质量分数应在15%左右，太多会影响油膜厚度，增加轴承的运转功耗和清洗难度，太少其浓度达不到临界胶束浓度，防锈效果不好。

（5）本产品具有较好的低温流动性，低温不凝裂，基础油具有较低的凝点，尤其是加入了降凝剂使凝点更低，可以满足−10℃及以下环境的使用要求。另外，本产品外观清澈透明，无沉淀，无结膜现象。使用性能好，油膜保持性好，生产工艺简单，使用方便。

综合型软膜防锈油

原料配比

原料	配比(质量份)			
	1#	2#	3#	4#
3#航空煤油	75	75	72.1	73.6
32#机械油	10	10	10	8
环烷酸锌	5	5	6	6
二壬基萘磺酸钡	4	3	4	4

续表

原料	配比(质量份)			
	1#	2#	3#	4#
十二烯基丁二酸	1	1	2	2
石油磺酸钠	3	4	4	4
邻苯二甲酸二丁酯	1.6	1.6	1.5	2
苯并三氮唑	0.2	0.2	0.2	0.2
2,6-二叔丁基对甲酚	0.2	0.2	0.2	0.2

制备方法

(1) 将煤油加入反应釜并搅拌加热，至50～80℃；

(2) 将32#机械油、环烷酸锌、二壬基萘磺酸钡、十二烯基丁二酸和石油磺酸钠加入反应釜，升温至120～130℃，充分搅拌直至机械油充分脱水；

(3) 将温度降至40～50℃，加入邻苯二甲酸二丁酯、苯并三氮唑和2,6-二叔丁基对甲酚，滤去杂质即可得本防锈油。

原料配伍 本品各组分质量份配比范围为：煤油72～75，32#机械油8～10，环烷酸锌5～6，二壬基萘磺酸钡3～4，十二烯基丁二酸1～2，石油磺酸钠3～4，邻苯二甲酸二丁酯1.5～2，苯并三氮唑0.2，2,6-二叔丁基对甲酚0.2。

所用煤油为3#航空煤油。

所述环烷酸锌含锌量为5%～7%。

质量指标

测试项目	1#	2#	3#	4#
密度/(g/cm²)	0.835	0.837	0.840	0.842
闪点/℃	158	160	160	161
黏度(40℃)/mPa·s	1.5	1.5	1.6	1.6
外观	红褐色	红褐色	红褐色	红褐色
物理稳定性	无沉淀、无分层、无结晶物析出	无沉淀、无分层、无结晶物析出	无沉淀、无分层、无结晶物析出	无沉淀、无分层、无结晶物析出
使用温度	常温	常温	常温	常温
中性盐雾腐蚀试验/h	>96	>96	>96	>96
湿热试验/h	>1000	>1000	>1000	>1000

续表

测试项目	1#	2#	3#	4#
油膜干燥时间/min	20	20	20	20
涂膜厚度/μm	<4	<4	<4	<4
紫外线老化试验/h	>400	>400	>400	>400

产品应用 本品是一种综合型软膜防锈油。

产品特性

(1) 本防锈油以3#航空煤油作溶剂、32#机械油作润滑剂和成膜剂，选用十二烯基丁二酸与二壬基萘磺酸钡复配，会产生协同作用，对钢铁和铜合金的抗盐水腐蚀性比两种缓蚀剂单独使用效果要好，环烷酸锌（锌含量为5%～7%）和石油磺酸钠复配也会产生协同作用，对钢铁和铜合金的长期封存防腐效果、抗静态腐蚀效果优良。苯并三氮唑对铜合金类防腐蚀效果明显，2,6-二叔丁基对甲酚是优良的抗氧剂。邻苯二甲酸二丁酯具有良好的吸水性能和汗液置换性能，能快速置换工件上残留的水分。

(2) 本产品的库存防锈效果尤为明显，对于铸铁和铜等都有极好的防锈效果，工件防腐封存时间达2年以上，更重要的是，封存过程中防锈油不易变色，不易氧化，且去封存简单方便，用棉纱沾少许煤油或汽油即擦去封存防锈油，不影响工件的外观，综合性能优良，通用性强。

综合性能好的润滑型脂型防锈油

原料配比

原料	配比(质量份)
固体石蜡	28
凡士林	30
氧化石油脂	4
石油磺酸钠	2
烯基丁二酸酯	3.5
46#机械油	10
矿物油	11

续表

原料		配比(质量份)
蔗糖脂肪酸酯		2
二苯甲酮		0.7
氧化铁红		2
保护剂		2
保护剂	电木粉	10
	聚氨酯	13
	乙二醇二缩水甘油醚	2
	丁二醇	4.5
	吐温-80	1
	十四烷基二甲基苄基氯化铵	0.1
	氧化铁红	3
	纳米二氧化钛	2
	蓖麻油	5
	硬脂酸锌	2
	二氧化硅溶胶	3
	异丙基三异酞酰钛酸酯	0.3

制备方法

(1) 向矿物油中加入氧化铁红、固体石蜡，分次加入凡士林，充分研磨 2～2.5h；

(2) 将氧化石油脂、石油磺酸钠、烯基丁二酸酯混合，然后控温在 80～95℃，保温 50～70min，然后降温至 55～60℃，加入二苯甲酮，保温反应 30～40min；

(3) 将步骤 (1) 与步骤 (2) 混合，加入保护剂，以 300～350r/min 的速度搅拌 40～60min，然后加入剩余成分，加热至 50～60℃，继续搅拌 0.5～1h，然后冷去至室温即得本产品。

原料配伍 本品各组分质量份配比范围为：固体石蜡 28～33，凡士林 30～35，氧化石油脂 4～6，石油磺酸钠 2～3，烯基丁二酸酯 3.5～4.5，46＃机械油 10～14，矿物油 11～13，蔗糖脂肪酸酯 2～3，二苯甲酮 0.7～0.9，氧化铁红 2～3，保护剂 2.5～4。

所述的保护剂由以下质量份的原料制成：电木粉 10～12，聚氨酯 13～15，乙二醇二缩水甘油醚 2～3，丁二醇 4.5～6，吐温-80 1～2，十四烷基二甲基苄基氯化铵 0.1～0.2，氧化铁红 3～4，纳米二氧化钛 2～4，蓖麻油 5～7，硬脂酸锌 2～3，二氧化硅溶胶 3～5,异丙基三异酞酰钛酸酯 0.3～0.5。

所述的保护剂的制备方法：首先将氧化铁红、纳米二氧化钛混合后加入蓖麻油、二氧化硅溶胶，搅拌研磨 50～60min，形成分散体；然后将电木粉、聚氨酯、异丙基三异酞酰钛酸酯混合，加热至 90～115℃搅拌反应 2～3h，再降温至 45～60℃，加入除吐温-80、十四烷基二甲基苄基氯化铵之外的剩余成分，以 400～500r/min 的速度搅拌 30～40min；最后冷却至室温，加入分散体、吐温-80 以及十四烷基二甲基苄基氯化铵，搅拌均匀即得保护剂。

产品应用 本品是一种综合性能好的润滑型脂型防锈油。

产品特性 本产品配方合理，采用润滑油作为基础油，添加氧化铁红等抗紫外线添加保护剂，抗菌防腐，而且能够在金属表面形成牢固的保护膜，防止水和氧的侵蚀导致生锈；本产品油膜强度大，室外环境不易开裂，使用时间长，降低了成本，综合性能优异。本产品外观为光滑均匀的油膏，可以室温涂覆或加热涂覆，耐盐雾实验：温度为 35℃，经过 150h，45＃钢无腐蚀；耐湿热实验：温度为 50℃，经过 700h，45＃钢无腐蚀。

参考文献

CN—200410011266.2

CN—200610098353.5

CN—200910094968.4

CN—200810119149.6

CN—200810119150.9

CN—200810119175.9

CN—200910067259.7

CN—200810119030.9

CN—201010166591.1

CN—200710029019.9

CN—200510017845.2

CN—200910193524.6

CN—200910074350.1

CN—200810194475.3

CN—200510122266.4

CN—200910151212.9

CN—200810123990.2

CN—200510016919.0

CN—200510100707.0

CN—200810024008.6

CN—200910074349.9

CN—200910248658.3

CN—200810204579.8

CN—200810167997.4

CN—200910219709.X

CN—201010127792.0

CN—200710116354.2

CN—200910013879.2

CN—200910213280.3

CN—200810012720.4

CN—200610125509.4

CN—201010131925.1

CN—200710012373.0

CN—200810204578.3

CN—200710054029.8

CN—200810230962.0

CN—200610019057.1

CN—200910183635.9

CN—200610107030.8

CN—200710130980.7

CN—201010100937.8

CN—201410591471.4

CN—201310362718.0

CN—201310025253.X

CN—201210352872.5

CN—201410154872.3

CN—201410171060.X

CN—201410745736.1

CN—201410626790.4

CN—201410626813.1

CN—201410626859.3

CN—201310136170.8

CN—201310131725.X

CN—201210547376.5

CN—201210547309.3

CN—201210357724.2

CN—201410154824.4

CN—201310361605.9

CN—201310439006.4

CN—201410155474.3

CN—201210228738.4

CN—201410155754.4

CN—201310370727.4

CN—201410746698.1

CN—201310619019.X

CN—201210540576.8

CN—201510043285.1

CN—201410627511.6

CN—201310516760.3

CN—201410590264.7

CN—201410154834.8

CN—201210518011.X

CN—201010172491.X

CN—201410745750.1

CN—201310362716.1

CN—201410745674.4

CN—201310361698.5

CN—201410155756.3

CN—201310372747.5

CN—201010264700.3

CN—201310518322.0

CN—201310518505.2

CN—201010195917.3

CN—201210105398.6

CN—201410627639.2

CN—201410591469.7

CN—201410322123.7

CN—201110452572.X

CN—201410745681.4

CN—201210387167.9

CN—201310726198.7

CN—201410627505.0

CN—201410745770.9

CN—201110124421.1

CN—201410691708.6

CN—201410690622.1

CN—201410511180.X

CN—201310136596.3

CN—201310362700.0

CN—201310618132.6

CN—201310673130.7

CN—201210048050.8

CN—201410154857.9

CN—201210547251.2

CN—201410745730.4

CN—201410591634.9

CN—201410168119.X

CN—201310194010.9

CN—201210108338.X
CN—201310709306.X
CN—201310131691.4
CN—201310131707.1
CN—201310131706.7
CN—201310131695.2
CN—201310131694.8
CN—201410171260.5
CN—201410506230.5
CN—201310196110.5
CN—201310709311.0
CN—201110285011.5
CN—201410746707.7
CN—201210083426.9
CN—201210108321.4
CN—201410154822.5
CN—201410627606.8
CN—201310362710.4
CN—201310131650.5
CN—201310131533.9
CN—201310361861.8
CN—201310372957.4
CN—201410591515.3
CN—201210269924.2
CN—201310609009.8
CN—201410015676.8
CN—201510043268.8
CN—201410154874.2
CN—201210442834.9
CN—201410745728.7
CN—201110099905.5
CN—201010239897.5
CN—201210108319.7
CN—201410155469.2
CN—201410627483.8
CN—201510043245.7
CN—201310236006.4
CN—201010608370.5
CN—201410633983.2